CAILIAO KEXUE JICHU SHIYAN

材料科学基础实验

艾斌　杨玉华　李继玲　主编

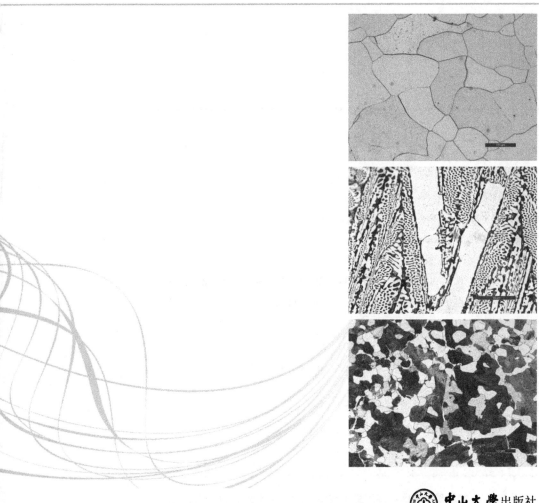

中山大学出版社
SUN YAT-SEN UNIVERSITY PRESS
·广州·

图书在版编目（CIP）数据

材料科学基础实验/艾斌，杨玉华，李继玲主编．—广州：中山大学出版社，2023.12

ISBN 978 - 7 - 306 - 07880 - 3

Ⅰ．①材…　Ⅱ．①艾…②杨…③李…　Ⅲ．①材料科学—实验　Ⅳ．①TB3 - 33

中国国家版本馆 CIP 数据核字（2023）第 150516 号

出 版 人：王天琪
策划编辑：陈文杰　谢贞静
责任编辑：陈文杰
封面设计：林绵华
责任校对：廖翠舒
责任技编：靳晓虹
出版发行：中山大学出版社
电　　话：编辑部 020 - 84110776，84113349，84111997，84110779，84110283
　　　　　发行部 020 - 84111998，84111981，84111160
地　　址：广州市新港西路 135 号
邮　　编：510275　传　真：020 - 84036565
网　　址：http://www.zsup.com.cn　E-mail：zdcbs@ mail. sysu. edu. cn
印 刷 者：广东虎彩云印刷有限公司
规　　格：787mm×1092mm　1/16　14 印张　324 千字
版次印次：2023 年 12 月第 1 版　2024 年 2 月第 2 次印刷
定　　价：38.00 元

前　言

　　"新工科"以应对变化、塑造未来为建设理念。建设"新工科"除了建设人工智能、机器人、智能制造、大数据和云计算等与新兴产业相关的专业，还包括对传统工科专业的升级改造，以达到"培养工程实践能力强、创新能力强、具备国际竞争力的高素质复合型'新工科'人才"的目标。当今社会对高等院校的人才培养质量提出了越来越高的要求，高等院校的理工科毕业生不但要有扎实的理论基础，还要具备很强的工程实践能力和创新精神及优秀的综合素质，而实验教学在提高学生的动手能力、实践能力、创新能力等综合素质方面发挥着不可替代的重要作用。

　　"材料科学基础"是材料类专业最重要的专业基础理论课之一。该课程将金属学、陶瓷学和高分子物理的基础理论融为一体，以揭示材料的共性规律，进而指导材料的研发、生产和应用，并为学生学习后续专业课程以及将来从事与材料相关的科研工作打下坚实的理论基础。"材料科学基础实验"是"材料科学基础"理论课配套的实验课。该课程的主要目的是巩固和加深学生对"材料科学基础"基本理论的理解和掌握，在此基础上，培养和提升学生理论联系实际、分析和解决问题的实践能力，使学生掌握材料科学一些基本的实验方法和技能，为今后开展实验研究奠定良好的基础。

　　本书是为了与我们选用的理论课教材［胡赓祥、蔡珣、戎咏华编著，《材料科学基础》（第三版），上海交通大学出版社 2010 年出版］配套使用而编写的实验教材。由于某些实验项目本身的原因（如危险性较高、实验耗时过长或实验成本过高等）以及实验项目的设立受到实验条件的限制，本实验教材安排的实验项目未能百分之百涵盖理论课的重要内容，这是本实验教材的一个缺憾。这门实验课在我校（中山大学）开课的时间并不长（2018 年春季学期第一次开课），还处于摸索阶段，远未发展成熟。随着学校学科建设经费和教学实验室建设经费的持续投入，我们会陆续增

1

加与理论课内容更加匹配、更具时代特色、更贴近学科前沿的实验项目，并在本教材第二版中弥补这个缺憾。

为了在更高的起点上建设"材料科学基础实验"这门课，我们三位任课老师实地调研了清华大学、上海交通大学和武汉理工大学的材料科学基础实验室，并结合自身的客观条件编排了与理论课内容密切相关的 12 个实验项目。借助此次撰写和出版《材料科学基础实验》教材的机会，我们又增加了与理论课内容更加匹配的 5 个实验项目以及 1 个关于"测量不确定度分析与计算"的专题，大大提高了本实验教材与理论课教材的匹配度。具体地说，本实验教材安排了如下实验项目：典型金属晶体结构的刚球模型堆积和搭建分析实验（匹配理论课教材第 2 章"晶体结构"），不同晶向单晶硅抛光片以及外延片的腐蚀及缺陷观察、超声波无损探伤实验（匹配理论课教材第 3 章"晶体缺陷"），金属材料杨氏模量以及硬度测试、金属材料拉伸实验、金属的塑性变形与再结晶组织观察及性能分析（匹配理论课教材第 5 章"材料的形变和再结晶"），Sn-Bi 合金相图的测绘、金相制样、金相组织观察、铁碳合金的显微组织观察与性能分析、碳钢的热处理（匹配理论课教材第 7 章"二元系相图和合金的凝固与制备原理"），金属材料线膨胀系数、三种材料（铝合金、石英玻璃、橡胶）的热导率测量、半导体材料的电阻率和方块电阻测量、绝缘材料的相对介电常数和介质损耗因数测量（匹配理论课教材第 10 章"材料的功能特性"）。通过以上实验，一方面，使学生掌握试样制备、热处理、材料性能测试等基本知识和实验操作技能，巩固和加深学生对"材料科学基础"基本理论知识的理解和掌握；另一方面，提高学生的动手能力、理论联系实际的能力以及独立思考、独立发现问题和解决问题的能力。此外，由于所有测量结果都会受到偶然因素、系统因素的影响以及仪器测试精度的限制，因此，对测量结果进行不确定度分析和计算并在报告实验结果时给出结果的不确定度，是从事实验研究的科技工作者必须具备的一种基本能力。为此，本教材开篇详细介绍了测量的不确定度分析与计算的相关理论和方法，并针对材料领域的应用提供了丰富的不确定度分析与计算示例。为了检测学习效果，我们在一些实验项目中提供了仪器测量精度的相关信息，要求学生对同一个量进行多次测量，并在撰写实验报告时分析和计算测量结果的不确定度。希望通过这种系统、专业的学习，能够提高学生对实验数据的分析处理能力、对实验结果不确定度的分析计算能力，以及对实验结果分析、讨论、归纳和总结的能力，使学生形成初步的独立进行科学研究的能力；同时，培养学生严肃认真、一丝不苟的实验态度和严谨求实、勇于质疑的科学精神，为学生今后从事材料学实验研究工作打下坚实的基础。

本书由中山大学材料科学与工程学院担任"材料科学基础"和"材料科学基础实验"两门专业必修课程的三位主讲老师（艾斌、杨玉华和李继玲）编写。具体分工如下：艾斌老师负责绪论（测量的不确定度分析与计算）和6个实验项目（实验3—4、实验13、实验15—17）的编写，杨玉华老师负责6个实验项目（实验2、实验5—6、实验9、实验11、实验14）的编写，李继玲老师负责5个实验项目（实验1、实验7—8、实验10、实验12）的编写。中山大学材料科学与工程学院学生黄昱霖、钟薇、李昶玮、李红龙、张天芸和任岩松承担了本书插图绘制和文字修改工作。

本书在撰写过程中得到了中山大学材料科学与工程学院主管领导和实验教学中心同事（宋树芹、张曰理、赵丹、靳静山、欧阳红群和褚燕燕老师）的大力支持和帮助。此外，本书的出版还得到了"中山大学2023年度教学质量工程项目"的资助。编者在此一并表示衷心的感谢！

限于编者水平，书中难免存在疏漏和不足之处，欢迎读者批评指正。

编者

2023 年 6 月 24 日

目　　录

绪论　测量的不确定度分析与计算/1

实验 1　典型金属晶体结构的刚球模型堆积和搭建分析实验/34

实验 2　金相显微镜的成像原理、构造及使用/41

实验 3　不同晶向单晶硅抛光片的腐蚀及缺陷观察/48

实验 4　不同晶向单晶硅外延片的腐蚀及缺陷观察/60

实验 5　金相试样的制备/70

实验 6　铁碳合金的显微组织观察与性能分析/76

实验 7　超声波无损探伤实验/85

实验 8　动态悬挂法测量金属材料杨氏模量/98

实验 9　金属材料硬度测试/106

实验 10　金属材料拉伸实验/121

实验 11　金属的塑性变形与再结晶组织观察及性能分析/130

实验 12　基于迈克尔逊干涉测量金属材料线膨胀系数/136

实验 13　Sn-Bi 合金相图的测绘/143

实验 14　碳钢的热处理/153

实验 15　使用热流计法和平面热源法测量材料的热导率/163

实验 16　四探针法测量半导体电阻率和薄层电阻/180

实验 17　绝缘材料的相对介电常数和介质损耗因数测量/197

绪论　测量的不确定度分析与计算

 一、误差的概念和分类

1．绝对误差和相对误差

（1）绝对误差（absolute error）定义为测量值 X 与被测对象真实值 X_0 之差：$\Delta X = X - X_0$

（2）相对误差（relative error）定义为绝对误差 ΔX 与真实值 X_0 之比：$\varepsilon = \dfrac{\Delta X}{X_0} \times 100\%$

需要说明的是，由于被测对象的真实值是不可知的或未知的，人们通常使用被测对象的公认值或多次测量的平均值作为对真实值的最佳评估值来取代公式中的真实值。

2．系统误差和随机误差

误差通常包含系统误差和随机误差。

（1）系统误差（system error）：指对同一个量进行重复测量时，保持不变或以可预测的方式变化的误差。产生系统误差的原因有：实验方法的缺陷（如理论公式存在近似）、测量仪器使用前未被校准（如计时用的秒表走时过快或过慢）、仪器操作不当（如实验前未对仪器调零）、实验者视差造成的估计值偏差，以及未被识别的原因等。当系统误差对测量结果的影响已知时，可通过校正来使系统误差最小化。

（2）随机误差（random error）：指在相同条件下对同一个量进行重复测量时，以不可预测的方式变化的误差。造成随机误差的因素有：测量仪器的热噪声、测试条件的不可察变化、测试对象性质的变化、测量仪器的有限精度、实验者的估读偏差等。可通过增加测量次数来减小随机误差。

 二、不确定度的概念和分类

实际的测量会受到各种现实条件的限制，如测量对象未被严格定义、测量仪器的分辨率有限、测量的方法存在近似、测试流程有缺陷、测试环境条件有波动、仪器示

数随机波动、估读时存在人为偏差等。此外，还存在不可察觉的影响测量结果的因素。所有这些引起误差的因素都会造成测量结果的发散或不确定性。一个严谨的科技工作者在报告实验结果时一定会给出结果的不确定度。事实上，对实验结果进行不确定度分析是一个合格的实验研究人员必须掌握的基本技能。

1. 不确定度的概念

测量的不确定度（measurement uncertainty）是用来表征测量结果离散程度的参数，是测量结果不确定程度或不准确度的量度。因为无法准确地确定被测对象的真实值，我们只能声明被测对象的真实值以一定概率（置信概率）落在以真实值的最佳评估值为中心、以不确定度为半宽度的区间（置信区间）内。由上面的定义可知，不确定度始终为正值，它是置信区间的半宽度，且存在唯一的置信概率与之对应。置信概率越大，不确定度所定义的置信区间就越宽，测量结果的发散度就越大，测量结果就越不准确。

不确定度包括绝对不确定度和相对不确定度。例如，测量结果被表示为 $X_{\text{meas}} = X_{\text{best}} \pm \delta X$，式中，$X_{\text{meas}}$ 表示测量值，X_{best} 表示对被测对象真实值的最佳估计值，δX 则表示测量的绝对不确定度（absolute uncertainty）。由式 "$X_{\text{meas}} = X_{\text{best}} \pm \delta X$" 可知，绝对不确定度 δX 具有与测量值相同的量纲，同时可知，被测对象的真实值以一定的概率落在置信区间 $[X_{\text{best}} - \delta X, X_{\text{best}} + \delta X]$ 中。根据国际标准组织的规定，当没有给出置信概率时，置信概率的默认值为 95%。因此，式 "$X_{\text{meas}} = X_{\text{best}} \pm \delta X$" 的具体含义是被测对象的真实值落在置信区间 $[X_{\text{best}} - \delta X, X_{\text{best}} + \delta X]$ 内的概率为 95%。相对不确定度（relative uncertainty）被定义为绝对不确定度与真实值的最佳评估值的绝对值之比，即 $\delta X_{\text{rel}} = \dfrac{\delta X}{|X_{\text{best}}|} \times 100\%$。由上式可知，相对不确定度始终为正值，且以百分数来表示。与绝对不确定度相比，相对不确定度可以更准确地描述测量的精度。

2. 测量误差和测量不确定度的区别和联系

由定义可知，测量误差和测量不确定度是两个不同的概念。测量误差是指测量值与被测对象的真实值之间的差值，而测量不确定度是指被测对象的真实值以一定的置信概率出现在以真实值的最佳评估值为中心的区间的单侧宽度。测量误差既可以取正号也可以取负号，前面不能加"±"号，而不确定度只能取正值，且前面必须加"±"号。测量误差没有置信概率与之对应，而不确定度有唯一的置信概率与之对应。测量误差通过测量可以直接得到，而测量不确定度需要经过较烦琐的分析和计算才能得到。两者的联系在于，随机因素不但会造成随机误差，也会造成由随机效应引起的不确定度，而系统因素不但会造成系统误差，也会造成由系统效应引起的不确定度。

3. 测量不确定度的分类

（1）标准不确定度（standard uncertainty）：指以标准偏差（standard deviation）

表示的测量结果的不确定度。

（2）A 类标准不确定度（type A standard uncertainty）：指采用统计学方法对相同条件下多次重复测量结果评估得到的标准不确定度分量。

（3）B 类标准不确定度（type B standard uncertainty）：指采用除 A 类评估方法以外的其他方法评估得到的标准不确定度分量。

（4）合成标准不确定度（combined standard uncertainty）：当一个目标测量量是由多个量决定时，该目标测量量的标准不确定度需要由所有相关量各自的标准不确定度采用方和根（先平方，再求和，最后开平方根）的形式求和得到。该目标测量结果的标准不确定度就称为合成标准不确定度 u_c。

（5）扩展不确定度（expanded uncertainty）：合成标准不确定度 u_c 与包含因子（coverage factor）k 的乘积被定义为扩展不确定度 U，即 $U = k \cdot u_c$。扩展不确定度主要应用于涉及生命、安全和某些工业领域，它们希望测量对象的真实值落在扩展不确定度定义的区间内的概率接近 100%。需要说明的是，与扩展不确定度对应的概率被称为包含概率（coverage probability）或置信水平（level of confidence），与扩展不确定度对应的区间被称为包含区间（coverage interval）。此外，包含因子 k 的值是根据包含区间 $[X_{\text{best}} - U, X_{\text{best}} + U]$ 和置信水平选择的，k 通常的取值区间为 $[2, 3]$。

三、与 A 类不确定度分量处理相关的统计学知识

不确定度既有可以用统计学方法处理的 A 类不确定度分量，也有不能用统计学方法处理的 B 类不确定度分量。A 类不确定度分量主要是由随机波动引起的，可以用统计学理论进行分析和处理。下面对不确定度分析用到的相关的统计学知识做一个简要的叙述。

1．相关基本概念

（1）概率密度函数（probability density function）：即描述随机变量取值与出现概率关系的函数，且对所有取值出现的概率求和等于 1。如果随机变量取值范围为 $(-\infty, +\infty)$，则概率密度函数 $f(x)$ 满足如下关系：

$$\int_{-\infty}^{+\infty} f(x)\,\mathrm{d}x = 1 \qquad (0-1)$$

需要说明的是，式（0-1）适用于连续型随机变量。对于离散型随机变量，只需将上面的积分符号变为求和符号。常用于不确定度分析的概率密度分布函数有正态分布（正态分布）、均匀分布（矩形分布）、三角形分布、t–分布（学生分布）等。

（2）期望值（expectation）：函数 $g(x)$ 的期望值 $E[g(x)]$ 为函数 $g(x)$ 与概率密度 $f(x)$ 的乘积在整个定义域上的积分，用公式表示为：

$$E[g(x)] = \int_{-\infty}^{+\infty} g(x) \cdot f(x)\,\mathrm{d}x \qquad (0-2)$$

可以证明，当测量次数 $N \to +\infty$ 时，随机变量 x 的期望值等于其算术平均值

(arithmetic mean or average), 即:

$$E(x) = \int_{-\infty}^{+\infty} x \cdot f(x)\, dx = \bar{x} = \lim_{N \to \infty} \frac{1}{N} \sum_{i=1}^{N} x_i \qquad (0-3)$$

(3) 方差 (variance): 定义为随机变量 x 偏离其期望值 (算术平均值) $\bar{x}$ 距离的平方的期望值。随机变量的方差通常用 σ^2 表示,用公式表示为:

$$\sigma^2 = E\left[(x - \bar{x})^2\right] = \int_{-\infty}^{+\infty} (x - \bar{x})^2 \cdot f(x)\, dx \qquad (0-4)$$

需要说明的是,方差的量纲是随机变量量纲的平方,用起来不太方便,实际中经常使用的是"标准偏差"这个概念,标准偏差是方差的正平方根。

(4) 标准偏差 (standard deviation): 方差的正平方根定义为标准偏差,用来表征测量结果偏离期望值的程度 (即测量结果的发散性),通常用 s 表示。标准偏差进一步可分为总体标准偏差、样本标准偏差和平均值的实验标准偏差,后两种常常用于不确定度的分析和计算中。

A. 总体标准偏差 (population standard deviation): 指当测量次数 $N \to +\infty$ 时的标准偏差,用公式表示为:

$$s_p = \lim_{N \to \infty} \sqrt{\frac{1}{N} \sum_{i=1}^{N} (x_i - \bar{x})^2} \qquad (0-5)$$

B. 样本标准偏差 (sample standard deviation): 指当测量次数为有限次时的标准偏差,由贝塞尔公式 (Bessel formula) 求得:

$$s(x_i) = \sqrt{\frac{1}{(N-1)} \sum_{i=1}^{N} (x_i - \bar{x})^2} \qquad (0-6)$$

需要说明的是,式 $(0-6)$ 中是由于各测量值 x_i 受到了平均值 ($\bar{x}$) 的约束,只有 $N-1$ 个量是独立的。此外,样本标准偏差有时也被称为实验标准偏差 (experimental standard deviation)。

C. 平均值的标准偏差 (standard deviation of the mean): 指由实验结果的平均值作为随机变量引起的标准偏差,用公式表示为:

$$s(\bar{x}) = \frac{s(x_i)}{\sqrt{N}} = \sqrt{\frac{1}{N \cdot (N-1)} \sum_{i=1}^{N} (x_i - \bar{x})^2} \qquad (0-7)$$

需要说明的是,平均值的标准偏差有时也被称为平均值的实验标准偏差。由于多次重复测量值的算术平均值被视为被测对象真实值的最佳估计值,所以与算术平均值相对应的平均值的实验标准偏差通常用作实验结果的标准不确定度 (standard uncertainty),这也是式 $(0-7)$ 在不确定度分析和计算中被频繁使用的根本原因。

2. 正态分布 (正态分布)

人们通过大量实践发现,在相同条件下以足够多的次数重复测量同一个量时,测量结果通常呈"中心高、两头低"的对称型钟形分布,这种分布在统计学上被称为正态分布或正态分布。人们进一步从理论上证明,如果 x 的测量受到许多独立的、相同程度的随机分量的影响，且每个随机分量的影响都很微小，则最终结果为正态分布，而与每个随机分量的分布类型无关。这就是著名的中心极限定理。从该定理出发可以得出一个对不确定度分析非常有用的重要结论，即当测量次数 N 足够大时，样本平均值 $\bar{x}$ 的分布就可视为正态分布，即使这些样本来自非正态分布。总之，正态分布是随机变量最常见的一种分布，而且它在概率统计及其应用（如不确定度分析）中起着关键的基础性作用。基于以上原因，我们假定本书中对测量结果不确定度有贡献的随机变量均满足正态分布。需要说明的是，不是所有的随机变量均满足正态分布，它们还可能满足其他分布，具体可参见有关概率统计的书籍。

正态分布的概率密度函数可写作：

$$f(x) = \frac{1}{\sigma\sqrt{2\pi}}\exp\left[-\frac{(x-\mu)^2}{2\sigma^2}\right], \quad x \in (-\infty, +\infty) \tag{0-8}$$

式中，μ 是随机变量 x 的期望值（真实值的最佳评估值，通常用算术平均值代替），σ 是正态分布的标准偏差，也被称为宽度参数。图 0-1 给出了不同 μ 和 σ 取值时的正态分布曲线。由图 0-1 可知，宽度参数 σ 越大，分布就越宽，峰值也越低。

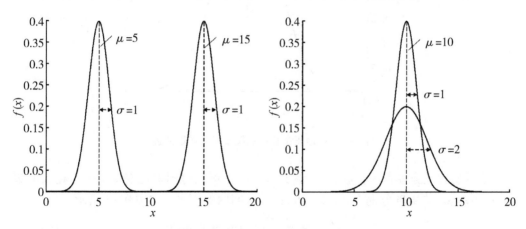

图 0-1　正态分布（左侧为相同 σ 值和不同 μ 值，右侧为相同 μ 值和不同 σ 值）

可以证明：

$$\bar{x} = E[x] = \int_{-\infty}^{+\infty} x \cdot f(x)\,dx = \int_{-\infty}^{+\infty} x \cdot \frac{1}{\sigma\sqrt{2\pi}}\exp\left[-\frac{(x-\mu)^2}{2\sigma^2}\right]dx \tag{0-9}$$

式（0-9）表明，当测量次数 $N \to +\infty$ 时，满足正态分布的随机变量 x 的期望值 μ 等于其算术平均值。另外，还可证明：

$$\sigma^2 = E[(x-\bar{x})^2] = \int_{-\infty}^{+\infty} (x-\bar{x})^2 \cdot \frac{1}{\sigma\sqrt{2\pi}}\exp\left[-\frac{(x-\mu)^2}{2\sigma^2}\right]dx \tag{0-10}$$

式（0-10）表明，当测量次数 $N \to +\infty$ 时，满足正态分布的随机变量 x 的测量值的标准偏差 s 正好等于高斯函数的宽度参数 σ，即 $s = \sigma$。

为了计算积分，我们做如下变量替代：

$$z = \frac{x - \mu}{\sigma} \qquad (0-11)$$

x 的正态分布的概率密度函数 $f(x)$ 可变为 z 的标准正态分布的概率密度函数 $g(z)$：

$$g(z) = \frac{1}{\sqrt{2\pi}}\exp\left[-\frac{z^2}{2}\right] \qquad (0-12)$$

由式$(0-12)$可知，标准正态分布的概率密度函数曲线的算术平均值 $\bar{z}=0$，标准偏差 $\sigma=1$，如图 $0-2$ 所示。

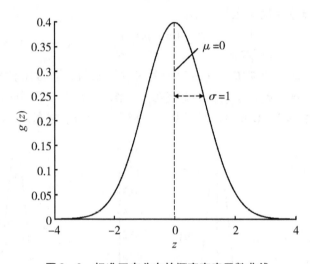

图 $0-2$　标准正态分布的概率密度函数曲线

利用标准正态密度函数积分表(附录 $0-1$)，可以得到随机变量 x 包含在以期望值 μ 为中心、半宽度分别为 σ、2σ 和 3σ 的区间内的概率，如图 $0-3$ 所示：

$$\int_{\mu-\sigma}^{\mu+\sigma}f(x)\,\mathrm{d}x = \int_{-1}^{1}g(z)\,\mathrm{d}z = 0.6826 \qquad (0-13)$$

$$\int_{\mu-2\sigma}^{\mu+2\sigma}f(x)\,\mathrm{d}x = \int_{-2}^{2}g(z)\,\mathrm{d}z = 0.9544 \qquad (0-14)$$

$$\int_{\mu-3\sigma}^{\mu+3\sigma}f(x)\,\mathrm{d}x = \int_{-3}^{3}g(z)\,\mathrm{d}z = 0.9974 \qquad (0-15)$$

式$(0-13)$~式$(0-15)$表明，满足正态分布的随机变量 x 的真实值落在置信区间 $(\bar{x}-\sigma, \bar{x}+\sigma)$、$(\bar{x}-2\sigma, \bar{x}+2\sigma)$ 和 $(\bar{x}-3\sigma, \bar{x}+3\sigma)$ 的置信概率分别为 68.26%、95.44% 和 99.74%（图 $0-3$）。

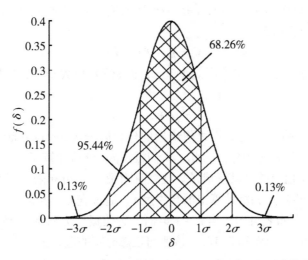

图 0 - 3　标准正态分布的概率密度函数曲线上不同置信区间对应的置信概率

3. t - 分布（学生分布）

对于具有正态分布的随机变量 x，重复多次测量得到的算术平均值 $\bar{x}$ 是其真实值 μ 的最佳估计值，而算术平均值 $\bar{x}$ 的不确定度由其标准偏差 $s(\bar{x})$ 表示。$\bar{x}$ 和 $s(\bar{x})$ 的取值均与测量的次数 N 有关，且 $\bar{x}$ 的不确定度 $s(\bar{x})$ 随着测量次数 N 的减小而增大。为了准确评估有限次测量结果的不确定度（给定置信概率下的置信区间），需要引入一个新的随机变量 t：

$$t = \frac{\bar{x} - \mu}{s(\bar{x})} \tag{0 - 16}$$

式中，$\bar{x}$ 是随机变量 x 的算术平均值，μ 是随机变量 x 的期望值，$s(\bar{x})$ 是算术平均值 $\bar{x}$ 的标准偏差。对于有限的 N 次测量，具有自由度为 $v = N - 1$ 的随机变量 t 满足 t - 分布（也被称为学生分布），其概率密度函数为：

$$f(t, v) = \frac{1}{\sqrt{\pi v}} \frac{\Gamma\left(\dfrac{v+1}{2}\right)}{\Gamma\left(\dfrac{v}{2}\right)} \left(1 + \frac{t^2}{v}\right)^{-(v+1)/2} \tag{0 - 17}$$

当 $v \to +\infty$ 时，t - 分布的概率密度函数将转变为 t 的标准正态分布的概率密度函数，即：

$$\lim_{v \to \infty} f(t, v) = \frac{1}{\sqrt{2\pi}} \exp\left[-\frac{t^2}{2}\right] \tag{0 - 18}$$

图 0 - 4 给出了自由度 $v = 1$ 和 $v = 3$ 时的 t - 分布概率密度曲线，作为比较，同时给出了标准正态分布的概率密度曲线。由图 0 - 4 可知，与标准正态分布相比，t - 分布的峰值高度降低，曲线的宽度变宽，这意味着对应于同一置信概率，由 t - 分布确定的置信区间的宽度更宽，这与人们的常识（测量次数减少，不确定度变大）是一

致的。另外，由式（0-16）可知，t 是一个无量纲的数，只要将式（0-16）稍加变形就可以了解 t 的物理意义：

$$\bar{x} = \mu + t \cdot s(\bar{x}) \tag{0-19}$$

由于 $\bar{x}$ 有可能大于 μ，也有可能小于 μ，而 $s(\bar{x})$ 恒大于零，如果取 $t_P = |t|$，则上式可写为：

$$\bar{x} = \mu \pm t_P \cdot s(\bar{x}) \tag{0-20}$$

式（0-20）中的 t_P 正是我们之前给出的包含因子（coverage factor）k。由于 $t-$分布的形式复杂，不方便积分，为此，人们根据 $t-$分布计算了对应于不同置信概率 P 和自由度 v 的 t_P 值，并将其制成了表格，见附录 "$t-$分布表"。根据所要求的置信概率（默认值为95%）和所计算出的自由度 v，通过查 $t-$分布表，就可得到包含因子 k 的值。由 $t-$分布表可知，当 $v \rightarrow +\infty$ 时，置信概率为90%、95%和99%时对应的 k 值分别为1.64、1.96和2.576，该值与正态分布的值完全一样。

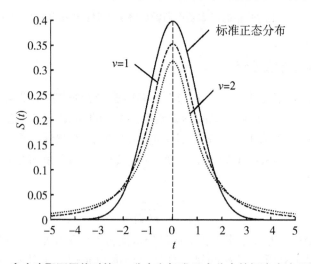

图0-4　自由度取不同值时的 $t-$分布和标准正态分布的概率密度函数的比较

4. 自由度

自由度是指在一个系统中独立变化的变量的个数。以 A 类不确定度的评估为例，如果对一个量 x 重复测量了 N 次，且已知测量量的平均值为 $\bar{x} = \dfrac{1}{N}\sum\limits_{i=1}^{N} x_i$，则系统有 $N-1$ 个自由度，因为系统中只有 $N-1$ 个量是独立的。

当我们由 $t-$分布确定给定置信水平下的包含因子 k 时，会发现自由度 v 越大，包含因子越小，这意味着用来表征扩展不确定度的置信区间的半宽度越窄，测量结果的不确定度越小。因此，自由度 v 与测量结果的平均值的标准偏差 $s(\bar{x})$ 是相关的。假定平均值 $\bar{x}$ 满足正态分布，用 $s(\bar{x})$ 的方差 $\sigma^2[s(\bar{x})]$ 来表示 $s(\bar{x})$ 的不确定度，则 $\sigma^2[s(\bar{x})]$ 可以近似地表示为 $s(\bar{x})$ 和自由度 v 的函数：

$$\sigma^2[s(\bar{x})] \approx \frac{[s(\bar{x})]^2}{2v} \tag{0-21}$$

对式（0-21）进一步变形，可给出自由度 v 的表达式：

$$v \approx \frac{[s(\bar{x})]^2}{2\sigma^2[s(\bar{x})]} = \frac{1}{2\left\{\dfrac{\sigma[s(\bar{x})]}{s(\bar{x})}\right\}^2} = \frac{1}{2}\left\{\frac{\sigma[s(\bar{x})]}{s(\bar{x})}\right\}^{-2} \tag{0-22}$$

式（0-22）大括号中的项表示 $s(\bar{x})$ 的相对标准偏差，用来表征 $s(\bar{x})$ 的相对不确定度。根据式（0-22），$s(\bar{x})$ 的相对标准偏差可以用自由度 v 表示为：

$$\frac{\sigma[s(\bar{x})]}{s(\bar{x})} = \frac{1}{\sqrt{2v}} \tag{0-23}$$

如果对一个满足正态分布的随机变量 x 进行 N 次独立测量，自由度为 $v = N-1$，则 $s(\bar{x})$ 的相对标准偏差可表示为：

$$\frac{\sigma[s(\bar{x})]}{s(\bar{x})} = \frac{1}{\sqrt{2(N-1)}} \tag{0-24}$$

事实上，不仅是平均值的标准偏差 $s(\bar{x})$ 的相对标准偏差（相对不确定度）等于 $1/\sqrt{2(N-1)}$，由贝塞尔公式计算的样本标准偏差（或实验标准偏差）$s(x_i)$ 的相对标准偏差（相对不确定度）也等于 $1/\sqrt{2(N-1)}$。根据式（0-24），我们可以对不同测量次数得到的测量结果的标准不确定度的相对不确定度做一个估计：若进行 3 次测量，所得结果的标准不确定度的相对不确定度为 50%；若进行 5 次测量，$s(\bar{x})$ 的相对不确定度降为 35%；若进行 7 次测量，其降为 29%；若进行 10 次测量，其降为 24%；若进行 20 次测量，其降为 16%。

 四、与 B 类不确定度分量处理相关的知识

不论是 A 类不确定度分量的评估还是 B 类不确定度分量的评估，两者都是基于概率分布的思想，使用方差（variance）或标准偏差（standard deviation）来表征不确定度的分量。只是 A 类不确定度分量是以被测量满足的概率分布为基础进行评估的，而 B 类不确定度分量是评估者根据已有信息人为假设测量值具有某种分布进行评估的。假设被测量的 x 的值处于 $[x_{min}, x_{max}]$ 的区间内，区间的半宽度为 $a = (x_{max} - x_{min})/2$，根据假设的被测量在区间内的概率密度分布函数，可获得标准偏差 $u(x_i)$，即为 B 类不确定度分量。对标准偏差 $u(x_i)$ 求平方可得到 B 类方差 $u^2(x_i)$。为了与 A 类标准偏差和方差的表示方法有所区别，B 类标准偏差和方差通常用 $u(x_i)$ 和 $u^2(x_i)$ 来表示。

常用于评估 B 类不确定度分量的概率分布有矩形分布（均匀分布）和三角形分布。

1. 矩形分布（均匀分布）

图 0-5 给出了矩形分布的概率密度曲线。由图 0-5 可知，被测值在区间 $[\mu -$

$a, \mu + a$〕内的概率处处相等，都等于 $\dfrac{1}{2a}$，而在区间外的概率为零。

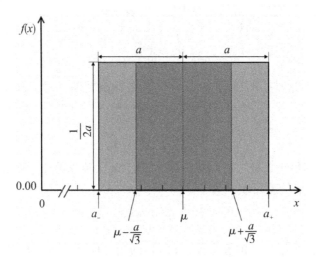

图 0-5　矩形分布的概率密度曲线

由图 0-5 不难看出，矩形分布的概率密度分布函数为：

$$f(x) = \begin{cases} \dfrac{1}{2a}, & \mu - a \leqslant x \leqslant \mu + a \\ 0, & x < \mu - a \text{ 或 } x > \mu + a \end{cases} \qquad (0-25)$$

被测量 x 的方差为：

$$u^2(x) = E\big[(x-\mu)^2\big] = \int_{-\infty}^{+\infty} (x-\mu)^2 \cdot f(x)\,\mathrm{d}x = \int_{\mu-a}^{\mu+a} (x-\mu)^2 \cdot \dfrac{1}{2a}\mathrm{d}x$$

$$= \dfrac{1}{2a}\int_{-a}^{a} t^2 \mathrm{d}t = \dfrac{a^2}{3}$$

所以，对于区间半宽度为 a 的矩形分布，被测量 x 的标准偏差为：

$$u(x) = \dfrac{a}{\sqrt{3}} \qquad (0-26)$$

需要说明的是，区间半宽度 a 对应于置信概率为 100% 的扩展不确定度 U_{100}，$u(x)$ 为标准偏差，即标准不确定度，因此，$\sqrt{3}$ 实际对应于置信概率为 100% 的包含因子 k。对于矩形分布，当置信概率为 95% 时，此时的区间半宽度为 $0.95a$，对应于置信概率为 95% 的包含因子 k_{95} 为：

$$k_{95} = \dfrac{0.95a}{u(x)} = \dfrac{0.95a}{a/\sqrt{3}} = 0.95 \times \sqrt{3} = 1.65 \qquad (0-27)$$

同理可得，置信概率为 99% 的包含因子 $k_{99} = 0.99 \times \sqrt{3} = 1.71$。

2. 三角形分布

在许多情况下，测量值出现在区间中心附近的概率比出现在边界附近的概率更高。对于这种情况，应假设测量值呈三角形分布。图 0-6 给出了三角形分布的概率密度曲线。由图 0-6 可知，底边为区间 $[\mu-a,\ \mu+a]$，其宽度等于 $2a$，两个边界点的概率为零，区间中心的概率最高，等于三角形的高度 $1/a$，而在区间外的概率为零。

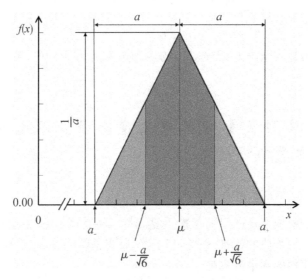

图 0-6　三角形分布的概率密度曲线

由图 0-6 不难看出，三角形分布的概率密度分布函数为：

$$f(x)=\begin{cases}0,\ x<\mu+a\\[4pt]\dfrac{x-(\mu-a)}{a^2},\ \mu-a\leqslant x\leqslant\mu\\[8pt]\dfrac{-x+(\mu+a)}{a^2},\ \mu<x\leqslant\mu+a\\[8pt]0,\ x>\mu+a\end{cases}\qquad(0-28)$$

被测量 x 的方差为：

$$\begin{aligned}u^2(x)&=E\big[(x-\mu)^2\big]=\int_{-\infty}^{+\infty}(x-\mu)^2\cdot f(x)\,\mathrm{d}x\\[6pt]&=\int_{\mu-a}^{\mu}(x-\mu)^2\cdot\frac{x-(\mu-a)}{a^2}\mathrm{d}x+\int_{\mu}^{\mu+a}(x-\mu)^2\cdot\frac{-x+(\mu+a)}{a^2}\mathrm{d}x\\[6pt]&=\int_{-a}^{0}t^2\cdot\frac{t+a}{a^2}\mathrm{d}t+\int_{0}^{a}t^2\cdot\frac{a-t}{a^2}\mathrm{d}t\\[6pt]&=\frac{a^2}{12}+\frac{a^2}{12}=\frac{a^2}{6}\end{aligned}$$

因此，对于区间半宽度为 a 的三角形分布，被测量 x 的标准偏差为：

$$u(x)=\frac{a}{\sqrt{6}}\qquad(0-29)$$

同样地，区间半宽度 a 对应于置信概率为 100% 的扩展不确定度 U_{100}，$u(x)$ 为标准偏差或标准不确定度，$\sqrt{6}$ 对应于置信概率为 100% 的包含因子 k。进一步，可利用两个相似三角形的面积比等于概率比求出置信概率为 95% 对应的区间半宽度为 $(1 - \sqrt{5}/10)a = 0.7764a$，进而可求出对应于置信概率为 95% 的包含因子 k_{95} 为：

$$k_{95} = \frac{0.7764a}{u(x)} = \frac{0.7764a}{a/\sqrt{6}} = 0.7764 \times \sqrt{6} = 1.90 \qquad (0-30)$$

同理，可求出置信概率为 99% 对应的区间半宽度为 $9a/10$，对应的包含因子 k_{99} 为 2.20。

五、直接测量量的不确定度分量以及合成不确定度和扩展不确定度的评估

1. A 类不确定度分量的评估

假设对一个随机变量 x 进行了 N 次重复测量，将其算术平均值作为对被测量 x 的最佳统计评估值，平均值的标准偏差 $s(\overline{x})$ 作为实验结果的标准不确定度，自由度 $v = N - 1$。经常使用的两个公式是：

$$\overline{x} = \frac{1}{N} \sum_{i=1}^{N} x_i \qquad (0-31)$$

$$s(\overline{x}) = \frac{s(x_i)}{\sqrt{N}} = \sqrt{\frac{1}{N \cdot (N-1)} \sum_{i=1}^{N} (x_i - \overline{x})^2} \qquad (0-32)$$

实验结果记为：

$$x = \overline{x} + s(\overline{x}) \qquad (0-33)$$

其中自由度为 $v = N - 1$。

【例 1】使用介质损耗测试仪对一块印刷电路板样品的相对介电常数进行了 10 次重复测量，测量结果如下：5.61、5.64、5.59、5.72、5.41、5.45、5.49、5.55、5.64、5.68，试给出实验结果以及标准不确定度。

解：$\overline{x} = \dfrac{1}{N} \sum_{i=1}^{N} x_i = \dfrac{1}{10} \times (5.61 + 5.64 + \cdots + 5.64 + 5.68) = 5.578$

$$s(\overline{x}) = \sqrt{\frac{1}{N \cdot (N-1)} \sum_{i=1}^{N} (x_i - \overline{x})^2}$$

$$= \sqrt{\frac{1}{10 \times 9} \times \left[(5.61 - 5.578)^2 + \cdots + (5.61 - 5.578)^2 \right]} = 0.032$$

实验结果记为：$x = \overline{x} \pm s(\overline{x}) = 5.578 \pm 0.032$，其中自由度为 $v = N - 1 = 9$。

2. B 类不确定度分量的评估

对一个非重复测量得到的量 x 进行不确定度分析时，评估者需根据已获得的信息

人为假定其服从某种概率分布来评估其方差 $u^2(x)$ 或标准不确定度 $u(x)$。具体步骤是，首先根据量 x 的变化范围确定其半宽度 a，然后根据假定的概率分布计算标准不确定度：

$$u(x) = \frac{a}{k} \qquad (0-34)$$

在 100% 和 95% 置信概率下，矩形分布时的包含因子 k 值分别为 $\sqrt{3}$ 和 1.65，三角形分布时的包含因子 k 值分别为 $\sqrt{6}$ 和 1.90，正态分布时的包含因子 k 值分别为 3 和 1.96。

通常认为 B 类评估方法确定的不确定度是精确已知的，因此，其自由度通常取 $v \to +\infty$。否则，利用类似于式（0-22）的下式来估计自由度：

$$v \approx \frac{[u(x)]^2}{2\sigma^2[u(x)]} = \frac{1}{2\left[\dfrac{\Delta u(x)}{u(x)}\right]^2} = \frac{1}{2}\left[\frac{\Delta u(x)}{u(x)}\right]^{-2} \qquad (0-35)$$

【例2】使用精度为 0.02 mm 的游标卡尺测量一铝合金样品的厚度，测量值为 65.78 mm。试给出实验结果以及标准不确定度。

解：假设被测量在游标卡尺最小刻度以下的值呈矩形分布，由游标卡尺分辨率引起的 B 类不确定度为：

$$u(x) = \frac{a}{k} = \frac{0.02}{2\sqrt{3}} = \frac{0.02}{\sqrt{12}} = 0.0058 \;(\text{mm})$$

实验结果记为：$x = \mu \pm u(x) = 65.780 \pm 0.006$，其中自由度为 $v \to +\infty$。

【例3】手册中给出的室温下石英玻璃的热导率 $k = 1.46$ W/(m·K)，并声明这个值的误差不会超过 0.04 W/(m·K)。试给出室温下石英玻璃的热导率的标准不确定度。

解：假定室温下石英玻璃的热导率在 [1.42, 1.50] 区间内呈矩形分布，区间半宽度 $a = 0.04$ W/(m·K)，标准不确定度为：

$$u(\lambda) = \frac{a}{k} = \frac{0.04}{\sqrt{3}} = 0.023 \;\text{W/(m·K)}$$

室温下石英玻璃的热导率应记为：$k = \mu \pm u(\lambda) = (1.46 \pm 0.02)$ W/(m·K)，其中自由度为 $v \to +\infty$。

3. 直接测量量的合成标准不确定度以及扩展不确定度的评估

直接测量量的合成标准不确定度 $u_c(x)$ 由其 A 类标准不确定度分量 $s(\bar{x})$ 与其 B 类标准不确定度分量 $u(x)$ 采用方和根法合成，即：

$$u_c(x) = \sqrt{s^2(\bar{x}) + u^2(x)} = \sqrt{\frac{\sum\limits_{i=1}^{N}(x_i - \bar{x})^2}{N-1} + \left(\frac{a}{k}\right)^2} \qquad (0-36)$$

合成标准不确定度 u_c 的自由度称为有效自由度，用 v_{eff} 表示。当各分量间相互独

立且合成量接近正态分布或 t 分布时，有效自由度 v_{eff} 可以由下面的韦尔奇-萨特韦特（Welch-Satterthwaite）公式计算：

$$v_{\text{eff}} = \frac{u_c^4(x)}{\dfrac{s^4(\bar{x})}{v_A} + \dfrac{u^4(x)}{v_B}} \qquad (0-37)$$

式中，v_A 和 v_B 分别是 A 类和 B 类标准不确定度分量对应的自由度。由式（0-37）可以看出，当一个具有较大自由度的不确定度分量与一个具有较小自由度的不确定度分量合成时，合成的标准不确定度的有效自由度主要受较小自由度的限制。当需要评定扩展不确定度 U 时，可根据合成标准不确定度的有效自由度 v_{eff} 和给定的置信概率（譬如 95%），通过查 t-分布表得出包含因子 k，进而给出扩展不确定度 $U = k \cdot u_c$。

【例4】使用精度为 0.02 mm 的游标卡尺测量一铝合金样品的厚度，一共进行了 10 次测量，测量结果为 65.78 mm、65.76 mm、65.74 mm、65.76 mm、65.80 mm、65.78 mm、65.76 mm、65.74 mm、65.78 mm、65.80 mm。试给出实验结果的合成标准不确定度以及 95% 置信概率下的扩展不确定度。

解：（1）先计算算术平均值和 A 类标准不确定度分量：

$$\bar{x} = \frac{1}{N}\sum_{i=1}^{N} x_i = \frac{1}{10} \times (65.78 + 65.76 + \cdots + 65.78 + 65.8) = 65.77 \ (\text{mm})$$

$$s(\bar{x}) = \sqrt{\frac{1}{N \cdot (N-1)}\sum_{i=1}^{N}(x_i - \bar{x})^2}$$

$$= \sqrt{\frac{1}{10 \times 9} \times \left[(65.78 - 65.77)^2 + \cdots + (65.8 - 65.77)^2\right]} = 0.0068 \ (\text{mm})$$

实验结果记为：$x = \bar{x} \pm s(\bar{x}) = (65.770 \pm 0.007) \ \text{mm}$，其中自由度为 $v = N - 1 = 9$。

（2）计算因游标卡尺分辨率有限引起的 B 类不确定度（假定矩形分布）为：

$$u(x) = \frac{a}{k} = \frac{0.02}{2\sqrt{3}} = \frac{0.02}{\sqrt{12}} = 0.0058 \ (\text{mm})$$

该不确定度对应的自由度为 $v \to +\infty$。

（3）计算合成标准不确定度以及对应的有效自由度。

$$u_c(x) = \sqrt{s^2(\bar{x}) + u^2(x)} = \sqrt{0.0068^2 + 0.0058^2} = 0.0089 \ (\text{mm})$$

合成标准不确定度对应的有效自由度为：

$$v_{\text{eff}} = \frac{u_c^4(x)}{\dfrac{s^4(\bar{x})}{v_A} + \dfrac{u^4(x)}{v_B}} = \frac{0.0089^4}{\dfrac{0.0068^4}{9} + \dfrac{0.0058^4}{\infty}} = \frac{0.0089^4}{\dfrac{0.0068^4}{9}}$$

$$= 9 \times \left(\frac{89}{68}\right)^4 = 26.4$$

为了不夸大测量的精度，有效自由度取小于计算值的整数，即 $v_{\text{eff}} = 26$。

（4）计算扩展不确定度。根据 $v_{\text{eff}} = 26$ 和置信概率 $P = 95\%$，查 t-分布表，可得

包含因子 $k = 2.06$，所以扩展不确定度为：
$$U = k \cdot u_c = 2.06 \times 0.0089 = 0.018 \text{（mm）}$$

所以在 95% 的置信概率下，$x = \bar{x} \pm U = \bar{x} \pm k \cdot u_c = (65.77 \pm 0.02)$ mm，其中包含因子 $k = 2.06$。

六、间接测量量的合成不确定度以及扩展不确定度的评估

1. 标准不确定度的传播规律

标准不确定度传播规律的数学基础是全微分。假设间接测量量 F 与直接测量量 $x, y, z, \cdots$ 满足函数关系 $F = f(x, y, z, \cdots)$，且各个直接测量量 $x, y, z, \cdots$ 是相互独立的。当各个直接测量量的不确定度分别为 $\Delta x, \Delta y, \Delta z, \cdots$ 时，间接测量量 F 的不确定度 ΔF 可以表示为：

$$\Delta F = \frac{\partial F}{\partial x}\Delta x + \frac{\partial F}{\partial y}\Delta y + \frac{\partial F}{\partial z}\Delta z + \cdots \tag{0-38}$$

考虑最坏的情况，间接测量量 F 的不确定度 ΔF 可以表示为：

$$|\Delta F| = \left|\frac{\partial F}{\partial x}\Delta x\right| + \left|\frac{\partial F}{\partial y}\Delta y\right| + \left|\frac{\partial F}{\partial z}\Delta z\right| + \cdots \tag{0-39}$$

对于以标准偏差表示的标准不确定度，需以方和根的形式求和，因此，当各个直接测量量依次有 $s(\bar{x})$, $s(\bar{y})$, $s(\bar{z})$, $\cdots$ 的标准不确定度时，间接测量量 F 的标准不确定度 $s(\bar{F})$ 可以表示为：

$$\begin{aligned} s(\bar{F}) &= \sqrt{\left[\frac{\partial F}{\partial x}s(\bar{x})\right]^2 + \left[\frac{\partial F}{\partial y}s(\bar{y})\right]^2 + \left[\frac{\partial F}{\partial z}s(\bar{z})\right]^2 + \cdots} \\ &= \sqrt{\left(\frac{\partial F}{\partial x}\right)^2 s^2(\bar{x}) + \left(\frac{\partial F}{\partial y}\right)^2 s^2(\bar{y}) + \left(\frac{\partial F}{\partial z}\right)^2 s^2(\bar{z}) + \cdots} \end{aligned} \tag{0-40}$$

式（0-40）就是标准不确定度传播的一般公式。事实上，A 类标准不确定度和 B 类标准不确定度都是用方差或标准偏差来表征的，并无本质上的区别。因此，式（0-40）同样适用于评估 B 类标准不确定度对间接测量量不确定度的贡献。若无需对 A 类和 B 类标准不确定度进行区分，可统一用 $u(x_i)$ 表示它们。当有 N 个相互独立的量 $x_1, x_2, x_3, \cdots$ 对间接测量量 F 的不确定度有贡献时，则式（0-40）可写成更简洁的形式：

$$u_c(F) = \sqrt{\sum_{i=1}^{N}\left[\frac{\partial F}{\partial x_i}u(x_i)\right]^2} = \sqrt{\sum_{i=1}^{N}\left(\frac{\partial F}{\partial x_i}\right)^2 u^2(x_i)} = \sqrt{\sum_{i=1}^{N}c_i^2 u^2(x_i)} \tag{0-41}$$

【例 5】假设 $F = f(x_1, x_2, x_3, \cdots x_N) = A \cdot x_1^{p_1} \cdot x_2^{p_2} \cdot x_3^{p_3} \cdot \cdots \cdot x_N^{p_N}$，试证明相对标准不确定度满足如下关系：

$$u_{c,\text{rel}}(F) = \frac{u_c(F)}{|F|} = \sqrt{\sum_{i=1}^{N}\left[\frac{p_i \cdot u(x_i)}{x_i}\right]^2} = \sqrt{\sum_{i=1}^{N}[p_i \cdot u_{rel}(x_i)]^2} \tag{0-42}$$

证明：对等式 $F = A \cdot x_1^{p_1} \cdot x_2^{p_2} \cdot x_3^{p_3} \cdots x_N^{p_N}$ 两边取常用对数可得：

$$\ln F = \ln A + p_1 \cdot \ln x_1 + p_2 \cdot \ln x_2 + \cdots + p_N \cdot \ln x_N$$

然后再对等式两边取微分，可得：

$$\frac{\Delta F}{F} = p_1 \cdot \frac{\Delta x_1}{x_1} + p_2 \cdot \frac{\Delta x_2}{x_2} + \cdots + p_N \cdot \frac{\Delta x_N}{x_N}$$

考虑最坏的情况，间接测量量 F 的相对不确定度可以表示为：

$$\left| \frac{\Delta F}{F} \right| = \left| p_1 \cdot \frac{\Delta x_1}{x_1} \right| + \left| p_2 \cdot \frac{\Delta x_2}{x_2} \right| + \cdots + \left| p_N \cdot \frac{\Delta x_N}{x_N} \right|$$

如果各相对不确定度都以相对标准不确定度表示，求和以方和根的形式进行，则：

$$u_{\mathrm{c,rel}}(F) = \frac{u_{\mathrm{c}}(F)}{|F|} = \sqrt{\sum_{i=1}^{N} \left[\frac{p_i \cdot u(x_i)}{x_i} \right]^2} = \sqrt{\sum_{i=1}^{N} \left[p_i \cdot u_{\mathrm{rel}}(x_i) \right]^2}$$

上式说明，当间接测量量是若干个量的乘积或商时，使用相对标准不确定度进行不确定度的合成，计算起来更加简便。

2. 间接测量量的合成标准不确定度以及扩展不确定度的评估

当间接测量量 F 与 K 个相互独立的直接测量量 $x_1, x_2, \cdots, x_K$ 以函数关系 $F = f(x_1, x_2, \cdots, x_K)$ 联系时，其合成标准不确定度或相对不确定度可由如下步骤评估。

(1) 计算各直接测量量 x_i 的平均值 $\bar{x}_i$，以及平均值的实验标准偏差 $s(\bar{x}_i)$（A 类标准不确定度）及其对应的自由度 v_i。

(2) 计算因仪器分辨率有限引入的 B 类不确定度分量的标准偏差（标准不确定度）u_j 以及自由度 v_j。

(3) 计算各直接测量量的合成标准不确定度和有效自由度。其中有效自由度使用下式计算：

$$v_{\mathrm{eff},x_i} = \frac{u_{\mathrm{c}}^4(x_i)}{\dfrac{s^4(\bar{x}_i)}{v_{i,\mathrm{A}}} + \dfrac{u_{\mathrm{B}}^4(x_i)}{v_{i,\mathrm{B}}}} \tag{0-43}$$

(4) 将各直接测量量写成 $x_i = \bar{x}_i \pm u_{\mathrm{c}}(\bar{x}_i)$ 的形式，并给出对应的有效自由度。

(5) 计算间接测量量的平均值（最佳评估值）$\bar{F} = f(\bar{x}_1, \bar{x}_2, \cdots, \bar{x}_K)$，并利用公式（0-41）计算间接测量量 F 的合成标准不确定度。

(6) 使用下面的韦尔奇 - 萨特韦特公式计算合成标准不确定度对应的有效自由度 v_{eff}，即：

$$v_{\mathrm{eff}} = \frac{u_{\mathrm{c}}^4(F)}{\displaystyle\sum_{i=1}^{N} \frac{c_i^4 u^4(x_i)}{v_i}} \tag{0-44}$$

如果 v_{eff} 不是整数，则去掉小数部分取整，即将 v_{eff} 取为一个不大于 v_{eff} 本身的整数。

（7）根据置信概率 P（通常取 95%）和有效自由度 v_{eff}，查 t – 分布表可得到置信系数 k，然后计算扩展不确定度 $U = k \cdot u_{\text{c}}$。

【例6】用精度为 0.01 mm 的千分尺测量了铜导线的直径 10 次。测量结果分别为 0.251 mm、0.252 mm、0.250 mm、0.249 mm、0.251 mm、0.252 mm、0.253 mm、0.251 mm、0.252 mm、0.250 mm，请给出铜导线的横截面积以及在 95% 置信概率下的扩展不确定度。

解：导线的横截面积 A 与导线直径 D 的关系为：

$$A = \frac{\pi}{4}D^2$$

（1）先计算直接测量量（直径 D）的平均值和 A 类标准不确定度分量为：

$$\overline{D} = \frac{1}{N}\sum_{i=1}^{N}D_i = \frac{1}{10} \times (0.251 + 0.252 + \cdots + 0.252 + 0.25) = 0.2511 \ (\text{mm})$$

$$s(\overline{D}) = \sqrt{\frac{1}{N \cdot (N-1)}\sum_{i=1}^{N}(D_i - \overline{D})^2}$$

$$= \sqrt{\frac{1}{10 \times 9} \times \left[(0.251 - 0.2511)^2 + \cdots + (0.25 - 0.2511)^2\right]} = 0.00038 \ (\text{mm})$$

该 A 类标准不确定度对应的自由度为 $v = N - 1 = 9$。

（2）计算因千分尺分辨率有限引起的 B 类不确定度（假定矩形分布）为

$$u(D) = \frac{a}{k} = \frac{0.01}{2\sqrt{3}} = \frac{0.01}{\sqrt{12}} = 0.0029 \ (\text{mm})$$

该 B 类标准不确定度对应的自由度为 $v \to +\infty$。

（3）计算直接测量量（直径 D）的合成标准不确定度以及有效自由度为：

$$u_{\text{c}}(D) = \sqrt{s^2(D) + u^2(D)} = \sqrt{0.00038^2 + 0.0029^2} = 0.0029 \ (\text{mm})$$

合成标准不确定度对应的有效自由度为：

$$v_{\text{eff}} = \frac{u_{\text{c}}^4(x)}{\dfrac{s^4(\overline{x})}{v_{\text{A}}} + \dfrac{u^4(x)}{v_{\text{B}}}} = \frac{0.0029^4}{\dfrac{0.00038^4}{9} + \dfrac{0.0029^4}{\infty}}$$

$$= \frac{0.0029^4}{\dfrac{0.00038^4}{9}} = 9 \times \left(\frac{29}{3.8}\right)^4 = 30528.12$$

为了不夸大测量的精度，有效自由度取小于计算值的整数，即 $v_{\text{eff}} = 30528$。

（4）计算间接测量量（面积 A）的平均值、合成标准不确定度以及有效自由度为：

$$\overline{A} = \frac{\pi}{4}\overline{D}^2 = \frac{\pi}{4} \times 0.2511^2 = 0.04952 \ (\text{mm}^2)$$

$$\frac{\partial A}{\partial D} = \frac{\pi}{2}D = \frac{\pi}{2} \times 0.2511 = 0.3944 \ (\text{mm})$$

$$u_c(A) = \frac{\partial A}{\partial D} u_c(D) = 0.3944 \times 0.0029 = 0.0011 \ (mm^2)$$

面积的有效自由度与直径的有效自由度（$v_{eff} = 30528$）一致。

（5）计算扩展不确定度。根据 $v_{eff} = 30528$ 和置信概率 $P = 95\%$，查 t – 分布表，可得包含因子 $k = 1.96$，所以扩展不确定度为：

$$U = k \cdot u_c = 1.96 \times 0.0011 = 0.0022 \ (mm)$$

所以在 95% 的置信概率下，$A = \overline{A} \pm U = \overline{A} \pm k \cdot u_c = (0.0495 \pm 0.0022) \ mm$，其中包含因子 $k = 1.96$。

【例7】用精度为 0.02 mm 的游标卡尺测量了一圆柱形金属棒的直径 D 和高度 H，对直径 D 的 10 次测量结果分别为 50.40 mm、50.42 mm、50.42 mm、50.44 mm、50.46 mm、50.44 mm、50.42 mm、50.40 mm、50.40 mm、50.42 mm，对高度 H 的 10 次测量结果分别为 65.50 mm、65.52 mm、65.54 mm、65.52 mm、65.54 mm、65.54 mm、65.52 mm、65.52 mm、65.50 mm、65.54 mm，请给出圆柱体金属棒的体积以及在 95% 置信概率下的扩展不确定度（假设直径和高度的测量结果没有相关性）。

解：圆柱形金属棒体积 V 与直径 D 及高度 H 的关系为：

$$V = \frac{\pi}{4} D^2 H$$

（1）先分别计算直接测量量（直径 D 和高度 H）的平均值和 A 类标准不确定度分量：

$$\overline{D} = \frac{1}{N} \sum_{i=1}^{N} D_i = \frac{1}{10} \times (50.4 + 50.42 + \cdots + 50.4 + 50.42) = 50.422 \ (mm)$$

$$s(\overline{D}) = \sqrt{\frac{1}{N \cdot (N-1)} \sum_{i=1}^{N} (D_i - \overline{D})^2}$$

$$= \sqrt{\frac{1}{10 \times 9} \times [(50.4 - 50.422)^2 + \cdots + (50.42 - 50.422)^2]} = 0.0063 \ (mm)$$

直径测量对应的 A 类标准不确定度的自由度为 $v = N - 1 = 9$。

$$\overline{H} = \frac{1}{N} \sum_{i=1}^{N} H_i = \frac{1}{10} \times (65.5 + 65.52 + \cdots + 65.5 + 65.54) = 65.524 \ (mm)$$

$$s(\overline{H}) = \sqrt{\frac{1}{N \cdot (N-1)} \sum_{i=1}^{N} (H_i - \overline{H})^2}$$

$$= \sqrt{\frac{1}{10 \times 9} \times [(65.5 - 65.524)^2 + \cdots + (65.54 - 65.524)^2]} = 0.005 \ (mm)$$

高度测量对应的 A 类标准不确定度的自由度为 $v = N - 1 = 9$。

（2）再计算游标卡尺分辨率有限引入的 B 类标准不确定度分量，假定呈矩形分布：

$$u_B = \frac{a}{k} = \frac{0.02}{2\sqrt{3}} = \frac{0.02}{\sqrt{12}} = 0.0058 \ (mm)$$

直径和高度测量对应的 B 类标准不确定度均为该值，该 B 类标准不确定度对应的自由度为 $v \to +\infty$。

（3）分别计算直接测量量（直径 D 和高度 H）的合成标准不确定度和有效自由度：

$$u_c(\overline{D}) = \sqrt{s^2(D) + u_B^2} = \sqrt{0.0063^2 + 0.0058^2} = 0.0086 \text{ (mm)}$$

直径的合成标准不确定度对应的有效自由度为：

$$v_{\text{eff}} = \frac{u_c^4(D)}{\dfrac{s^4(D)}{v_A} + \dfrac{u_B^2}{v_B}} = \frac{0.0086^4}{\dfrac{0.0063^4}{9} + \dfrac{0.0058^4}{\infty}} = \frac{0.0086^4}{\dfrac{0.0063^4}{9}}$$

$$= 9 \times \left(\frac{86}{63}\right)^4 = 31.25$$

为了不夸大测量的精度，有效自由度取小于计算值的整数，即 $v_{\text{eff},D} = 31$。

$$u_c(\overline{H}) = \sqrt{s^2(\overline{H}) + u_B^2} = \sqrt{0.005^2 + 0.0058^2} = 0.0077 \text{ (mm)}$$

直径的合成标准不确定度对应的有效自由度为：

$$v_{\text{eff}} = \frac{u_c^4(H)}{\dfrac{s^4(H)}{v_A} + \dfrac{u_B^2}{v_B}} = \frac{0.0077^4}{\dfrac{0.005^4}{9} + \dfrac{0.0058^4}{\infty}} = \frac{0.0077^4}{\dfrac{0.005^4}{9}} = 9 \times \left(\frac{77}{50}\right)^4 = 50.6$$

为了不夸大测量的精度，有效自由度取小于计算值的整数，即 $v_{\text{eff},H} = 50$。

（4）两直接测量量的结果可表示为：

$D = \overline{D} \pm u_c(\overline{D}) = 50.422 \pm 0.009 \text{ (mm)}$，对应的有效自由度 $v_{\text{eff},D} = 31$。

$H = \overline{H} \pm u_c(\overline{H}) = 65.524 \pm 0.008 \text{ (mm)}$，对应的有效自由度 $v_{\text{eff},H} = 50$。

（5）以下计算间接测量量的平均值、合成标准不确定度和有效自由度。

圆柱形金属棒体积 V 的最佳评估值为：

$$\overline{V} = \frac{\pi}{4}\overline{D}^2\overline{H} = \frac{\pi}{4} \times 50.422^2 \times 65.524 = 130836.9523 \text{ (mm}^3\text{)} \approx 130.837 \text{ (cm}^3\text{)}$$

圆柱形金属棒体积 V 的合成标准不确定度为：

$$u_c(\overline{V}) = \sqrt{\left(\frac{V}{D}\right)^2 u_c^2(\overline{D}) + \left(\frac{V}{H}\right)^2 u_c^2(\overline{H})}$$

式中的灵敏度系数为：

$$\frac{V}{D} = \frac{\partial}{\partial D}\left(\frac{\pi}{4}D^2H\right) = \frac{\pi}{2}DH = \frac{\pi}{2} \times 50.422 \times 65.524 = 5189.677 \text{ (mm}^2\text{)}$$

$$\frac{V}{H} = \frac{\partial}{\partial H}\left(\frac{\pi}{4}D^2H\right) = \frac{\pi}{4}D^2 = \frac{\pi}{4} \times 50.422^2 = 1996.779 \text{ (mm}^2\text{)}$$

因此，

$$u_c(\overline{V}) = \sqrt{\left(\frac{V}{D}\right)^2 u_c^2(\overline{D}) + \left(\frac{V}{H}\right)^2 u_c^2(\overline{H})}$$

$$= \sqrt{(5189.677 \times 0.009)^2 + (1996.779 \times 0.008)^2}$$

$$= \sqrt{2181.5525 + 255.1761} = 49.36 \ (mm^3)$$

体积的合成标准不确定度对应的有效自由度为：

$$v_{eff,V} = \frac{u_c^4(V)}{\dfrac{c_{i,D}^4 u_c^4(D)}{v_{eff,D}} + \dfrac{c_{i,D}^4 u_c^4(H)}{v_{eff,H}}} = \frac{49.36^4}{\dfrac{(5189.677 \times 0.009)^4}{31} + \dfrac{(1996.779 \times 0.008)^4}{50}}$$

$$= \frac{49.36^4}{\dfrac{2181.55^2}{31} + \dfrac{255.176^2}{50}} = \frac{5.936 \times 10^6}{1.53521 \times 10^5 + 0.01302 \times 10^5} = 38.34$$

（6）计算扩展不确定度。根据 $v_{eff} = 38$ 和置信概率 $P = 95\%$，查 t – 分布表，可得包含因子 $k = 2.02$，所以扩展不确定度为：

$$U = k \cdot u_c = 2.02 \times 49.36 = 99.707 \ (mm^3) \approx 0.1 \ (cm^3)$$

所以在 95% 的置信概率下，$A = \bar{A} \pm U = \bar{A} \pm k \cdot u_c = 130.8 \pm 0.1 \ (cm^3)$，其中包含因子 $k = 2.02$。

【例 8】使用分辨率为 1 mg 的电子天平对钢球进行了称重，10 次重复测量的结果依次为 8.3484 g、8.3521 g、8.3497 g、8.3502 g、8.3487 g、8.3493 g、8.3485 g、8.3507 g、8.3504 g、8.3491 g。使用分辨率为 0.01 mm 的千分尺对钢球的直径进行了10 次重复测量，测量的结果依次为12.690 mm、12.685 mm、12.683 mm、12.680 mm、12.687 mm、12.693 mm、12.695 mm、12.692 mm、12.681 mm、12.687 mm。请给出钢球的密度以及在 95% 置信概率下的扩展不确定度。

解：钢球的密度 ρ 与钢球的质量 M 和直径 D 的关系为：

$$\rho = \frac{M}{\dfrac{\pi}{6}D^3} = \frac{6M}{\pi D^3}$$

（1）先分别计算直接测量量（质量 M 和直径 D）的平均值和 A 类标准不确定度分量。

$$\bar{M} = \frac{1}{N}\sum_{i=1}^{N} M_i = \frac{1}{10} \times (8.3484 + 8.3521 + \cdots + 8.3504 + 8.3491) = 8.3497 \ (g)$$

$$s(\bar{M}) = \sqrt{\frac{1}{N \cdot (N-1)}\sum_{i=1}^{N}(M_i - \bar{M})^2}$$

$$= \sqrt{\frac{1}{10 \times 9} \times [(8.3484 - 8.3497)^2 + \cdots + (8.3491 - 8.3497)^2]} = 0.00037 \ (g)$$

质量测量对应的 A 类标准不确定度的自由度为 $v = N - 1 = 9$。

$$\bar{D} = \frac{1}{N}\sum_{i=1}^{N} D_i = \frac{1}{10} \times (12.69 + 12.685 + \cdots + 12.681 + 12.687) = 12.687 \ (mm)$$

$$s(\bar{D}) = \sqrt{\frac{1}{N \cdot (N-1)}\sum_{i=1}^{N}(D_i - \bar{D})^2}$$

$$= \sqrt{\frac{1}{10 \times 9} \times \left[(12.69 - 12.687)^2 + \cdots + (12.687 - 12.687)^2 \right]} = 0.0016 \ (\text{mm})$$

直径测量对应的 A 类标准不确定度的自由度为 $v = N - 1 = 9$。

（2）再分别计算电子天平和千分尺分辨率有限引入的 B 类标准不确定度分量，假定呈矩形分布：

$$u_{\text{B},M} = \frac{a}{k} = \frac{0.001}{2\sqrt{3}} = \frac{0.001}{\sqrt{12}} = 2.89 \times 10^{-4} \text{(g)}$$

$$u_{\text{B},D} = \frac{a}{k} = \frac{0.01}{2\sqrt{3}} = \frac{0.01}{\sqrt{12}} = 2.89 \times 10^{-3} \text{(mm)}$$

这两个 B 类标准不确定度对应的自由度均为 $v \to +\infty$。

（3）分别计算直接测量量（质量 M 和直径 D）的合成标准不确定度和有效自由度。

$$u_{\text{c}}(\overline{M}) = \sqrt{s^2(M) + u_{\text{B},M}^2} = \sqrt{(3.7 \times 10^{-4})^2 + (2.89 \times 10^{-4})^2} = 4.695 \times 10^{-4} \text{(g)}$$

质量的合成标准不确定度对应的有效自由度为：

$$v_{\text{eff},M} = \frac{u_{\text{c}}^4(M)}{\dfrac{s^4(M)}{v_{\text{A}}} + \dfrac{u_{\text{B},M}^2}{v_{\text{B}}}} = \frac{(4.695 \times 10^{-4})^4}{\dfrac{(3.7 \times 10^{-4})^4}{9} + \dfrac{(2.89 \times 10^{-4})^4}{\infty}}$$

$$= \frac{(4.695 \times 10^{-4})^4}{\dfrac{(3.7 \times 10^{-4})^4}{9}} = 9 \times \left(\frac{4.695}{3.7} \right)^4 = 23.3$$

为了不夸大测量的精度，有效自由度取小于计算值的整数，即 $v_{\text{eff},M} = 23$。

$$u_{\text{c}}(\overline{D}) = \sqrt{s^2(D) + u_{\text{B},D}^2} = \sqrt{(1.6 \times 10^{-3})^2 + (2.89 \times 10^{-3})^2} = 3.303 \times 10^{-3} \text{(mm)}$$

直径的合成标准不确定度对应的有效自由度为：

$$v_{\text{eff},D} = \frac{u_{\text{c}}^4(D)}{\dfrac{s^4(D)}{v_{\text{A}}} + \dfrac{u_{\text{B},D}^2}{v_{\text{B}}}} = \frac{(3.303 \times 10^{-3})^4}{\dfrac{(1.6 \times 10^{-3})^4}{9} + \dfrac{(2.89 \times 10^{-3})^4}{\infty}}$$

$$= \frac{(3.303 \times 10^{-3})^4}{\dfrac{(1.6 \times 10^{-3})^4}{9}} = 9 \times \left(\frac{3.303}{1.6} \right)^4 = 163.45$$

为了不夸大测量的精度，有效自由度取小于计算值的整数，即 $v'_{\text{eff},D} = 163$。

（4）两直接测量量的结果可表示为：

$$M = \overline{M} \pm u_{\text{c}}(\overline{M}) = 8.3497 \pm 0.0005 \text{ (g)}，对应的有效自由度 v_{\text{eff},M} = 23。$$

$$D = \overline{D} \pm u_{\text{c}}(\overline{D}) = 12.687 \pm 0.003 \text{ (mm)}，对应的有效自由度 v_{\text{eff},D} = 163。$$

（5）以下计算间接测量量（密度 ρ）的平均值、合成标准不确定度和有效自由度。

钢球的密度 ρ 的最佳评估值为：

$$\bar{\rho} = \frac{6\overline{M}}{\pi \overline{D}^3} = \frac{6 \times 8.3497}{\pi \times 12.687^3} = \frac{6 \times 8.3497}{6415.4436} = 7.809 \times 10^{-3} \text{ (g/mm}^3) = 7.809 \text{ (g/cm}^3)$$

钢球的密度 ρ 的合成标准不确定度为：

$$u_c(\bar{\rho}) = \sqrt{\left(\frac{\rho}{M}\right)^2 u_c^2(\bar{M}) + \left(\frac{\rho}{D}\right)^2 u_c^2(\bar{D})}$$

其中，式中的灵敏度系数为：

$$\frac{\rho}{M} = \frac{\partial}{\partial M}\left(\frac{6M}{\pi D^3}\right) = \frac{6}{\pi D^3} = \frac{6}{\pi \times 12.687^3} = \frac{6}{6415.4436}$$

$$= 9.3524 \times 10^{-4}\,(\text{mm}^{-3})$$

$$\frac{\rho}{D} = \frac{\partial}{\partial D}\left(\frac{6M}{\pi D^3}\right) = -\frac{18M}{\pi D^4} = -\frac{18 \times 8.3497}{\pi \times 12.687^4} = 1.846 \times 10^{-3}\,(\text{g/mm}^4)$$

因此，

$$u_c(\bar{\rho}) = \sqrt{\left(\frac{\rho}{M}\right)^2 u_c^2(\bar{M}) + \left(\frac{\rho}{D}\right)^2 u_c^2(\bar{D})}$$

$$= \sqrt{(9.3524 \times 10^{-4} \times 0.0005)^2 + (1.846 \times 10^{-3} \times 0.003)^2}$$

$$= \sqrt{(9.3524 \times 0.05 + 1.846 \times 3)^2 \times 10^{-12}} = 6.0 \times 10^{-6}\,(\text{g/mm}^3)$$

密度的合成标准不确定度对应的有效自由度为：

$$v_{\text{eff},\rho} = \frac{u_c^4(\rho)}{\dfrac{c_{i,M}^4 u_c^4(M)}{v_{\text{eff},M}} + \dfrac{c_{i,D}^4 u_c^4(D)}{v_{\text{eff},D}}}$$

$$= \frac{(6.0 \times 10^{-6})^4}{\dfrac{(9.3524 \times 10^{-4} \times 0.0005)^4}{23} + \dfrac{(1.846 \times 10^{-3} \times 0.003)^4}{163}}$$

$$= \frac{6.0^4}{\dfrac{(9.3524 \times 0.05)^4}{23} + \dfrac{(1.846 \times 3)^4}{163}}$$

$$= \frac{1296}{0.0203 + 5.7706} = 223.8$$

（6）计算扩展不确定度。根据 $v_{\text{eff},\rho} = 223$ 和置信概率 $P = 95\%$，查 t – 分布表，可得包含因子 $k = 1.96$，所以扩展不确定度为：

$U = k \cdot u_c = 1.96 \times 6.0 \times 10^{-6}(\text{g/mm}^3) = 1.176 \times 10^{-5}(\text{g/mm}^3) \approx 0.012\,(\text{g/cm}^3)$

所以在95%的置信概率下，$\rho = \bar{\rho} \pm U = \bar{\rho} \pm k \cdot u_c = (7.81 \pm 0.12)\,\text{g/mm}^3$，其中包含因子 $k = 1.96$。

3. 不需要考虑自由度时的合成标准不确定度以及扩展不确定度的评估

在某些情况下，只需要对测量结果的不确定度进行粗略的评估。此时，可以忽略有限次测量对不确定度评估的影响，即将有限次测量结果视为符合测量次数趋近于无穷大的正态分布，大大地简化了不确定度的评估过程。当置信概率为95%时，包含因子直接取 $k = 2$；当置信概率为99%时，包含因子直接取 $k = 3$。

【例9】 材料的抗拉强度定义为材料拉伸断裂前的最大载荷 F 与试样原始横截面积 A 的比值，即 $\sigma_b = \dfrac{F}{A}$。使用最大允许误差为 $\pm 5\ \mu m$ 的千分尺测量圆柱形金属试样的直径。已知试样直径的算术平均值 $\overline{D} = 10.000\ mm$，平均值的实验标准偏差为 $s(\overline{D}) = 0.012\ mm$。使用最大测量误差为 $\pm 0.05\%$ 的指针式拉力计测量拉力，测得的试样断裂前的最大载荷 $F = 45\ kN$。试给出实验测得的抗拉强度在置信概率为 95% 时的扩展不确定度。

解：

方法一（采用绝对不确定度计算）：

材料的抗拉强度 σ_b 与材料拉伸断裂前的最大载荷 F 和试样原始直径 D 满足如下关系：

$$\sigma_b = \frac{4F}{\pi D^2}$$

（1）先计算出试样抗拉强度 σ_b 的最佳评估值：

$$\sigma_b = \frac{4F}{\pi D^2} = \frac{4 \times 45 \times 10^3}{\pi \times 10^2} = 572.96\ (N/mm^2)$$

（2）计算直径测量的合成标准不确定度。千分尺因分辨率有限引入 B 类不确定度。

$$u(D) = \frac{5}{\sqrt{3}} = 2.8868\ (\mu m)$$

$$u_c(D) = \sqrt{u^2(D) + s^2(D)} = \sqrt{2.8868^2 + 12^2} = 12.34\ (\mu m) = 0.01234\ (mm)$$

（3）计算拉力测量的标准不确定度。拉力计因分辨率有限引入 B 类不确定度。

$$u(F) = \frac{45 \times 10^3 \times 0.05\%}{\sqrt{3}} = 12.99\ (N)$$

（4）计算抗拉强度 σ_b 的合成标准不确定度。

$$u_c(\sigma_b) = \sqrt{\left(\frac{\sigma_b}{D}\right)^2 u_c^2(D) + \left(\frac{\sigma_b}{F}\right)^2 u^2(F)}$$

式中的灵敏度系数为：

$$\frac{\sigma_b}{D} = \frac{\partial}{\partial D}\left(\frac{4F}{\pi D^2}\right) = -\frac{8F}{\pi D^3} = -\frac{8 \times 45 \times 10^3}{\pi \times 10^3} = -114.59\ (N/mm^3)$$

$$\frac{\sigma_b}{F} = \frac{\partial}{\partial F}\left(\frac{4F}{\pi D^2}\right) = \frac{4}{\pi D^2} = \frac{4}{\pi \times 10^2} = 1.2732 \times 10^{-2}\ (mm^{-2})$$

因此，

$$\begin{aligned}
u_c(\sigma_b) &= \sqrt{\left(\frac{\sigma_b}{D}\right)^2 u_c^2(D) + \left(\frac{\sigma_b}{F}\right)^2 u^2(F)} \\
&= \sqrt{(114.59 \times 0.01234)^2 + (1.2732 \times 10^{-2} \times 12.99)^2} \\
&= \sqrt{(19995.1082 + 273.5341) \times 10^{-4}} = 1.42\ (N/mm^2)
\end{aligned}$$

（5）计算扩展不确定度。取包含因子 $k = 2$，扩展不确定度 $U = k \cdot u_c = 2.82 \text{ N/mm}^2$，所以实验结果抗拉强度 $\sigma_b = (573.0 \pm 2.8) \text{ N/mm}^2$。

方法二（采用相对不确定度计算）：

材料的抗拉强度 σ_b 与材料拉伸断裂前的最大载荷 F 和试样原始直径 D 满足如下关系：

$$\sigma_b = \frac{4F}{\pi D^2} = \frac{4}{\pi} F \cdot D^{-2}$$

所以，抗拉强度 σ_b 的合成相对不确定度可表示为：

$$u_{c,\text{rel}}(\sigma_b) = \frac{u_c(\sigma_b)}{|\sigma_b|} = \sqrt{\left[\frac{u(F)}{F}\right]^2 + \left[\frac{2u(D)}{D}\right]^2}$$

由方法一可知，

$$u(F) = \frac{45 \times 10^3 \times 0.05\%}{\sqrt{3}} = 12.99 \text{ (N)}, \quad F = 45 \times 10^3 \text{ (N)}$$

$$u_c(D) = \sqrt{u^2(D) + s^2(D)} = \sqrt{2.8868^2 + 12^2} = 12.34 \text{ (}\mu\text{m)} = 0.01234 \text{ (mm)}$$

$$\overline{D} = 10.000 \text{ mm}$$

所以，

$$\frac{u(F)}{F} = \frac{12.99}{45 \times 10^3} \times 100\% = \frac{0.05\%}{\sqrt{3}} = 0.028868\%$$

$$\frac{u(D)}{D} = \frac{0.01234}{10} \times 100\% = 0.1234\%$$

$$u_{c,\text{rel}}(\sigma_b) = \frac{u_c(\sigma_b)}{|\sigma_b|} = \sqrt{(0.028868\%)^2 + (2 \times 0.1234\%)^2}$$

$$= \frac{0.00083336 + 0.06091}{10000} = 0.24848\%$$

由方法一可知，

$$\sigma_b = \frac{4F}{\pi D^2} = \frac{4 \times 45 \times 10^3}{\pi \times 10^2} = 572.96 \text{ (N/mm}^2\text{)}$$

所以，抗拉强度 σ_b 的合成标准不确定度：

$$u_c(\sigma_b) = \sigma_b \cdot u_{c,\text{rel}}(\sigma_b) = 572.96 \times 0.24848\% = 1.42 \text{ (N/mm}^2\text{)}$$

该结果与方法一的结果完全一致，但计算过程得到了极大的简化。因此，对于形如 $F = f(x_1, x_2, x_3, \cdots, x_N) = A \cdot x_1^{p_1} \cdot x_2^{p_2} \cdot x_3^{p_3} \cdot \cdots \cdot x_N^{p_N}$ 的问题，建议优先使用相对不确定度进行计算，最后再将相对不确定度转变为绝对不确定度。

【例10】采用四探针测试仪测量一块 180 μm 厚、156 mm $\times$ 156 mm 的方形 P 型硅片的电阻率。使用最大允许误差为 ± 0.5 μm 的千分尺测量了硅片的厚度，测量值分别为 178.0 μm、178.5 μm、179.5 μm、180.5 μm、181.5 μm、182.0 μm。以 0.08 mA 的测试电流测量了硅片表面上 6 个不同位置的 V_{23} 分别为 2.17 mV、2.19 mV、2.21 mV、2.18 mV、2.16 mV、2.15 mV。假设硅片的电阻率分布均匀，6

次测量可看作对样品在相同条件下的重复测量。样品的电阻率采用下面的公式计算：

$$\rho = \frac{V_{23}}{I} \cdot d \cdot F_{sp} \cdot F(d/S) \cdot F(S/D)$$

式中，I 是通过 1、4 探针的测试电流，V_{23} 是 2、3 探针上的测试电压，d 是样品厚度，D 是样品的直径或边长，探针的间距 $S = 1$ mm，探针间距修正 $F_{sp} = 1$。通过查表可得，样品厚度的修正因子 $F(d/S) = 1$，样品直径的修正因子 $F(S/D) = 4.5306$。

根据纳伏表说明书，采用 10 mV 量程时，纳伏表的最大允许误差为 ± 0.00054 mV。根据恒流源的说明书，采用 0.1 mA 量程，恒流源最大允许误差为 ± 0.0015 mA。对于给定的样品，修正因子可视为常数，无须考虑其不确定度。试估算 95% 置信概率下电阻率测量的扩展不确定度。

解：

方法一（采用绝对不确定度计算）：

（1）先分别计算直接测量量（V_{23}、厚度 d）的平均值和 A 类标准不确定度分量。

$$\overline{V}_{23} = \frac{1}{N}\sum_{i=1}^{N} V_i = \frac{1}{6}(2.17 + 2.19 + \cdots + 2.16 + 2.15) = 2.177\ (\text{mV})$$

$$\begin{aligned}s(\overline{V}) &= \sqrt{\frac{1}{N\cdot(N-1)}\sum_{i=1}^{N}(V_i - \overline{V})^2}\\ &= \sqrt{\frac{1}{6\times5}\left[(2.17 - 2.177)^2 + \cdots + (2.15 - 2.177)^2\right]} = 0.0088\ (\text{mV})\end{aligned}$$

$$\overline{d} = \frac{1}{N}\sum_{i=1}^{N} d_i = \frac{1}{6}(178 + 178.5 + \cdots + 181.5 + 182) = 180\ (\mu\text{m})$$

$$\begin{aligned}s(\overline{d}) &= \sqrt{\frac{1}{N\cdot(N-1)}\sum_{i=1}^{N}(d_i - \overline{d})^2}\\ &= \sqrt{\frac{1}{6\times5}\left[(178 - 180)^2 + \cdots + (182 - 180)^2\right]} = 0.6583\ (\mu\text{m})\end{aligned}$$

（2）再分别计算纳伏表、恒流源和千分尺分辨率有限引入的 B 类标准不确定度分量，假定呈矩形分布：

$$u_{\text{B},V} = \frac{a}{k} = \frac{0.00054}{\sqrt{3}} = 3.118 \times 10^{-4}\ (\text{mV})$$

$$u_{\text{B},I} = \frac{0.0015}{k} = \frac{0.0015}{\sqrt{3}} = 8.66 \times 10^{-4}\ (\text{mA})$$

$$u_{\text{B},d} = \frac{0.5}{k} = \frac{0.5}{\sqrt{3}} = 0.2887\ (\mu\text{m})$$

这三个 B 类标准不确定度对应的自由度均为 $v \to +\infty$。

（3）分别计算各直接测量量（V_{23}、厚度 d）的合成标准不确定度：

$$u_{\text{c}}(\overline{V}_{23}) = s^2(\overline{V}) + u_{\text{B},V}^2 = \sqrt{0.0088^2 + (3.118 \times 10^{-4})^2} = 8.8055 \times 10^{-3}\ (\text{mV})$$

$$u_{\text{c}}(\overline{d}) = \sqrt{s^2(d) + u_{\text{B},d}^2} = \sqrt{0.6583^2 + 0.2887^2} = 0.7188\ (\mu\text{m})$$

（4）三个直接测量量的结果可表示为：

$$V_{23} = \overline{V}_{23} \pm u_c(\overline{V}_{23}) = (2.177 \pm 0.009)\ (\text{mV})$$

$$I = \overline{I} \pm u_{B,I} = (0.0800 \pm 0.0009)\ (\text{mA})$$

$$d = \overline{d} \pm u_c(\overline{d}) = (180.0 \pm 0.7)\ (\mu\text{m})$$

（5）以下计算间接测量量（电阻率 ρ）的平均值和合成标准不确定度。

硅片的电阻率 ρ 的最佳评估值为：

$$\overline{\rho} = \frac{\overline{V}_{23}}{\overline{I}} \cdot \overline{d} \cdot F_{sp} \cdot F(d/S) \cdot F(S/D) = \frac{2.177}{0.08} \times 180 \times 10^{-4} \times 1 \times 1 \times 4.5306$$

$$= \frac{2.177}{0.08} \times 180 \times 10^{-4} \times 4.5306 = 2.2192\ (\Omega \cdot \text{cm})$$

电阻率 ρ 的合成标准不确定度为：

$$u_c(\overline{\rho}) = \sqrt{\left(\frac{\rho}{V_{23}}\right)^2 u_c^2(\overline{V}_{23}) + \left(\frac{\rho}{I}\right)^2 u_B^2(I) + \left(\frac{\rho}{d}\right)^2 u_c^2(\overline{d})}$$

式中的灵敏度系数为：

$$\frac{\rho}{V_{23}} = \frac{\partial}{\partial V_{23}}\left[\frac{V_{23}}{I} \cdot d \cdot F_{sp} \cdot F(d/S) \cdot F(S/D)\right] = \frac{\overline{d} \cdot F_{sp} \cdot F(d/S) \cdot F(S/D)}{I}$$

$$= \frac{\overline{\rho}}{V_{23}} = \frac{2.2192}{2.177} = 1.0194\ (\Omega \cdot \text{cm/mV})$$

$$\frac{\rho}{I} = \frac{\partial}{\partial I}\left[\frac{V_{23}}{I} \cdot d \cdot F_{sp} \cdot F(d/S) \cdot F(S/D)\right] = -\frac{\overline{V}_{23}}{I^2} \cdot \overline{d} \cdot F_{sp} \cdot F(d/S) \cdot F(S/D)$$

$$= -\frac{\overline{\rho}}{I} = -\frac{2.2192}{0.08} = -27.74\ (\Omega \cdot \text{cm/mA})$$

$$\frac{\rho}{d} = \frac{\partial}{\partial d}\left[\frac{V_{23}}{I} \cdot d \cdot F_{sp} \cdot F(d/S) \cdot F(S/D)\right] = \frac{V_{23}}{I} \cdot F_{sp} \cdot F(d/S) \cdot F(S/D)$$

$$= \frac{\overline{\rho}}{d} = \frac{2.2192}{180 \times 10^{-4}} = \frac{2.2192}{0.0180} = 123.29\ (\Omega)$$

因此，

$$u_c(\overline{\rho}) = \sqrt{\left(\frac{\rho}{V_{23}}\right)^2 u_c^2(\overline{V}_{23}) + \left(\frac{\rho}{I}\right)^2 u_B^2(I) + \left(\frac{\rho}{d}\right)^2 u_c^2(\overline{d})}$$

$$= \sqrt{(1.0194 \times 8.8055 \times 10^{-3})^2 + (27.74 \times 8.66 \times 10^{-4})^2 + (123.29 \times 0.7188 \times 10^{-4})^2}$$

$$= \sqrt{(89.7633^2 + 240.2284^2 + 88.6208^2) \times 10^{-8}} = 0.027\ (\Omega \cdot \text{cm})$$

（6）计算扩展不确定度。取包含因子 $k = 2$，扩展不确定度 $U = k \cdot u_c = 0.054\ \Omega \cdot \text{cm}$，所以实验结果为：

硅片的电阻率 $\rho = (2.219 \pm 0.054)\ \Omega \cdot \text{cm}$。

方法二（采用相对不确定度计算）：

样品的电阻率 ρ 与 V_{23} 和 I 满足如下关系：

$$\rho = \frac{V_{23}}{I} \cdot d \cdot F_{sp} \cdot F(d/S) \cdot F(S/D) = V_{23} \cdot I^{-1} \cdot d \cdot F_{sp} \cdot F(d/S) \cdot F(S/D)$$

所以，样品的电阻率 ρ 的合成相对不确定度可表示为：

$$u_{c,\text{rel}}(\rho) = \frac{u_c(\rho)}{|\rho|} = \sqrt{\left[\frac{u(V_{23})}{V_{23}}\right]^2 + \left[\frac{-u(I)}{I}\right]^2 + \left[\frac{u(d)}{d}\right]^2}$$

由方法一可知，

$$u_c(V_{23}) = 8.8055 \times 10^{-3} (\text{mV}), \overline{V}_{23} = 2.177 (\text{mV})$$

$$u(I) = 8.66 \times 10^{-4}\,\text{mA}, \overline{I} = 0.08 (\text{mA})$$

$$u(d) = 0.7188\,\mu\text{m}, \overline{d} = 180 (\mu\text{m})$$

所以，

$$\frac{u(V_{23})}{\overline{V}_{23}} = \frac{8.8055 \times 10^{-3}}{2.177} \times 100\% = 0.4045\%$$

$$\frac{u(I)}{I} = \frac{8.66 \times 10^{-4}}{0.08} \times 100\% = 1.0825\%$$

$$\frac{u(d)}{d} = \frac{0.7188}{180} \times 100\% = 0.3993\%$$

$$u_{c,\text{rel}}(\rho) = \frac{u_c(\rho)}{|\rho|} = \sqrt{(0.4045\%)^2 + (1.0825\%)^2 + (0.3993\%)^2}$$

$$= \frac{0.1636 + 1.1718 + 0.1594}{10000} = 1.2226\%$$

由方法一可知，硅片的电阻率 ρ 的最佳评估值为：

$$\overline{\rho} = \frac{\overline{V}_{23}}{I} \cdot \overline{d} \cdot F_{sp} \cdot F(d/S) \cdot F(S/D)$$

$$= \frac{2.177}{0.08} \times 180 \times 10^{-4} \times 1 \times 1 \times 4.5306 = 2.2192 (\Omega \cdot \text{cm})$$

所以，电阻率 ρ 的合成标准不确定度为：

$$u_c(\rho) = \overline{\rho} \cdot u_{c,\text{rel}}(\sigma_b) = 2.2192 \times 1.2226\% = 0.027 (\Omega \cdot \text{cm})$$

同样地，该结果与方法一的结果完全一致，但计算过程被极大地简化了。因此，对于形如 $F = f(x_1, x_2, x_3, \cdots, x_N) = A \cdot x_1^{P_1} \cdot x_2^{P_2} \cdot x_3^{P_3} \cdot \cdots \cdot x_N^{P_N}$ 的问题，应优先使用相对不确定度进行计算，最后再将相对不确定度转变为绝对不确定度。

参考文献

［1］沈韩. 基础物理实验［M］. 北京：科学出版社，2015.

［2］《物理学实验教程》编写组. 物理学实验教程（基础物理实验）［M］. 广州：中山大学出版社，2004.

［3］倪育才. 实用测量不确定度评定［M］. 6 版. 北京：中国质量标准出版传媒有限公司，2020.

［4］ 叶德培，赵峰，施昌彦，等. JJF 1059.1—2012：测量不确定度评定与表示［S］. 2 版. 北京：中国质检出版社出版，2013.

［5］ BPIM. Evaluation of measurement data — guide to the expression of uncertainty in measurement：JCGM 100：2008 ［R］. Paris：BIPM, 2008.

［6］ TAYLOR J R. An introduction to error analysis：the study of uncertainties in physical measurements ［M］. 2nd Edition, University Science Books, Sausalito, California, 1997.

［7］ RABINOVICH S G. Measurement errors and uncertainties：theory and practice ［M］. 3rd Edition. New York：Springer, 2005.

［8］ BERENDSEN H J C. A student's guide to data and error analysis ［M］. Cambridge：Cambridge University Press, 2011.

［9］ FORNASINI P. The uncertainty in physical measurements：an introduction to data analysis in the physics laboratory ［M］. New York：Springer, 2008.

［10］ KIRKUP L, FRENKEL R B. Introduction to uncertainty in measurement using the GUM ［M］. Cambridge：Cambridge University Press, 2006.

附 录

1. 标准正态密度函数积分表

$$P(\alpha < x < \beta) = P(z_\alpha < z < z_\beta) = \frac{1}{\sqrt{2\pi}} \int_{z_\alpha}^{z_\beta} \exp\left[-\frac{z^2}{2}\right] dz \qquad (0-45)$$

为计算式(0-45) 中的积分，可使用：

$$\Phi(z) = \frac{1}{\sqrt{2\pi}} \int_{-\infty}^{z} \exp\left[-\frac{z'^2}{2}\right] dz'$$

的列表值（表 0-1），以及

$$\Phi^*(z) = \frac{1}{\sqrt{2\pi}} \int_{0}^{z} \exp\left[-\frac{z'^2}{2}\right] dz'$$

的列表值（表 0-2）。在这两个表中，第一列给出 z 的前两位有效数字，而第一行给出 z 的第三位有效数字；表格的主体部分给出了相应的概率值。

表 0-1　积分 $\Phi(z) = \int_{-\infty}^{z} \Phi(z')\,\mathrm{d}z'$ 的值

z	0.00	0.01	0.02	0.03	0.04	0.05	0.06	0.07	0.08	0.09
-3.8	0.0001									
-3.6	0.0002									
-3.4	0.0003									
-3.2	0.0007									
-3.0	0.0014									
-2.9	0.0019									
-2.8	0.0026									
-2.7	0.0035									
-2.6	0.0047									
-2.5	0.0062									
-2.4	0.0082									
-2.3	0.0107									
-2.2	0.0139									
-2.1	0.0179									
-2.0	0.0228									
-1.9	0.0288	0.0281	0.0274	0.0268	0.0262	0.0256	0.0250	0.0244	0.0239	0.0233
-1.8	0.0359	0.0351	0.0344	0.0336	0.0329	0.0322	0.0314	0.0307	0.0301	0.0294
-1.7	0.0446	0.0436	0.0427	0.0418	0.0409	0.0401	0.0392	0.0384	0.0375	0.0367
-1.6	0.0548	0.0537	0.0526	0.0516	0.0505	0.0495	0.0485	0.0475	0.0465	0.0455
-1.5	0.0668	0.0655	0.0643	0.0630	0.0618	0.0606	0.0594	0.0582	0.0571	0.0559
-1.4	0.0808	0.0793	0.0778	0.764	0.0749	0.0735	0.0721	0.0708	0.0694	0.0681
-1.3	0.0968	0.0951	0.0934	0.0918	0.0901	0.0885	0.0869	0.0853	0.0838	0.0823
-1.2	0.1151	0.1131	0.1112	0.1093	0.1075	0.1056	0.1038	0.1020	0.1003	0.0985
-1.1	0.1357	0.1335	0.1314	0.1292	0.1271	0.1251	0.1230	0.1210	0.1190	0.1170
-1.0	0.1587	0.1563	0.1539	0.1515	0.1492	0.1469	0.1446	0.1423	0.1401	0.1379
-0.9	0.1841	0.1814	0.1788	0.1762	0.1736	0.1711	0.1685	0.1660	0.1635	0.1611
-0.8	0.2119	0.2090	0.2061	0.2033	0.2005	0.1977	0.1949	0.1922	0.1894	0.1867
-0.7	0.2420	0.2389	0.2358	0.2327	0.2297	0.2266	0.2236	0.2206	0.2177	0.2148
-0.6	0.2743	0.2709	0.2676	0.2643	0.2611	0.2578	0.2546	0.2514	0.2483	0.2451

续上表

z	0.00	0.01	0.02	0.03	0.04	0.05	0.06	0.07	0.08	0.09
-0.5	0.3085	0.3050	0.3015	0.2981	0.2946	0.2912	0.2877	0.2843	0.2810	0.2276
-0.4	0.3646	0.3409	0.3372	0.3336	0.3300	0.3264	0.3228	0.3192	0.3156	0.3121
-0.3	0.3821	0.3783	0.3745	0.3707	0.3669	0.3632	0.3594	0.3557	0.3520	0.3483
-0.2	0.4207	0.4168	0.4129	0.4090	0.4052	0.4013	0.3974	0.3936	0.3897	0.3859
-0.1	0.4602	0.4562	0.4522	0.4483	0.4443	0.4404	0.4364	0.4325	0.4286	0.4247
-0.0	0.5000	0.4960	0.4920	0.4880	0.4840	0.4801	0.4761	0.4721	0.4681	0.4641
$+0.0$	0.5000	0.5040	0.5080	0.5120	0.5160	0.5199	0.5239	0.5279	0.5319	0.5359
$+0.1$	0.5398	0.5438	0.5478	0.5517	0.5557	0.5596	0.5636	0.5675	0.5714	0.5753
$+0.2$	0.5793	0.5832	0.5871	0.5910	0.5948	0.5987	0.6026	0.6064	0.6103	0.6141
$+0.3$	0.6179	0.6217	0.6255	0.6293	0.6331	0.6368	0.6406	0.6443	0.6480	0.6517
$+0.4$	0.6554	0.6591	0.6628	0.6664	0.6700	0.6736	0.6772	0.6808	0.6844	0.6879
$+0.5$	0.6915	0.6950	0.6985	0.7019	0.7054	0.7088	0.7123	0.7157	0.7190	0.7224
$+0.6$	0.7257	0.7291	0.7324	0.7357	0.7389	0.7422	0.7454	0.7486	0.7517	0.7549
$+0.7$	0.7580	0.7611	0.7642	0.7673	0.7703	0.7734	0.7764	0.7794	0.7823	0.7852
$+0.8$	0.7881	0.7910	0.7939	0.7967	0.7995	0.8023	0.8051	0.8078	0.8106	0.8133
$+0.9$	0.8159	0.8186	0.8212	0.8238	0.8264	0.8289	0.8315	0.8340	0.8365	0.8389
$+1.0$	0.8413	0.8437	0.8461	0.8485	0.8508	0.8531	0.8554	0.8577	0.8599	0.8621
$+1.1$	0.8643	0.8665	0.8686	0.8708	0.8729	0.8749	0.8770	0.8790	0.8810	0.8830
$+1.2$	0.8849	0.8869	0.8888	0.8907	0.8925	0.8944	0.8962	0.8980	0.8997	0.9015
$+1.3$	0.9032	0.9049	0.9066	0.9082	0.9099	0.9115	0.9131	0.9147	0.9162	0.9177
$+1.4$	0.9192	0.9207	0.9222	0.9236	0.9251	0.9265	0.9279	0.9292	0.9306	0.9319
$+1.5$	0.9332	0.9345	0.9357	0.9370	0.9382	0.9394	0.9406	0.9418	0.9429	0.9441
$+1.6$	0.9452	0.9463	0.9474	0.9484	0.9495	0.9505	0.9515	0.9525	0.9535	0.9545
$+1.7$	0.9554	0.9564	0.9573	0.9582	0.9591	0.9599	0.9608	0.9616	0.9625	0.9633
$+1.8$	0.9641	0.9649	0.9656	0.9664	0.9671	0.9678	0.9686	0.9930	0.9699	0.9706
$+1.9$	0.9713	0.9719	0.9726	0.9732	0.9738	0.9744	0.9750	0.9756	0.9761	0.9767
$+2.0$	0.9772									
$+2.1$	0.9821									
$+2.2$	0.9861									
$+2.3$	0.9893									

续上表

z	0.00	0.01	0.02	0.03	0.04	0.05	0.06	0.07	0.08	0.09
+2.4	0.9918									
+2.5	0.9938									
+2.6	0.9953									
+2.7	0.9965									
+2.8	0.9974									
+2.9	0.9981									
+3.0	0.9986									
+3.2	0.9993									
+3.4	0.9997									
+3.6	0.9998									
+3.8	0.9999									

$$表0-2 \quad 积分 \Phi^*(z) = \int_0^z \Phi(z')\,dz' \text{ 的值}$$

z	0.00	0.01	0.02	0.03	0.04	0.05	0.06	0.07	0.08	0.09
0.0	0.0000	0.0040	0.0080	0.0120	0.0160	0.0199	0.0239	0.0279	0.0319	0.0359
0.1	0.0398	0.0438	0.0478	0.0517	0.0557	0.0596	0.0636	0.0675	0.0714	0.0753
0.2	0.0793	0.0832	0.0871	0.0910	0.0948	0.0987	0.1026	0.1064	0.1103	0.1141
0.3	0.1179	0.1217	0.1255	0.1293	0.1331	0.1368	0.1406	0.1443	0.1480	0.1517
0.4	0.1554	0.1591	0.1628	0.1664	0.1700	0.1736	0.1772	0.1808	0.1844	0.1879
0.5	0.1915	0.1950	0.1985	0.2019	0.2054	0.2088	0.2123	0.2157	0.2190	0.2224
0.6	0.2257	0.2291	0.2324	0.2357	0.2389	0.2422	0.2454	0.2486	0.2517	0.2549
0.7	0.2580	0.2611	0.2642	0.2673	0.2704	0.2734	0.2764	0.2794	0.2823	0.2852
0.8	0.2881	0.2910	0.2939	0.2967	0.2995	0.3023	0.3051	0.3078	0.3106	0.3133
0.9	0.3159	0.3186	0.3212	0.3238	0.3264	0.3289	0.3315	0.3340	0.3365	0.3389
1.0	0.3413	0.3438	0.3461	0.3485	0.3508	0.3531	0.3554	0.3577	0.3599	0.3621
1.1	0.3643	0.3665	0.3686	0.3708	0.3729	0.3749	0.3770	0.3790	0.3810	0.3830
1.2	0.3849	0.3869	0.3888	0.3907	0.3925	0.3944	0.3962	0.3980	0.3997	0.4015
1.3	0.4032	0.4049	0.4066	0.4082	0.4099	0.4115	0.4131	0.4147	0.4162	0.4177
1.4	0.4192	0.4207	0.4222	0.4236	0.4251	0.4265	0.4279	0.4292	0.4306	0.4319

续上表

z	0.00	0.01	0.02	0.03	0.04	0.05	0.06	0.07	0.08	0.09
1.5	0.4332	0.4345	0.4357	0.4370	0.4382	0.4394	0.4406	0.4418	0.4429	0.4441
1.6	0.4452	0.4463	0.4474	0.4484	0.4495	0.4505	0.4515	0.4525	0.4535	0.4545
1.7	0.4554	0.4564	0.4573	0.4582	0.4591	0.4599	0.4608	0.4616	0.4625	0.4633
1.8	0.4641	0.4649	0.4656	0.4664	0.4671	0.4678	0.4686	0.4693	0.4699	0.4706
1.9	0.4713	0.4719	0.4726	0.4732	0.4738	0.4744	0.4750	0.4756	0.4761	0.4767
2.0	0.4772	0.4778	0.4783	0.4788	0.4793	0.4798	0.4803	0.4808	0.4812	0.4817
2.1	0.4821	0.4826	0.4830	0.4834	0.4838	0.4842	0.4846	0.4850	0.4854	0.4857
2.2	0.4861	0.4864	0.4868	0.4871	0.4875	0.4878	0.4881	0.4884	0.4887	0.4890
2.3	0.4893	0.4896	0.4898	0.4901	0.4904	0.4906	0.4909	0.4911	0.4913	0.4916
2.4	0.4918	0.4920	0.4922	0.4925	0.4927	0.4929	0.4931	0.4932	0.4934	0.4936
2.5	0.4938	0.4940	0.4941	0.4943	0.4945	0.4946	0.4948	0.4949	0.4951	0.4952
2.6	0.4953	0.4955	0.4956	0.4957	0.4959	0.4960	0.4961	0.4962	0.4963	0.4964
2.7	0.4965	0.4966	0.4967	0.4968	0.4969	0.4970	0.4971	0.4972	0.4973	0.4974
2.8	0.4974	0.4975	0.4976	0.4977	0.4977	0.4978	0.4979	0.4979	0.4980	0.4981
2.9	0.4981	0.4982	0.4982	0.4983	0.4984	0.4984	0.4985	0.4985	0.4986	0.4986
3.0	0.4987									
3.5	0.4998									
4.0	0.4999									

2. t - 分布表（表 0 - 3）

表 0 - 3　对应于不同自由度 v 和不同置信概率 P 的 t - 分布的 $t_P(v)$ 值

[对应于 $-t_P(v)$ 到 $+t_P(v)$ 区间半宽度]

自由度 v	百分数形式的概率 P					
	68.27[a]	90	95	95.45[a]	99	99.73[a]
1	1.84	6.31	12.71	13.97	63.66	235.80
2	1.32	2.92	4.30	4.53	9.92	19.21
3	1.20	2.35	3.18	3.31	5.84	9.22
4	1.14	2.13	2.78	2.87	4.60	6.62
5	1.11	2.02	2.57	2.65	4.03	5.51
6	1.09	1.94	2.45	2.52	3.71	4.90

续上表

自由度 v	百分数形式的概率 P					
	68. 27[a)]	90	95	95. 45 [a)]	99	99. 73 [a)]
7	1.08	1.89	2.36	2.43	3.50	4.53
8	1.07	1.86	2.31	2.37	3.36	4.28
9	1.06	1.83	2.26	2.32	3.25	4.09
10	1.05	1.81	2.23	2.28	3.17	3.96
11	1.05	1.80	2.20	2.25	3.11	3.85
12	1.04	1.78	2.18	2.23	3.05	3.76
13	1.04	1.77	2.16	2.21	3.01	3.69
14	1.04	1.76	2.14	2.20	2.98	3.64
15	1.03	1.75	2.13	2.18	2.95	3.59
16	1.03	1.75	2.12	2.17	2.92	3.54
17	1.03	1.74	2.11	2.16	2.90	3.51
18	1.03	1.73	2.10	2.15	2.88	3.48
19	1.03	1.73	2.09	2.14	2.86	3.45
20	1.03	1.72	2.09	2.13	2.85	3.42
25	1.02	1.71	2.06	2.11	2.79	3.33
30	1.02	1.70	2.04	2.09	2.75	3.27
35	1.01	1.70	2.03	2.07	2.72	3.23
40	1.01	1.68	2.02	2.06	2.70	3.20
45	1.01	1.68	2.01	2.06	2.69	3.18
50	1.01	1.68	2.01	2.05	2.68	3.16
100	1.005	1.660	1.984	2.025	2.626	3.077
∞	1.000	1.645	1.960	2.000	2.576	3.000

a）对于期望值 μ_z 和标准差为 σ 的正态分布所描述的量 z，区间 $\mu_z \pm k\sigma$ 分别包含 $k=1, 2, 3$ 时 $P = 68.27\%$、95.45% 和 99.73% 的分布。

实验 1　典型金属晶体结构的刚球模型堆积和搭建分析实验

 一、实验目的

（1）熟悉和掌握三种典型的金属晶体结构：体心立方、面心立方和密排六方。

（2）了解三种晶体结构中常见的晶向、晶面及其几何位置，体会致密度的概念。

（3）对比面心立方和密排六方结构，了解两种结构最密排面的堆垛情况。

（4）熟悉三种金属晶体结构中的四面体间隙和八面体间隙。

 二、实验原理

大量原子按照不同的方式聚集和排列，可构成各种不同的固体结构。自然界固态物质的结构按照其内部原子排列情况可分为晶体和非晶体，两者最本质的区别在于晶体结构中的原子、离子或分子等具有周期性和长程有序的特点，而非晶体结构中的原子排列是完全无序的。大多数金属及合金都是以晶体结构存在，晶体结构内原子的排列和结合方式是决定金属本身的物理化学性质、力学性质的重要因素。因此，本实验通过原子刚球模型对典型的金属晶体结构进行堆积和搭建，使学生充分体会和了解金属晶体内的原子排布规律并标示出刚球模型内的具体的晶向和晶面，加深对材料性能的了解，为改善和发展新材料打下基础。

1．晶体

固体结构按组成原子或分子排列特点分为晶体和非晶体。晶体结构是指原子或离子、分子在三维空间呈周期性、规则排列的固体。晶体材料的化学性质、力学性质等从本质上来讲是由其原子排布方式和内部结构决定的。在材料的研究中，当讨论和分析晶体的生长、变形等问题时，需要表征晶体结构的具体情况，如原子的位置、原子列和原子所在的平面等。这将涉及有关晶体结构表述的一些基本概念和参数。表征晶体结构的结构参数包括表征基本结构信息的晶胞、晶胞原子数、晶向、晶面等，以及表征原子排列致密情况的致密度、配位数、密排面、密排方向、间隙等。

2．三种典型的金属晶体结构

多数金属及合金都是以晶体结构存在。典型的金属晶体结构有 3 种，分别为：面心立方晶体、体心立方晶体和密排六方晶体。

（1）面心立方。面心立方晶格的晶胞如图 1 - 1 所示。由图 1 - 1 可见，在面心立方的晶胞中，除了立方体的 8 个顶点各有 1 个原子，立方体的 6 个面心也各有 1 个原子，因此称之为面心立方结构。如图 1 - 1（c）所示，在面心立方晶胞中，处于晶胞顶角上的原子，有 1/8 属于该晶胞，而处于晶胞各面心的每个原子（共 6 个），则有 1/2 属于该晶胞，因此，一个面心立方晶胞实际拥有的原子个数为 4。目前已知的金属有 20 多种为面心立方结构，其中最为常见的是金属 Cu、Al、Ag、Ca 等。

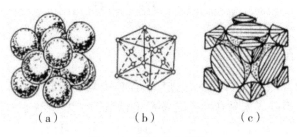

（a）　　　　（b）　　　　（c）

图 1 - 1　面心立方结构

（2）体心立方。体心立方晶格的晶胞如图 1 - 2 所示。由图 1 - 2 可见，在体心立方的晶胞中，除了立方体的 8 个顶点各有 1 个原子外，立方体的体心还有 1 个原子，因此这种结构被称为体心立方结构。如图 1 - 2（c）所示，在体心立方晶胞中，处于晶胞顶角上的每个原子，有 1/8 属于该晶胞，而处于晶胞体心的原子，则完全属于该晶胞。因此，一个体心立方晶胞实际拥有的原子个数为 2。体心立方晶格在金属晶体结构中非常常见，具有体心立方晶格的金属有 V、Mo、Li、W 等。

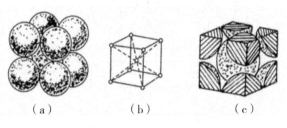

（a）　　　　（b）　　　　（c）

图 1 - 2　体心立方结构

（3）密排六方。密排六方晶格的晶胞如图 1 - 3 所示。由图 1 - 3 可见，在密排六方的晶胞中，除了在六角晶胞的 12 个顶角处各有 1 个原子外，六角晶胞的上、下底面的面心各有 1 个原子，此外，在晶胞内部有 3 个原子。密排六方晶胞中原子个数如图 1 - 3（c）所示，处于六角晶胞顶角上的每个原子（共 12 个），有 1/6 属于该晶

胞，而处于晶胞上、下底面中心的原子，有 1/8 属于该晶胞，而处于晶胞内的 3 个原子，则完全属于该晶胞。因此，一个密排六方晶胞实际拥有原子个数为 6。常见的具有密排六方结构的金属有 Mg、Zn、Cd 等。

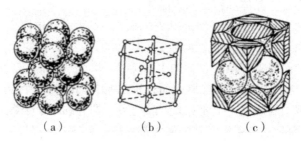

（a）　　　　　　　　（b）　　　　　　　　（c）

图 1-3　密排六方结构

3. 晶向与晶向指数

晶体中由原子列构成的方向叫作晶向。晶体中具体的晶向用晶向指数表示，记为 [uvw]。u、v、w 为晶向矢量在所建立参考坐标系三个坐标轴上的分量经约比简化而来的。[uvw] 代表一组平行、方向一致的晶向。除晶向指数 [uvw] 之外，〈uvw〉表示原子排列规律完全相同，仅空间位向关系不同的一组等价晶向，称为晶向族。在立方晶系中，只要〈uvw〉中数字组合相同，即为同一晶向族。

在晶向的表示中，如果两个晶向指数相同而它们的正负符号相反，则表示两个晶向是平行但反向的。立方晶系晶向指数示例如图 1-4 所示。

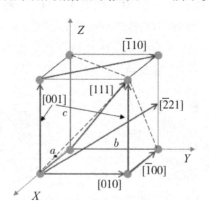

图 1-4　立方晶系晶向指数示例

4. 晶面与晶面指数

晶体中由原子构成的任一平面称为晶面。晶面用晶面指数来表示，通常用（hkl）来表示。h、k、l 为晶面在所建立参考坐标系中在三个坐标轴上的截距倒数互质后的整数比。晶体中，原子排列规律、面间距完全相同，仅空间位向关系不同的一组晶面为等价晶面，称为晶面簇，用 {hkl} 表示。立方晶系中，只要 {hkl} 数字组合相同，即为同一晶面簇。立方晶系（111）晶面和立方晶系 {111} 晶面簇如图 1 - 5 和图 1 - 6 所示。

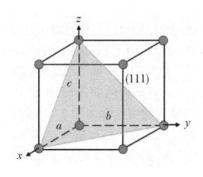

图 1 - 5　立方晶系（111）晶面

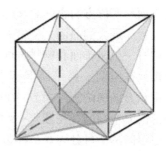

图 1 - 6　立方晶系 {111} 晶面簇

在立方晶系中，具有相同指数的晶向和晶面相互垂直，即（hkl）垂直于 [hkl]。此关系不适用于其他晶系。

5. 配位数和致密度

配位数和致密度可定量地表示原子排列的紧密程度。配位数是指晶体结构中任一原子周围最近邻且等距离的原子数。在晶体结构中，配位数是中心原子的重要特征。三种典型金属晶体结构的配位情况如图 1 - 7 所示，面心立方配位数为 12，体心立方配位数为 8，密排六方配位数为 12。

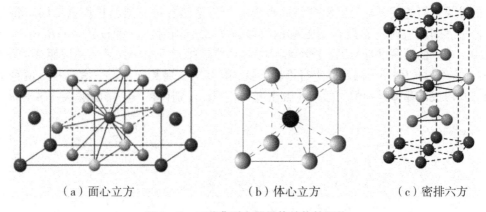

（a）面心立方　　　　（b）体心立方　　　　（c）密排六方

图 1 - 7　三种典型金属晶体结构的配位

致密度表示晶胞内原子的堆积情况和空间占有率。致密度具体可分为：体致密度、面致密度和线致密度。体致密度表示晶胞中原子所占的体积与晶胞总体积之比，

面致密度表示某一晶面内原子所占的面积与总面积之比，线致密度表示某一晶向内原子所占的线度与总线度之比。计算可得：面心立方和密排六方的体致密度均为71%，体心立方的体致密度为68%。

6. 面心立方和密排六方的最密堆垛

密排面和密排方向也是表征晶体结构堆积致密性的重要概念。密排面是指晶体结构中面致密度最大的晶面，密排方向为晶体结构中线致密度最大的晶向。在三种晶体结构中均有一组密排面和密排方向。在刚性模型里，金属的三种典型结构可以理解为这些密排面在空间一层一层平行堆垛起来的。面心立方结构的密排面为 {111} 晶面，密排六方结构的密排面为 {0001} 晶面，两种结构的密排面如图1-8所示，原子排列情况完全相同。在图1-8中，若将密排面上的原子中心连成六边形的网格，这个六边形的网格可分为6个等边三角形，这6个三角形的中心又与原子之间的6个空隙中心相重合。

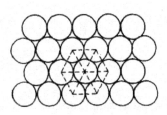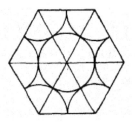

图1-8　面心立方和密排六方结构中的密排面原子排列

为方便表示，标记原子堆垛过程中的第一层密排面为A层，第二、第三层分别为B层和C层，分别代表该层原子中心位于图1-9的B位置和C位置。为获得最紧密的堆垛，第二层（B层）密排面的每个原子应坐落在第一层密排面（A层）每三个原子之间的空隙上，所以，密排面的堆垛方式有两种：一种按照ABAB……或ACAC……的顺序进行堆垛，这种堆垛方式形成密排六方结构；另一种按照ABCABC……或ACBACB……的顺序进行堆垛，这种堆垛方式将构成面心立方结构。两种堆垛方式形成的晶体结构配位数和体致密度均相同，区别仅在于密排面堆垛顺序不同。

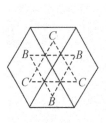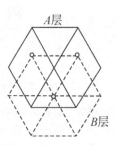

图1-9　面心立方和密排六方结构中的密排面的堆垛顺序

7. 间隙

从刚球模型中密排、堆垛和致密情况的讨论可以知道，晶体中存在着许多间隙。间隙的大小、形状和分布对金属的性能非常重要，如合金结构、扩散、相变等。在三种典型的金属晶体结构中存在的间隙类型可分为两类：四面体间隙和八面体间隙。以面心立方为例，两类间隙如图 1-10 所示。

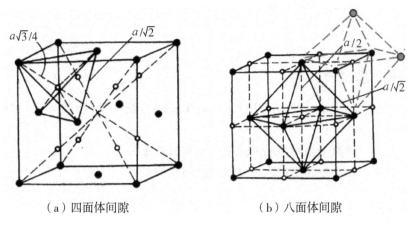

（a）四面体间隙　　　　　　　　（b）八面体间隙

图 1-10　面心立方结构的间隙

三、实验用具和材料

（1）有机玻璃盒、涂有凡士林的刚球（钢球、玻璃球或者乒乓球）、医用镊子。
（2）晶体结构模型。

四、实验内容及步骤

（1）将每个钢球作为一个原子，根据三种典型金属晶体结构参数，搭建出相应结构。

（2）根据搭建的三种金属晶体结构，找出面心立方和体心立方结构中（100）、（110）、（123）、（111）晶面和〈100〉、〈110〉、〈123〉晶向。

（3）分析步骤（2）中晶面上的原子分布情况，依次画出面心立方和体心立方结构中各面内的原子分布图。

（4）在步骤（2）中面心立方和体心立方各晶面内标出至少三个方位的晶向指数。

（5）用钢球按最密排面顺序堆垛出面心立方和密排六方结构。

（6）借助步骤（1）的搭建模型和晶体结构的模型，找出三种典型金属晶体结构

中的四面体间隙和八面体间隙。

五、注意事项

（1）在搭建晶体结构的过程中，确定所搭建结构与理论结构模型一致。

（2）仔细观察、认真分析搭建出的空间结构，通过真实结构分析判断每个结构的结构参数，与理论模型对比确认。

六、思考题

（1）求出实验步骤（2）中面心立方和体心立方结构中（123）和（111）面的致密度。

（2）找出三种典型金属结构的最密排面和最密排方向。

（3）解释面心立方和密排六方体致密度相同的原因。

参考文献

［1］胡赓祥，蔡珣，戎咏华．材料科学基础［M］．上海：上海交通大学出版社，2010．

［2］陈泉水，郑举功，刘晓东．材料科学基础实验［M］．北京：化学工业出版社，2009．

［3］葛利玲．材料科学与工程基础实验教程［M］．2版．北京：机械工业出版社，2020．

实验 2 金相显微镜的成像原理、构造及使用

一、实验目的

（1）了解金相显微镜的成像原理、基本构造及主要部件的作用。

（2）掌握金相显微镜的正确操作方法和注意事项。

二、实验原理

金相显微分析是指对金属材料的微观组织进行观察、鉴别和研究，是研究金属材料微观组织的重要方法之一。金相显微镜是进行金相显微分析最常用、最重要的工具之一。利用金相显微镜将待观察的金相试样放大 100 ～ 1500 倍，可以分析试样的微观组织，判断晶粒大小以及内部组织的分布情况；可以分析试样的组织与其化学成分之间的关系；可以判断试样质量的优劣，如金属材料中诸如氧化物、硫化物等各种非金属夹杂物在显微组织中数量及分布情况等。

金相显微镜是依靠光学系统实现放大作用的光学仪器。基于光在均匀介质中做直线传播，并在两种不同介质的分界面发生反射和折射等现象，利用光学透镜将不透明的物体清晰放大后进行观察。金相显微镜的构造由照明系统、光学系统和机械系统三大部分组成。本实验主要介绍金相显微镜的工作原理、功能及使用方法。

1. 金相显微镜的成像原理

众所周知，放大镜是最简单的一种光学仪器，它实际上是一块会聚透镜（凸透镜），利用光线的反射原理，将不透明的物体放大。其成像光学原理如图 2 – 1 所示。当物体 AB 置于透镜焦距 f 以外时，得到放大倒立的实像 $A'B'$；若将物体 AB 放在透镜焦距以内，就可看到一个放大正立的虚像 $A'B'$。所形成的映像的长度与物体实际长度之比（$A'B'/AB$）就是该放大镜的放大倍数。若放大镜到物体之间的距离 a 近似等于透镜的焦距（$a \approx f$），而放大镜到像之间的距离 b 近似等于人眼明视距离（250 mm），则该放大镜的放大倍数为：$N = b/a = 250/f$。即透镜的焦距越短，放大镜的放大倍数越大。一般放大镜焦距在 10 ～ 100 mm 范围内，因而其放大倍数在 2.5 ～ 25 倍之间。若进一步提高放大倍数，将会由于透镜焦距缩短和表面曲率过分增大而

使所形成的映像变得模糊不清。因此，为了得到更高的放大倍数，就要采用显微镜。

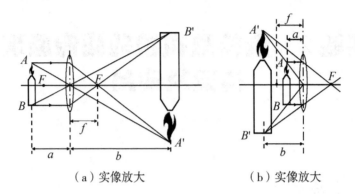

（a）实像放大　　　　（b）实像放大

图 2-1　放大镜光学原理

　　最简单的显微镜是由两个特定的会聚透镜所组成。靠近被观察物体的透镜叫作物镜，而靠近眼睛的透镜叫作目镜。借助物镜与目镜的两次放大，就能将物体放大到较高的倍数。图 2-2 是在显微镜中得到放大物像的光学原理图。被观察的物体 AB 放在物镜之前距其焦距略远一些的位置，物体反射的光线穿过物镜，经折射后得到一个放大的倒立实像 $A'B'$，目镜再将实像 $A'B'$ 放大成倒立虚像 $A''B''$，这就是我们在显微镜下所观察到的经过二次放大后的映像。在设计显微镜时，让物镜放大后形成的实像 $A'B'$ 位于目镜的焦距 f_2 之内，并使最终的倒立虚像 $A''B''$ 在距眼睛 250 mm 处成像，这时观察者看得最清晰。此时 $A''B''$ 的放大倍数是物镜放大倍数与目镜放大倍数的乘积。目前普通光学金相显微镜的最高有效放大倍数为 1600～2000 倍。

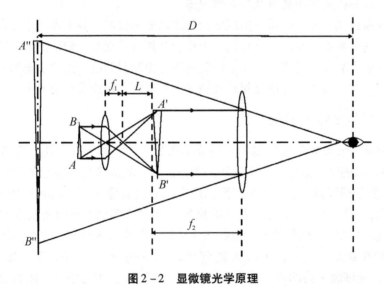

图 2-2　显微镜光学原理

即显微镜的放大倍数为：

$$M = M_物 \cdot M_目 \approx \frac{\Delta}{f_1} \cdot \frac{D}{f_2} \qquad (2-1)$$

式中，$M_物$ 表示物镜的放大倍数；$M_目$ 表示目镜的放大倍数；f_1 表示物镜的焦距；f_2 表示目镜的焦距；Δ 表示显微镜的光学镜筒长（即物镜后焦点到所成实像的距离）；D 表示人眼明视距离，约为 250 mm。

2. 金相显微镜的主要技术参数

（1）物镜的数值孔径。物镜的数值孔径是物镜的主要技术参数。它表示物镜的聚光能力，数值孔径大的物镜聚光能力强，能吸收更多的光线，使物像更清晰。数值孔径是物镜孔径半角的正弦值与物镜和观察物之间介质的折射率之积，如式(2-2)：

$$NA = n \cdot \sin\theta \qquad (2-2)$$

式中，NA 表示物镜的数值孔径；n 表示物镜与观察物之间介质的折射率；θ 表示物镜的孔径半角，即通过物镜边缘的光线与物镜轴线所形成的夹角。

由于 $\sin\theta < 1$，所以以空气为介质的干燥系统物镜的数值孔径 $NA < 1$。在物方介质为油的情况下，由于 $n \approx 1.5$，其数值孔径范围可在 $1.25 \sim 1.35$ 之间，所以高倍物镜通常设计为油镜。常用松柏油做介质，松柏油的 $n \approx 1.515$，物镜的最大数值孔径可达 1.40。

（2）分辨率（横向分辨率）。分辨率决定了显微镜清晰分辨试样上细微组织结构的能力，是衡量显微镜性能的一项重要技术参数。在成像观察中，试样首先通过物镜放大成一实像，随后通过目镜将这个实像再次放大。也就是说，在成像过程中，如果是物镜也未能分辨的细节，那么目镜也不会分辨出来。因此，显微镜的分辨率主要取决于物镜的分辨率，通常以能够被清晰分辨的相邻两个物点之间最小间距 d 的倒数来表示，这个距离越小，分辨率越高。d 值可由式(2-3) 计算：

$$d = \frac{\lambda}{2NA} \qquad (2-3)$$

式中，λ 表示照明入射光的波长；NA 表示物镜的数值孔径。

式(2-3) 说明显微镜的分辨率与照明光源波长成反比，与物镜的数值孔径成正比。即入射光的波长越短，分辨率越高；数值孔径越大，物镜的分辨率越高。光源的波长可通过加滤色片来改变。如蓝光的波长为 $0.44~\mu m$，黄绿光的波长为 $0.55~\mu m$，前者比后者的分辨率高 25% 左右。所以可通过添加黄色、绿色、蓝色等滤色片，适当提高显微镜的分辨率。对于确定波长的入射光，显微镜的分辨率则完全取决于物镜的数值孔径。

（3）有效放大率。物体经显微镜放大后，最终需通过人眼观察被物镜所分辨出的组织细节。因此在使用显微镜观察物体时，需在细节可以清晰分辨的前提下，选择适当的放大倍数，即有效放大率。否则即使放大倍数很高，但人眼并不能分辨更多的细节，观察到的物体的像也不如较低放大率时清晰。有效放大率 M 就是人眼分辨率

d' 与物镜分辨率 d 的比值，如式（2 - 4）：

$$M = \frac{d'}{d} = \frac{2d'NA}{\lambda} \qquad (2 - 4)$$

人眼分辨率 d' 一般在 $0.15 \sim 0.30$ mm 之间，假设所用光线的波长为 550 nm（黄绿光），则有效放大率 M 的范围可计算如下：

$$\frac{2 \times 0.15NA}{550 \times 10^{-6}} \leqslant M \leqslant \frac{2 \times 0.30NA}{550 \times 10^{-6}}$$

$$500NA \leqslant M \leqslant 1000NA$$

$500NA \sim 1000NA$ 就是该显微镜的有效放大率范围。在观察试样时，放大倍数若选择小于下限，则人眼观察不能看清物镜分辨的细节；若大于上限，即使物体的像被放大，其所成像也不如较低放大率时清晰。

（4）焦深（垂直分辨率）。物镜的分辨率是其横向的分辨能力，即鉴别相邻组织细节的能力。焦深是物镜对高低不平的物体能够清晰成像的能力，即沿光轴方向能把物体的细节观察得相当清晰的距离大小。当显微镜准确聚焦于某一平面时，位于前面及后面的物面仍能被观察清楚，则该最远两平面之间的距离就是焦深。物镜的焦深 d_L 为：

$$d_L = \lambda \left[n^2 - (NA)^2 \right]^{\frac{1}{2}} / (NA)^2 \qquad (2 - 5)$$

式中，λ 表示照明入射光的波长；n 表示观察物所在介质的折射率；NA 表示物镜的数值孔径。

由式（2 - 5）可知，物镜的数值孔径越大，其焦深就越小。在物镜的数值孔径特别大的情况下，显微镜可以有很好的横向分辨率，但焦深很小；如果要求焦深较大，最好选用数值孔径小的物镜，但这会降低显微镜的分辨率。因此工作时需要根据具体情况进行选择。

3. 金相显微镜的构造

金相显微镜由照明系统、光学系统和机械系统三部分组成，一些显微镜还配有照相装置等附件。

（1）照明系统。主要由光源、聚光镜、孔径光阑、视场光阑及反光镜等组成，作用是使待观察样品表面获得充分均匀的照明。

金相显微镜的光源装置通常有钨丝白炽灯、卤素灯、碳弧灯、氙灯等。现代显微镜的光源一般采用安装在反射灯室内的卤素灯。

光路中装有两个光阑：孔径光阑（AS）和视场光阑（FS）。孔径光阑的作用是控制入射光束的大小以改变入射到物镜的光束的孔径角，从而改变物镜的数值孔径，因此称为孔径光阑。缩小孔径光阑可以减小球面像差和轴外像差、增大衬度，使产生的映像更加清晰。但随着孔径角的缩小，物镜的数值孔径减小，进而会使物镜的分辨率降低。增大孔径光阑可以使入射光束变粗，物镜的孔径角增大，使光线充满物镜的后透镜，数值孔径提高可达到物镜体上标刻的 NA 值，分辨率亦会随之提高。但由于球面像差的增加以及镜筒内部反射和炫光的增加，成像质量将受到影响。因此孔径光阑需根据实际情况做适当的调节。视场光阑安装在孔径光阑后，其所在位置经光学系统成像后要恰好位于金相试样表面。调整视场光阑可改变显微镜视场的大小，而不影响物镜的分辨率；同时，适当调节其大小还可减少镜筒内部反射及炫光，提高映像衬度及成像质量，而不影响物镜的分辨力。但需注意，视场光阑缩得太小，会使观察范围太窄，一般应调节到与目镜视场大小相同。

（2）光学系统。其主要构件是物镜和目镜。物镜是显微镜中最重要的光学部件，对观察物体起第一步放大作用，并直接影响成像质量和各项光学技术参数。物镜的主要性能指标在镜体外壳刻有相关标记说明，如"40/0.65"表示放大倍数是40倍，数值孔径为0.65；"160/0"表示机械镜筒长为160 mm，没有盖玻片（"0"表示盖玻片的厚度）。目镜也是显微镜的重要组成部分，它的主要作用是将物镜放大的实像再次放大，从而在人眼明视距离处形成一个清晰的放大虚像。目镜上一般刻有目镜类型、放大倍数和视场大小。如"P10×"表示平场目镜、放大倍数为10倍。

（3）机械系统。主要包括底座、载物台、物镜转换器及显微镜调焦装置等。载物台用于放置待观察金相样品。通过调整纵向和横向移动手柄可使载物台在水平面上做一定范围的十字定向运动，从而改变试样的观察部位。物镜转换器可安装不同放大倍数的物镜，旋动转换器可使各物镜镜头进入光路，与目镜搭配使用，以获得多种放大倍数。显微镜镜体两侧有粗调焦旋钮及微调焦旋钮。转动粗调焦旋钮可使载物台迅速升降，转动微调焦旋钮可使物镜缓慢地上下运动，以便精确调焦。

4. 金相显微镜的常用照明方式

（1）明场。明场照明是金相显微镜最主要的照明方式，一般试样的显微观察都要先进行明场观察。明场指的是照明光线通过物镜直射到样品表面上进行观察，如果试样是一个抛光的镜面，那么反射光几乎全部进入物镜成像，在目镜中可看到明亮的区域。将样品用腐蚀剂适当浸蚀后，由于样品表面上不同晶粒或不同相之间化学性质的差异，在腐蚀介质的作用下会发生不均匀的溶解，因此，将造成反射光线的差别，从而显示出试样的组成相。

（2）暗场。暗场照明是金相显微镜的另一种照明方式。暗场采用了照明光线以很大倾角从物镜外投射到样品表面的方式，如果试样表面是一个抛光的镜面，那么由试样表面反射的光线仍以极大的倾斜角向反方向反射出去，此时反射光线不进入物镜，所观察到的试样表面呈现暗的视野。只有在试样表面存在高低不平之处时，才能有光线射入物镜，从而形成明亮的像。这与明场照明下观察到的结果恰好相反。此时，因物像的亮度较低，应将视场光阑开到最大。暗场照明相较明场照明分辨率更高，衬度更好，极细的划痕在暗场照明下也极易鉴别，可用来观察尺寸非常小的粒子。暗场照明还能正确地鉴定透明非金属夹杂的色彩，这也是鉴定非金属夹杂物的有效方法。

（3）偏光。偏光照明就是在显微镜的光路中安装了偏振装置，使光在照射试样表面前产生平面偏振光的照明方式。偏光照明在研究各向异性材料组织、多相合金的相分析、塑性变形、择优取向、晶粒位向的测定及非金属夹杂物的鉴别等方面有显著的优势。

5. 金相显微镜的使用方法、注意事项和维护。

（1）使用显微镜前必须保证手、试样干燥整洁，不得残留有水、腐蚀剂、抛光膏等。

（2）检查显微镜的电源连接、目镜和物镜配置、粗调及微调旋钮、各种光阑、载物台等处于正常状态后才能开启电源。

（3）调整目镜和物镜的倍数组合，一般在 100 倍和 500 倍的放大倍数下进行金相显微观察，试样的观察应从低倍开始，再逐渐转为高倍。

（4）将待观察的试样放置于载物台上，缓慢调节显微镜粗调手轮以调节物镜与载物台的距离，使物镜与样品之间达到观察所需最小距离（调节过程必须缓慢，避免物镜直接撞击接触到试样）。此时目镜中出现映像，再调节微调手轮，直至映像清晰。

（5）通过调节孔径光阑、视场光阑，得到最佳观察亮度。

（6）通过调节载物台纵向和横向移动手柄来移动试样，改变观察区域，注意不得直接用手移动试样。

（7）若要转换放大倍数，首先必须用粗调手轮增大物镜与载物台之间的距离，再将物镜转换器调至所需的物镜。物镜调整好后，重复操作步骤（4）～（6）进行观察。

（8）在观察结束后，用粗调手轮增大物镜与载物台之间的距离，而后取下试样。将物镜转换器调至低倍物镜（初始状态），调节载物台纵向和横向移动手柄以将载物台"对中"（恢复初始状态），关闭显微镜电源。

（9）在整个显微镜观察操作过程中，手、试样等不能触碰物镜、目镜镜头。

三、仪器用具和试样

MDS400 倒置式金相显微镜，制备好的工业纯铁、20 钢、球墨铸铁及多相合金等标准金相试样一套。

四、实验内容

（1）观察金相显微镜的主要结构部件，了解其主要作用，学会正确的操作方法，包括物镜和目镜的选择与匹配、焦距的调节、孔径光阑和视场光阑的调节及放大倍数的计算等。

（2）利用金相显微镜不同的显微照明技术（明场、暗场及偏光）观察分析给定试样的形貌。

五、注意事项

（1）操作时必须特别谨慎，不能有任何剧烈的动作，不允许自行拆卸光学系统。

（2）在旋转粗调或微调旋钮时动作要慢，碰到某种障碍时应立即停止操作，报告指导教师查找原因，不得用力强行转动，否则会损坏机件。

（3）要爱护已制备好的金相试样。不能用手触摸试样的观察面，如有尘埃等脏物，不能用嘴吹，也不能随意擦，要用吸耳球吹除或用无水酒精冲洗并干燥。

（4）试样观察完毕后要放入干燥箱中保存。

六、思考题

（1）使用金相显微镜的一般步骤及注意事项是什么？
（2）简述金相显微镜的放大成像原理。
（3）简述金相显微镜的主要光学技术参数。

参考文献

[1] 孙业英. 光学显微分析[M]. 2 版. 北京：清华大学出版社，2003.
[2] 王岚，杨平，李长荣. 金相实验技术[M]. 2 版. 北京：冶金工业出版社，2010.
[3] 赵玉珍. 材料科学基础精选实验教程[M]. 北京：清华大学出版社，2020.

实验 3　不同晶向单晶硅抛光片的腐蚀及缺陷观察

一、实验目的

（1）了解利用湿化学刻蚀法显示晶体缺陷的原理。
（2）了解不同晶向单晶硅抛光片经化学腐蚀后形成的腐蚀坑的形貌特征。
（3）了解不同晶向单晶硅抛光片经化学腐蚀后形成不同形貌腐蚀坑的机理。
（4）学会用湿化学刻蚀法显示单晶硅抛光片中的晶体缺陷以及评估缺陷的密度。

二、实验原理

1．基本概念

（1）金刚石结构。单晶硅是金刚石结构，它是一种复式晶格，可以看作是由两个面心立方格子沿空间对角线方向位移 1/4 空间对角线长度套构而成，如图 3-1(a) 所示。如果把两个最近邻的原子层看作一个原子层，则可以把面心立方结构的规律移植到金刚石结构。如金刚石结构的 {111} 面以双原子层的形式沿 〈111〉 方向按 $ABCABC$⋯⋯的顺序堆垛，如图 3-1(b) 所示。

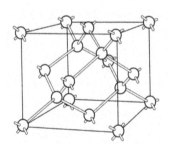 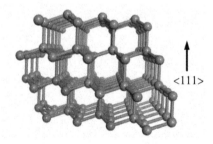

（a）金刚石结构的单胞　（b）双原子层沿 〈111〉 方向以 $ABCABC$ ⋯⋯的顺序堆垛

图 3-1　硅的金刚石结构

由于本实验需要对不同晶向的硅片进行湿化学腐蚀，有必要了解不同晶面上原子的排列。{100}、{110} 和 {111} 三种晶面上的原子排布如图 3-2 所示。

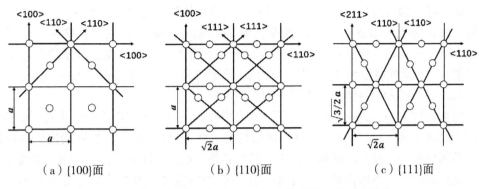

（a）{100}面　　　　　　　（b）{110}面　　　　　　　（c）{111}面

图 3 - 2　{100}、{110} 和 {111} 三种晶面上的原子排布

（2）点缺陷。由于热运动，晶体内有部分原子会挣脱周围原子对它们的束缚，离开其正常的晶格位置而进入间隙位置或运动到表面，其结果是在晶格中形成空位或间隙原子等点缺陷。在一定温度下，当材料达到热平衡时，点缺陷的产生和消失（成对复合）将达到动态平衡。因此，对于某个特定的温度，总有一个热平衡点缺陷浓度与之对应。当在材料制备过程中存在较大的降温梯度时，会造成空位和间隙原子的过饱和而聚集，从而生成位错和层错等缺陷。

（3）位错。位错是一种线缺陷，其晶格畸变区存在于以位错线为轴心、以几个原子间距为直径的狭长的管道内。在管道外，原子正常排列。根据位错线与伯格斯矢量方向（滑移方向）的夹角，可以把位错分为刃位错（位错线与伯格斯矢量垂直）、螺位错（位错线与伯格斯矢量平行）和混合型位错（位错线与伯格斯矢量既不垂直也不平行）。位错具有如下性质：①一条位错线具有唯一的柏氏矢量。它与位错的运动以及形状和类型的改变无关。②不管是一条位错分解成多条位错还是多条位错合并成一条位错，位错反应前后的柏氏矢量之和都相等。③位错不能中止于完美晶体的内部，但它可以终止于晶体内部的晶体缺陷处，或者露头于表面。此外，它还可以形成一个封闭的位错环。④位错的滑移面通常是原子的密排面，因为原子密排面的晶面间距较大，原子层间的结合力较弱，容易发生滑移。位错的滑移方向通常是沿原子的密排方向，因为滑移的距离最短，由此产生的晶格畸变最小。

产生位错的原因可归纳为：①在晶体生长过程中产生。由于生长过程中的热应力或晶体内生成了杂质沉淀引起的内应力造成位错。②由于快速冷却，晶体中过饱和空位或间隙原子的聚集形成位错。③由于材料内部应力释放造成局部区域滑移产生位错。不管何种原因，只要造成晶体的一部分相对于另一部分发生相对滑移，就会生成位错。总之，位错与应力和滑移密不可分。

（4）层错。单晶硅的 {111} 面以双原子层的形式沿 〈111〉 方向按 ABCABC……的顺序堆垛。如果堆垛的顺序出现错误，就会产生层错。单晶硅中有两种类型的层错，一种是抽出型层错（也称为本征层错），另一种是插入型层错（也称为非本征层错）。如果用 △ 表示 AB、BC 和 CA 的排列顺序，用 ▽ 表示 BA、CB 和 AC 的排列顺

序，则单晶硅的 ｛111｝面（双原子层）的正常堆垛顺序是 $ABCABC\cdots\cdots$，用三角形符号可表示为 △△△△△……假设在正常堆垛顺序中插入一层 A，堆垛顺序变为 $ABACABC\cdots\cdots$，用三角形符号可表示为 △▽▽△△△……假设在正常堆垛顺序中抽出一层 A，堆垛顺序变为 $ABCBC\cdots\cdots$，用三角形符号可表示为 △△▽△……由上述描述可知，一个插入型层错相当于两个抽出型层错。

层错本质上是一种面缺陷，它是因抽出或插入一层原子密排面而形成的。单晶硅的原子密排面是 ｛111｝面，因此，层错均发生在 ｛111｝面上。实际的层错往往局限于晶面的某一个较小的区域，而不会扩展到整个晶面。层错的边界线可以露头于表面，也可以终止于晶体内部。终止于晶体内部的层错与完美晶体的分界线为不全位错。单晶硅中存在两种不全位错，一种是位移矢量 $R = 1/6\langle112\rangle$ 的肖克莱（Shockley）不全位错，另一种是位移矢量 $R = \pm 1/3\langle111\rangle$ 的弗兰克（Frank）不全位错。以 Frank 不全位错为边界的层错是由间隙原子或空位的聚集造成的，具体地说，本征层错是由空位的聚集造成，而非本征层错是由间隙原子的聚集造成。作为对比，以 Shockley 不全位错为边界的层错则是由滑移造成的。

引起层错的原因有：①晶体生长过程中较大的温度下降梯度，可在局部造成过饱和的空位，空位的凝聚会生成层错；②晶体生长过程中氧的并入生成氧化物沉淀，氧化物沉淀的占位和引入晶格中的压应力会诱发生成层错，这种层错又称为氧化诱生堆垛层错（oxidation induced stacking faults，OSF），是单晶硅中较常见的一种层错。

（5）系属结构。系属结构有时又被称为小角度晶界，这种晶界位相差特别小，两侧的晶粒的位相差不超过 1°，可以用多个位错组成的模型来描述它。

2. 化学蚀刻显示缺陷的原理及实例

（1）湿法蚀刻显示缺陷的原理。图 3-3 给出了单晶硅抛光片内部及表面可能存在的缺陷示意图。如图 3-3 所示，在硅片表面，可能存在有机沾污、颗粒物、划痕或擦伤、凸起或小丘等缺陷；在硅片内部，可能存在氧沉淀、位错、层错、晶体原生凹坑（crystal originated pits，COP）、金属离子、掺杂原子和氧原子等缺陷和杂质。因此，在对硅片进行湿法蚀刻显示缺陷之前，需要对硅片表面进行彻底的清洗，以除掉有可能存在的有机沾污、颗粒物、金属离子和自然氧化层等。

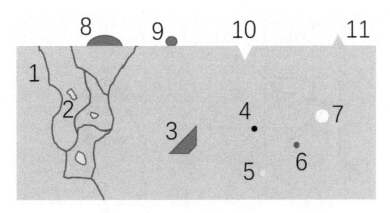

1. 位错线；2. 氧沉淀；3. 层错；4. 掺杂原子；5. 氧原子；6. 金属离子；7. 晶体原生凹坑；
8. 有机沾污；9. 颗粒物；10. 划痕或擦伤；11. 小丘。

图3-3　单晶硅抛光片内部及表面可能存在的缺陷示意

位错或层错等晶体缺陷在表面露头的地方，由于存在晶格畸变，原子偏离正常的晶格位置，原子间的结合力较弱，这些区域的原子比较容易被腐蚀掉而形成腐蚀坑从而暴露缺陷，这就是化学蚀刻显示缺陷的基本原理。由于（111）面是原子的密排面，其表面自由能最低，所以，腐蚀坑暴露出来的侧壁往往是（111）面。因为（111）面在不同晶向单晶硅片中的位置和取向不同［或者（111）面与不同晶向单晶硅片表面的夹角不同］，所以经化学腐蚀后会显示不同形状的腐蚀坑。具体地说，〈100〉、〈110〉和〈111〉晶向的单晶硅片经化学腐蚀后会分别显示正方形、菱形和正三角形的腐蚀坑。图3-4给出了面心立方晶体中低能面 {111} 与 {111}、{100} 和 {110} 三种表面的位向关系。由图3-4可知，可以从晶体结构的角度来解释不同晶向单晶硅片经化学腐蚀后显示不同形状腐蚀坑的原因。由图3-4（a）可知，四个 {111} 面会形成正四面体结构，如果以其中的一个 {111} 面作为腐蚀面，其他三个 {111} 面可作为腐蚀坑的侧壁，就形成正三角形的腐蚀坑。由图3-4（b）可知，一个 {100} 面可以与四个 {111} 面形成正四棱锥结构，如果以 {100} 面作为腐蚀面，其他四个 {111} 面可作为腐蚀坑的侧壁，就形成正方形的腐蚀坑。{110} 面的情况比较复杂，需要结合图3-4（c）和3-4（d）来说明。由图3-4（c）和3-4（d）可知，有两个 {111} 面与 {110} 面垂直，具体地说，（111）面和（11$\bar{1}$）面均垂直于（$\bar{1}$10）面，且两个相邻的（111）面和两个相邻的（11$\bar{1}$）面可围成一个菱形，如图3-4（d）所示，因此，当（$\bar{1}$10）面作为腐蚀面时，四个 {111} 面可作为腐蚀坑的侧壁，从而形成菱形的腐蚀坑。

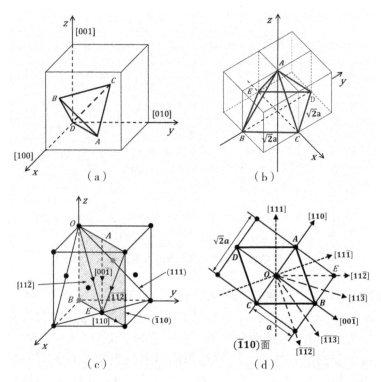

图 3 - 4　面心立方晶体中低能面 {111} 与 {111}、{100} 和 {110} 三种表面的位向关系

需要说明的是，能否显示不同晶向单晶硅片腐蚀坑的特征形貌还与腐蚀剂的成分有关。如基于 HF（40% ～ 42%）和 HNO_3（65%）的腐蚀剂是一种非择优腐蚀剂，它对所有晶面的腐蚀速率相仿，不能用于显示缺陷的特征形貌，只能用于去除硅片表面的损伤层或对硅片进行减薄或化学抛光。作为对比，基于 $CrO_3 + H_2O + HF$ 体系的腐蚀剂是一种非常优秀的择优腐蚀剂，它可以显示不同晶向硅片及外延层表面的各种缺陷的特征。表 3 - 1 给出了几种常用的硅片腐蚀剂的配方、腐蚀条件及用途。针对不同的应用，应选用适合的配方。总之，化学蚀刻显示缺陷是一种简单、快速、低成本的检测晶体质量完美程度的方法，而且它还可以直接检测大直径硅片样品，这是一些其他缺陷检测技术如 X 射线形貌术、透射电子显微术等无法比拟的。当然，择优刻蚀显示缺陷的方法也存在一些缺点，如对缺陷细节的揭示不够精细，对腐蚀后所得形貌的解释依赖于个人经验。此外，还存在人造假象或解释错误等问题。

表 3 - 1　几种常用的硅片腐蚀剂的配方、腐蚀条件及用途

腐蚀剂名称	成分	腐蚀条件	用途
白腐蚀剂	HF（40%）：HNO_3（65%）= 1：3	室温下腐蚀 1 ～ 5 min	化学抛光

续上表

腐蚀剂名称	成分	腐蚀条件	用途
热碱腐蚀剂	5%～30%的 NaOH 水溶液	80 ℃下腐蚀 1～10 min	反应较剧烈，可快速显示腐蚀坑
Dash 腐蚀液	HF（40%）：HNO$_3$（65%）：CH$_3$COOH（99%）= 1:3:10	室温下腐蚀 4～16 h，腐蚀时间特别长是其主要缺点	腐蚀所有平面，形成的缺陷特征不明显
Secco 腐蚀液	0.15 mol/L K$_2$Cr$_2$O$_7$ 水溶液：HF（49%）= 1:2	室温下腐蚀 5～20 min，腐蚀速率约为 1.5 μm/min	非择优腐蚀，显示圆形位错腐蚀坑，适合（100）晶向硅片
Seiter 腐蚀液	HF（40%）：［120 g CrO$_3$ + 100 mL H$_2$O］= 1:9	室温下腐蚀 10～30 min	可显示位错和层错等，适用于不同晶向硅片，是一种非常优秀的择优腐蚀剂
Sirtl 腐蚀液	HF（49%）：5 mol/L CrO$_3$ 溶液 = 1:1	室温下腐蚀 10 s～2 min，腐蚀速率约为 3.5 μm/min，腐蚀速率相当快	可显示位错和层错等，适合（111）晶向硅片
Wright 腐蚀液	60 mL HF（49%）+ 30 mL HNO$_3$（69%）+ 30 mL 5 mol/L CrO$_3$ 水溶液（1 g CrO$_3$ 溶于 2 mL H$_2$O）+ 2 g Cu（NO$_3$）$_2$·3H$_2$O + 60 mL 冰 CH$_3$COOH（99%）+ 60 mL H$_2$O（去离子水）	室温下腐蚀 5～30 min，腐蚀速率约为 1 μm/min	可显示位错和层错等，适用于（111）和（100）晶向硅片
Schimmel 腐蚀液	HF（49%）：（1 mol/L CrO$_3$ 水溶液）= 2:1，适用于 0.6～15 Ω·cm 硅片 HF（49%）：（1 mol/L CrO$_3$ 水溶液）：H$_2$O = 2:1:1.5，适用于重掺杂硅片	室温下腐蚀 5～10 min，腐蚀速率约为 1.8 μm/min	适用于（100）晶向硅片

　　（2）湿法蚀刻显示缺陷的实例。图 3－5 和图 3－6 分别给出了三种晶向的表面抛光单晶硅片经湿化学腐蚀后形成的腐蚀坑的金相显微镜照片和扫描电镜照片。

| <100> | <110> | <111> |

图 3-5　三种晶向的单晶硅抛光片经湿化学腐蚀后形成的腐蚀坑的金相显微镜照片

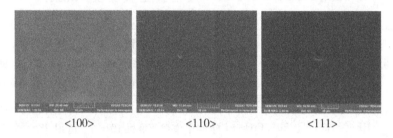

| <100> | <110> | <111> |

图 3-6　三种晶向的单晶硅抛光片经湿化学腐蚀后形成的腐蚀坑的扫描电镜照片

除了可以观察到单个位错在表面露头被化学腐蚀后形成的腐蚀坑以外，还可以看到因应力释放引起的滑移导致的多个位错排成一列的情况，这种位错组态通常被称为位错排或者位错线阵列。图 3-7 和图 3-8 分别给出了三种晶向的表面抛光单晶硅片经湿化学腐蚀后暴露的由位错排形成的腐蚀坑的金相显微镜照片和扫描电镜照片。

| <100> | <110> | <111> |

图 3-7　三种晶向的单晶硅抛光片经湿化学腐蚀后由位错排形成的腐蚀坑的金相显微镜照片

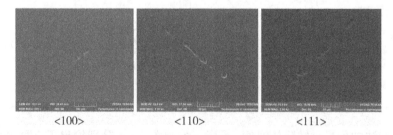

| <100> | <110> | <111> |

图 3-8　三种晶向的单晶硅抛光片经湿化学腐蚀后由位错排形成的腐蚀坑的扫描电镜照片

此外，在晶体质量较差的单晶硅片中，有时还可以观察到由多个位错排组成的系属结构。图 3-9 和图 3-10 分别给出了三种晶向的表面抛光单晶硅片经湿化学腐蚀后形成的系属结构的金相显微镜照片和扫描电镜照片。

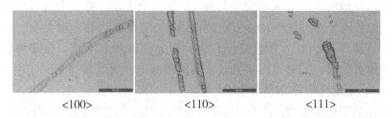

图 3-9　三种晶向的单晶硅抛光片经湿化学腐蚀后形成的系属结构的金相显微镜照片

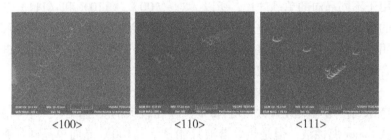

图 3-10　三种晶向的单晶硅抛光片经湿化学腐蚀后形成的系属结构的扫描电镜照片

三、仪器用具和样品

仪器用具：金相显微镜、扫描电子显微镜、超声清洗机、电子天平、化学通风橱、磁力搅拌器、100 mL 和 250 mL 玻璃及塑料量筒、500 mL 玻璃及塑料烧杯、2000 mL 玻璃烧杯、聚四氟乙烯镊子、软毛刷子、氮气枪、90 mm 培养皿、废液回收桶等。

样品：尺寸为 2 cm × 2 cm 的〈100〉、〈110〉和〈111〉晶向单面抛光单晶硅片。

化学试剂：丙酮、乙醇、浓硫酸、双氧水、三氧化铬、氢氟酸、氢氧化钠、去离子水。

个人防护用品：防护面罩、防酸手套、丁腈手套。

四、实验内容

1.〈100〉、〈110〉和〈111〉晶向单晶硅抛光片的湿化学腐蚀

（1）样品的清洗。

①将样品放在丙酮中超声清洗 10 min。如果发现样品表面仍有异物沾污，用软毛刷子在丙酮中将异物清除干净。该步骤旨在去除有机沾污。②将样品放在乙醇中超声清洗 10 min；然后用去离子水（电阻率大于 18 MΩ）冲洗 3 min。该步骤旨在去除残

留在样品表面上的有机物。③用 RCA 3 号液（浓硫酸：双氧水 = 3∶1）在加热板上加热样品，直到气泡消失（双氧水完全分解），冒白烟为止；待 3 号液自然冷却后，倒掉浓硫酸，用去离子水冲洗 3 min。该步骤旨在去除有机物和金属杂质。④用氢氟酸水溶液（$HF∶H_2O = 1∶10$）漂洗样品，直到样品表面脱水为止。该步骤旨在去除样品表面的自然氧化层，同时可以根据脱水情况检查硅片是否洗净。⑤用去离子水冲洗样品 3 min。⑥用氮气将样品表面吹干。

（2）样品的湿化学腐蚀。由于 Seiter 腐蚀液（$HF∶[120 \text{ g } CrO_3 + 100 \text{ mL } H_2O] = 1∶9$）对单晶硅片的腐蚀速度较慢，腐蚀后的缺陷特征明显，可显示位错和层错等缺陷，且适用于不同晶向的单晶硅片，所以，对〈100〉、〈110〉和〈111〉三种晶向的单晶硅片的腐蚀和缺陷观察，应优先使用 Seiter 腐蚀液。对于单晶硅片的腐蚀和缺陷观察，常用的实验条件是：在室温下用 Seiter 腐蚀液腐蚀 10 ～ 30 min。硅与氢氟酸和铬酸混合液的化学反应方程式为：

$$Si + CrO_3 + 8HF = H_2SiF_6 + CrF_2 + 3H_2O$$

如果考虑到使用氢氟酸（浓度为 40%）存在较大的安全风险，可考虑使用热碱溶液来替代 Seiter 腐蚀液。但是热碱溶液只能显示〈100〉晶向单晶硅片腐蚀坑的形貌特征，无法显示〈110〉和〈111〉晶向单晶硅片腐蚀坑的形貌特征，这可能与热碱溶液与硅片反应较剧烈，有大量气泡生成有关。总之，热碱溶液只适用于〈100〉晶向单晶硅片的腐蚀和缺陷观察。常用的实验条件是：在 80 ℃下浓度为 5% ～ 30% 的 NaOH 水溶液中腐蚀 1 ～ 10 min。NaOH 的浓度越大，腐蚀所需的时间越短，譬如使用 30% 的 NaOH 水溶液在 80 ℃腐蚀 1 ～ 2 min 即可。硅与氢氧化钠溶液的化学反应方程式为：

$$Si + 2NaOH + H_2O = Na_2SiO_3 + 2H_2$$

将腐蚀后的样品取出，用去离子水冲洗 3 min。用氮气将样品表面吹干，便可进行下一步的缺陷观察。

（3）腐蚀后的样品的缺陷观察。

A. 金相显微镜观察。本实验使用莱卡（Leica）DM6M 型光学显微镜对腐蚀后的样品表面进行观察和拍照。目镜的放大倍数为 10 倍，有三个物镜可以切换，三个物镜的放大倍数分别为 20 倍、50 倍和 100 倍。具体操作步骤如下：①打开光学显微镜开关。②将样品放置在载物台上。③转动粗调焦手轮直到观察到样品的像为止。进一步调节细调焦手轮直到样品的像最清晰为止。④调节孔径光阑使视场均匀、明亮。⑤分别转动可左右和前后方向移动载物台的手轮，将感兴趣的样品区域移入视场。⑥根据需要选择合适的物镜（即选择合适的放大倍数），每次切换物镜之后都要重新调焦直到像最清晰。对感兴趣的区域拍照，并保存图像。

B. 位错密度的估算。选择位错腐蚀坑最密集的区域拍照，并估计样品的最高位错密度。位错密度 D 的计算公式如下：

$$D = \frac{n}{S} \tag{3-1}$$

式中，n 是视场中观察到的位错腐蚀坑的数目，S 是视场的面积（单位为 cm^2）。莱卡（Leica）DM6M 型光学显微镜会根据所选的放大倍数自动在保存的照片中加上标尺。可根据标尺计算视场的面积。

　　（4）扫描电镜观察。本实验使用 TESCAN VEGA 3 型扫描电镜对腐蚀后的样品表面进行观察和拍照。具体操作步骤如下：①假定系统之前处于待机状态，硬件系统和操作软件均未关闭。此时，"高压"处于关闭状态，样品舱处于真空状态，软件窗口可以显示电子枪和样品台的实时画面。点击操作软件上的"回到初始位置"按钮，使样品台回到初始位置。②确认"高压"处于关闭状态之后，点击操作软件上的"泄真空"按钮，充入氮气使样品舱恢复到一个大气压。打开舱门，取出样品台。③如果样品台上有样品，取下样品。使用导电胶带将待测样品粘到样品台上，粘贴样品时注意不要遮挡样品台上表示样品位置的数字标记，以便在之后的观测和拍照时能够辨别样品。本实验的样品尺寸为 2 cm×2 cm，样品台上一次最多可粘贴 4 个这样的样品。④将样品台安装到样品舱中的样品台底座上。关闭舱门，点击"抽真空"按钮，等到真空进度条由红色变为绿色，真空度低于 $1×10^{-2}$ Pa，方可点击"高压"按钮，给电子枪加高压。对于本实验，选择 10 kV 或 15 kV 的高压比较合适。⑤选择低放大倍数的"Wide Field"模式，这样可以看到更大的区域。按住鼠标中间的滑轮拖动鼠标，可以移动样品，将 1 号样品移动到视场中央。如果样品的位置不正，可以在"旋转"按钮后的方框内输入旋转的角度，将样品的位置调正。⑥选择"Resolution"模式，在放大倍数的输入框中选择 300 倍，选择扫描速度 4，寻找样品表面上的颗粒物并把它移到视场中央。双击鼠标左键出现矩形选区，此时，扫描只在选区中进行。在选区内按住鼠标左键拖动可移动选区，在选区内的右下角按住鼠标右键拖动可调整选区的大小。将选区移到视场中央并包含颗粒物。⑦点击"工作距离（WD）"按钮，转动控制球改变工作距离（相当于调焦），使颗粒物的图像最清晰，这一步旨在完成对样品图像的初步聚焦。选择"工作距离（WD）"后面的"17 mm"选项，使样品台上升到距离电子枪 17 mm 处。在样品台上升的过程中，要把鼠标移到"Stop"按钮上，同时观察显示电子枪和样品台实时画面的窗口，一旦发现样品台将要撞击到电子枪，应立即用鼠标左键点击"Stop"按钮，停止样品台上升。⑧将用于调焦的颗粒物移到视场中央。在"Resolution"模式下，将放大倍数调到 1500 倍或者 2000 倍。仍选择扫描速度 4。点击"工作距离（WD）"按钮，转动控制球改变工作距离，使颗粒物的图像最清晰，这一步旨在完成对样品图像的精细聚焦。在选区之外双击鼠标左键，释放（或去掉）选区。⑨在"Resolution"模式下，将放大倍数调到 200 倍。按住鼠标中间的滑轮拖动鼠标移动样品，在 200 倍的放大倍数下寻找感兴趣的区域。一旦发现感兴趣的区域，将其移到视场中央，选择在 500 倍或 1000 倍的放大倍数下拍照。拍照时选择更慢的扫描速度（譬如扫描速度 6），这样拍摄出来的照片分辨率更高、更清晰。⑩当拍完 1 号样品时，选择低放大倍数的"Wide Field"模式。按住鼠标中间的滑轮拖动鼠标，将 2 号样品移动到视场中央。重复上面的步骤⑤～⑨（不包括步骤⑦）可完成 2 号样品的观测和拍照。类似地，可完成 3 号和 4 号样品的观测

和拍照。当完成所有样品的观测和拍照后，点击"高压"按钮，关闭高压。点击操作软件上的"回到初始位置"按钮，使样品台回到初始位置。此时，系统又回到待机状态。重复步骤 ①～④，可完成样品的更换。

五、注意事项

（1）本实验使用的化学试剂有较高的危险性，特别是氢氟酸。氢氟酸一沾到皮肤上会向皮肤深处渗透，进而腐蚀骨头。一旦怀疑皮肤接触到氢氟酸，应立即用大量流动的清水长时间彻底冲洗接触部位。清水冲洗后，在接触部位涂敷葡萄糖酸钙，然后紧急就医。

（2）氢氟酸有很高的危险性，操作氢氟酸时要做好个人防护，譬如佩戴防护面罩，戴双层丁腈手套外加防酸手套，穿实验服，戴鞋套。操作氢氟酸或含氢氟酸的腐蚀液时要格外小心，防止氢氟酸的外泄。包含氢氟酸的各种废液都要使用一个单独的废液回收桶收集，并注明废液的成分、浓度等信息。

（3）配制 RCA 3 号液时，应使用搅拌棒导流，将浓硫酸缓慢加入双氧水中，以防止浓硫酸溶于双氧水急剧升温而外溅。

（4）玻璃器皿的使用要轻拿轻放，以免损伤玻璃器皿。

（5）各种器皿使用完毕后，要清洗干净。

（6）对金相显微镜和扫描电镜的操作，要先熟悉设备，阅读操作手册。有不明白的地方，应及时向老师请教，避免误操作损坏设备。

六、思考题

（1）在怎样的腐蚀条件下，〈100〉、〈110〉和〈111〉晶向的单晶硅片会呈现正方形、菱形和正三角形的特征腐蚀坑？

（2）为何〈100〉、〈110〉和〈111〉晶向的单晶硅片呈现正方形、菱形和正三角形的特征腐蚀坑？

（3）基于 $CrO_3 + H_2O + HF$ 体系的腐蚀剂是利用铬酸溶液对硅片氧化，然后再利用氢氟酸溶解氧化的硅，因此，$CrO_3 + H_2O + HF$ 体系腐蚀剂的刻蚀性能必然会随着铬酸溶液与氢氟酸含量之比而变化。在特定条件下，$CrO_3 + H_2O + HF$ 体系腐蚀剂的刻蚀不但不会在缺陷处形成腐蚀坑，还会形成小丘（凸起），原因是什么？

参考文献

[1] D' ARAGONA F S. Dislocation etch for (100) planes in silicon [J]. Journal of the Electrochemical Society, 1972, 119(7): 948 –951.

[2] JENKINS M W. A new preferential etch for defects in silicon crystals [J]. Journal of

the Electrochemical Society，1977，124(5)：757 –762.

［3］ SCHIMMEL D G. Defect etch for 〈100〉 silicon ingot evaluation ［J］. Journal of the Electrochemical Society，1979，126(3)：479 –483.

［4］ YANG K H. An etch for eelineation of defects in silicon ［J］. Journal of the Electrochemical Society，1984，131(5)：1140 –1145.

［5］ BORLE W N，BAGAI R K. Dislocation etch pits on various crystal planes of silicon ［J］. Journal of Crystal Growth，1976，36(2)：259 –262.

［6］ BORLE W N，BAGAI R K，SHARDA G D. Nature of preferentially etched sites on (100) surface of silicon crystals ［J］. Journal of Crystal Growth，1976，34(1)：154 –155.

［7］ JR VOGEL F L，LOVELL L C. Dislocation etch pits in silicon crystals ［J］. Journal of Applied Physics，1956，27(12)：1413 –1415.

［8］ 孙恒慧，包宗明. 半导体物理实验[M]. 北京：高等教育出版社，1985.

［9］ 《电子工业生产技术手册》编委会. 电子工业生产技术手册（6）半导体与集成电路卷[M]. 北京：国防工业出版社，1989.

［10］ 何兰英，王炎，张辉坚，等. 硅晶体完整性化学择优腐蚀检验方法：GB/T 1554—2009 ［S］. 北京：中国标准出版社，2009 –10 –30.

［11］ 孙燕，曹孜，翟富义，等. 硅材料原生缺陷图谱. GB/T 30453—2013 ［S］. 北京：中国标准出版社，2013 –12 –31.

实验 4　不同晶向单晶硅外延片的腐蚀及缺陷观察

一、实验目的

（1）了解不同晶向单晶硅外延片经化学腐蚀后形成的位错和层错腐蚀坑的形貌特征。

（2）学会用湿化学蚀刻法显示单晶硅外延层中的晶体缺陷以及评估缺陷的密度。

（3）学会通过测量层错腐蚀坑的边长来确定外延层的厚度。

二、实验原理

1. 一些基本概念

（1）单晶硅外延片。单晶硅外延片是采用化学气相沉积（chemical vapor deposition，CVD）的方法在重掺杂单晶硅片的抛光面上外延生长一层厚度为几微米到几十微米甚至上百微米的高质量轻掺杂单晶硅薄膜得到的。所使用的重掺杂单晶硅片通常被称为衬底，而所生长的单晶硅薄膜通常被称为外延层，它具有单晶结构，是衬底晶格的延伸。所谓的 CVD 是一种借助加热或其他能量源使原料气体发生化学反应由气相生成固体薄膜的技术。对于单晶硅薄膜的外延生长，常用的含硅原料气体有 $SiCl_4$、$SiHCl_3$ 或 SiH_2Cl_2。由于采用 CVD 技术可制备出不含氧和碳等杂质的高质量单晶硅外延层，且外延层的厚度和掺杂浓度可精确控制，所以在外延层上制备的半导体器件往往具有更加优异的性能。目前，单晶硅外延片已被广泛用于制造各种半导体分立器件和集成电路。

（2）单晶硅薄膜的外延生长。要获得高质量的单晶硅外延层，首先，需要高质量的无位错单晶硅抛光片；其次，需要制备工艺的理想化；最后，需要能够实现理想化工艺的设备。由于外延层是衬底晶格结构的延伸和拓展，因此，外延层的晶体质量取决于衬底的晶体质量。首先，需要选用高质量、无位错的单晶硅抛光片做衬底；其次，在进入外延炉之前，需要对硅片衬底进行非常严格的清洗，以去除硅片表面可能存在的颗粒物、有机沾污、无机杂质和金属离子等；最后，在外延生长之前，还需要在 1100 ℃ 以上使用无水 HCl（HCl 和 H_2 的混合气，其中 HCl 的浓度为 1% ～ 5%）

对硅片表面进行原位气相刻蚀以去除残余的污染物，并暴露新鲜、无污染的硅表面。单晶硅外延层的生长是通过台阶流动生长模式（step flow growth mode）实现的，如图4-1所示，被吸附的硅原子迁移到硅表面的拐角处并入晶格，而外延层的生长是通过台阶的横向移动来实现的。从能量的角度来看，这种生长方式最为有利。为了获得台阶流动生长，外延生长所用的单晶硅片通常由偏离与单晶硅棒生长方向垂直的晶面一很小的角度（1°～2°）切割得到，以便硅片表面经过 HCl 原位刻蚀后能形成如图4-1所示的原子级台阶。单晶硅外延所使用的所有气体都必须是电子级纯度的，以防止因气体纯度不够在外延层中引入颗粒物或者氧化诱导堆垛层错等晶体缺陷。单晶硅外延对 CVD 设备的要求有：①能够保证在整个沉积区气流及温度分布的均匀性；②能够外延生长出高质量的单晶硅薄膜；③精确的厚度和电阻率控制，能够生长出满足厚度和电阻率要求的单晶硅外延层；④尽可能小的自掺杂，能够在衬底/外延层界面获得陡峭的杂质浓度分布；⑤能够在大尺寸（如6英寸，即150 mm）硅片上外延生长单晶硅薄膜；⑥有高的产率。目前，工业界主要采用两种主流的 CVD 设备生产单晶硅外延片，一种是采用红外灯加热的桶式 CVD，另一种是采用高频感应加热的圆盘式 CVD，它们的反应器结构如图4-2所示。由图4-2可知，它们都是多片沉积系统。

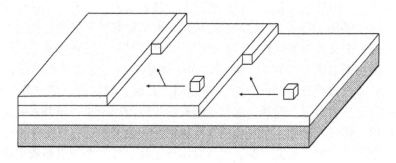

图4-1 台阶流动生长模式示意

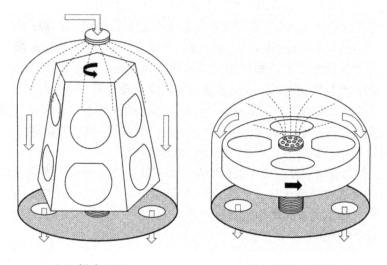

（a）桶式 CVD   （B）圆盘式 CVD

图4-2 工业生产单晶硅外延片最常见的两种 CVD 反应器结构

（3）外延位错。外延位错是指在外延过程中生成的位错。衬底中的位错会延伸到外延层中。不洁净的衬底表面不但会向外延层中引入层错，还会引入位错。衬底和外延层因掺杂浓度不同所导致的界面晶格失配应力会在外延层中引入失配位错。硅片衬底受热不均匀和较大的温度梯度会在材料内部引入热应力，热应力超过材料的屈服强度就会引起滑移生成位错。此外，还有一类位错是由于外延层中生成了杂质沉淀引入的压应力造成的，典型的例子就是二氧化硅沉淀的生成，它不但会在外延层中引入位错、位错环和位错网，还会引入堆垛层错。

由以上产生外延位错的原因不难得出减少外延位错的方法有：①使用高质量无位错单晶硅抛光片做衬底。②提高硅片表面的洁净度。在1100 ℃以上使用无水 HCl 对硅片表面进行原位气相刻蚀至关重要，该步骤可以去除硅片表面残余的污染物，并暴露新鲜、无污染的硅表面。③使用电子级纯度的原料气体，避免因气体纯度不够污染外延层或者造成外延层局部氧化生成二氧化硅沉淀。④要保证硅片在径向和厚度方向温度场分布的均匀性，避免因温度差引起的热膨胀差异导致的热应力。⑤使用合理的升、降温梯度。避免因较大的升、降温速率在材料内部引入热应力。

（4）外延层错。外延过程产生的层错称为外延层错。层错是外延层中比较常见的一种晶体缺陷，而且绝大部分外延层错起源于衬底表面。它们可以在硅片衬底表面的滑移线、局部擦伤处和表面的微颗粒处成核，而且随着外延层的生长而生长，如果在层错生长过程中又有新的成核发生，就会看到更小尺寸的层错以及层错的套叠。产生外延层错的主要原因有，首先，衬底表面的质量不高（存在表面沾污、局部擦伤和表面缺陷）是造成外延层错的一个主要原因。其次，较大的反应气压和较快的原子沉积速率也会导致层错。显然，这类层错是由于吸附原子来不及并入到正常晶格位置而引起的原子错排。最后，是氧化诱导堆垛层错，这是由于在外延生长过程中生成了二氧化硅沉淀引入的。研究表明，氢气含水量过高、外延系统管路或反应腔室有湿气进入是外延层中形成二氧化硅沉淀的主要原因。

由上述产生外延层错的原因不难得出减少外延层错的方法有：

A. 获得高质量衬底表面：①使用高质量无位错单晶硅衬底；②采用先进的化学机械抛光技术（chemical mechanical polishing，CMP）提高硅片表面的抛光质量，以获得既光滑平整又无划痕和机械损伤的高质量洁净表面；③在1100 ℃以上使用 HCl 对硅片表面进行原位气相刻蚀以获得新鲜、无污染的硅表面。

B. 所有气源都要达到电子级纯度。纯度不达标的气体不仅会污染气路系统和反应腔室，还会向外延层引入杂质和二氧化硅沉淀。比如提高氢气的纯度，降低其含水量，可以显著减小外延层中二氧化硅沉淀的浓度或数量。

C. 保证气路管道和反应腔室的洁净度。为了防止空气或湿气进入反应腔室和气路管道，即使系统在待机状态下也要用高纯 N_2 吹扫反应腔室，保持反应腔室内壁的洁净度，避免反应室内有颗粒物落到衬底上。

D. 采用理想的外延生长工艺。

2.　化学蚀刻显示缺陷的原理及实例

（1）湿法刻蚀显示缺陷的原理。图 4-3 给出了单晶硅外延层内部及表面可能存在的缺陷示意。如图 4-3 所示，在外延片表面，可能存在有机沾污、无机沾污、颗粒物，以及露头于表面的位错和层错等缺陷；在外延层内部，则可能存在位错、层错、二氧化硅沉淀、掺杂原子、金属离子等缺陷和杂质。在对单晶硅外延片进行湿法刻蚀显示缺陷之前，同样需要对外延片进行彻底的清洗，以除掉外延片表面可能存在的有机沾污、无机沾污、颗粒物、金属离子和自然氧化层等。

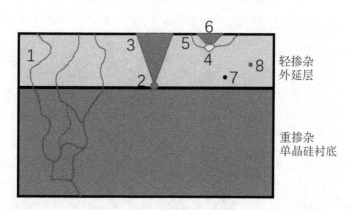

1.　从衬底延伸到外延层的位错线；2.　衬底表面的颗粒物；3.　成核于衬底表面的层错；
4.　二氧化硅沉淀；5.　二氧化硅沉淀附近的位错线；6.　氧化诱生堆垛层错；
7.　掺杂原子；8.　金属离子。

图 4-3　单晶硅外延层内部及表面可能存在的缺陷示意

化学腐蚀结合金相显微镜或扫描电子显微镜观察是一种简单、快速、低成本的检测单晶硅片以及外延片晶体缺陷的方法。其基本工作原理是：利用含有强氧化剂和氢氟酸的腐蚀剂对硅片表面进行刻蚀。由于腐蚀剂在表面不同区域的腐蚀速率不同，具体地说，腐蚀剂对包含晶体缺陷的区域（如位错和层错在表面的露头处、表面损伤处等）的腐蚀速率要高于其他区域的腐蚀速率，其结果是在有晶体缺陷的区域会腐蚀出沟槽或凹坑，从而达到显示和暴露晶体缺陷的目的。腐蚀坑的形状取决于硅片或外延片的晶向、缺陷的类型、腐蚀剂的成分和腐蚀条件等。在理想条件下，对于位错，〈100〉和〈111〉晶向的单晶硅片以及外延片经化学腐蚀后会分别呈现正方形和正三角形的特征腐蚀坑，具体机理可以参见"实验 3　不同晶向单晶硅抛光片的腐蚀及缺陷观察"，此处不再赘述。对于层错，会在层错面与表面相交处产生一个凹槽；〈100〉晶向的单晶硅外延片会形成顶部在衬底表面、底部在外延层表面的倒立的正四棱锥形轮廓线或腐蚀坑，而〈111〉晶向的单晶硅外延片则会形成顶部在衬底表面、底部在外延层表面的倒立的正四面体形轮廓线或腐蚀坑，如图 4-4 所示。之所以会形成这样规则的几何形状，是由于绝大部分外延层错都成核于衬底表面，加之单

晶硅的层错面总是发生在 {111} 面。对于 〈100〉 晶向的单晶硅外延层，4 个 {111} 层错面可以与 {100} 外延生长面形成正四棱锥的形状；对于 〈111〉 晶向的单晶硅外延层，3 个 {111} 层错面可以与 {111} 外延生长面形成正四面体的形状。显然，单晶硅外延层中的层错模型与单晶硅中的位错腐蚀坑的几何模型具有某种相似性，事实上，它们都使用了面心立方结构或金刚石结构中两种常见的结构模型，即 4 个 {111} 面可以与 1 个 {100} 面围成一个正四棱锥，以及 3 个 {111} 面可以与 1 个 {111} 面围成一个正四面体。

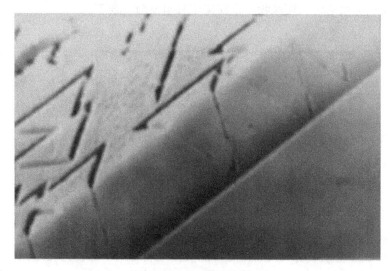

（引自：萧木：《认识半导体 XII——外延法制备单晶硅薄膜》，https://zhuanlan.zhihu.com/p/568750606. 2023 – 05 – 05）

图 4 – 4　〈111〉晶向单晶硅外延层经化学腐蚀后呈现的层错轮廓线

（2）外延层厚度估算的原理。图 4 – 5 给出了 〈111〉 晶向单晶硅外延层中层错模型的示意。如图 4 – 5 所示，假设层错开始于衬底表面，即正四面体的顶点位于衬底表面，而正四面体的底面位于外延层的表面，且正四面体的各个面均为 {111} 面。显然，可通过测量层错腐蚀坑的边长 l（即正四面体的边长）来计算外延层的厚度 h（即正四面体的高），它们之间满足如下关系：

$$h = \frac{\sqrt{6}}{3}l = 0.816l \qquad (4 – 1)$$

图 4 – 6 给出了 〈100〉 晶向单晶硅外延层中层错模型的示意。如图 4 – 6 所示，假设层错开始于衬底表面，即正四棱锥的顶点位于衬底表面，而正四棱锥的底面位于外延层的表面，而且正四棱锥的各个侧面均为 {111} 面。显然，可通过测量层错腐蚀坑的边长 l（即正四棱锥底边的边长）来计算外延层的厚度 h（即正四棱锥的高），它们之间满足如下关系：

$$h = \frac{\sqrt{2}}{2}l = 0.707l \qquad (4 – 2)$$

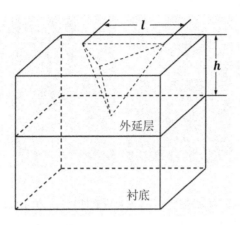

图 4 – 5　〈111〉晶向单晶硅外延层中的层错模型示意

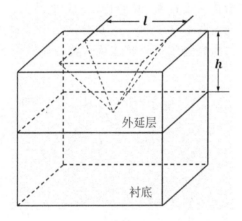

图 4 – 6　〈100〉晶向单晶硅外延层中的层错模型示意

（3）湿法刻蚀显示缺陷的实例。图 4 – 7 和图 4 – 8 分别给出了两种晶向的单晶硅外延层经湿化学腐蚀后形成的腐蚀坑的金相显微镜照片和扫描电子显微镜照片。

<100>　　　　　　　　　　　<111>

图 4 – 7　两种晶向的单晶硅外延层经湿化学腐蚀后形成的腐蚀坑的金相显微镜照片

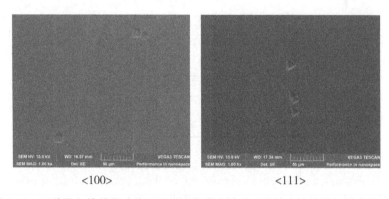

<100>   <111>

图4-8 两种晶向的单晶硅外延层经湿化学腐蚀后形成的腐蚀坑的扫描电镜照片

除了可以观察到单个位错在表面露头被湿化学腐蚀后形成的腐蚀坑以外，还可以看到因应力释放引起的滑移导致的多个位错排成一列的情况，这种位错组态通常被称为位错排或者位错线阵列。图4-9和图4-10分别给出了两种晶向的单晶硅外延层经湿化学腐蚀后呈现的由位错排形成的腐蚀坑的金相显微镜照片和扫描电子显微镜照片。

<100>   <111>

图4-9 两种晶向的单晶硅外延层经湿化学腐蚀后由位错排形成的腐蚀坑的金相显微镜照片

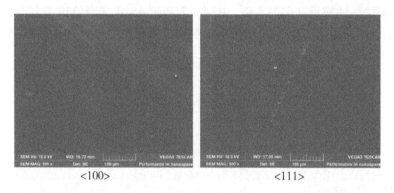

<100>   <111>

图4-10 两种晶向的单晶硅外延层经湿化学腐蚀后由位错排形成的腐蚀坑的扫描电子显微镜照片

此外，在晶体质量较差的单晶硅外延层中，有时还可以观察到由多个位错排组成的系属结构。图4-11和图4-12分别给出了两种晶向的单晶硅外延层中的系属结构经湿化学腐蚀后的金相显微镜照片和扫描电子显微镜照片。

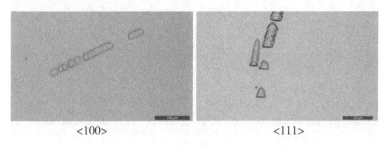

<100>   <111>

图 4 – 11   两种晶向的单晶硅外延层中的系属结构经湿化学腐蚀后的金相显微镜照片

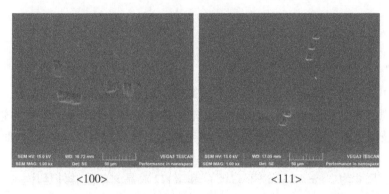

<100>   <111>

图 4 – 12   两种晶向的单晶硅外延层中的系属结构经湿化学腐蚀后的扫描电子显微镜照片

在单晶硅外延层中除了可以观察到各种位错组态以外，有时还可以观察到层错。图 4 –13 和图 4 –14 分别给出了两种晶向的单晶硅外延层经湿化学腐蚀后形成的层错腐蚀坑的金相显微镜照片和扫描电子显微镜照片。

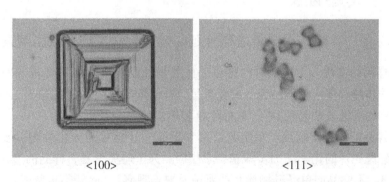

<100>   <111>

图 4 – 13   两种晶向的单晶硅外延层中的层错经湿化学腐蚀后的金相显微镜照片

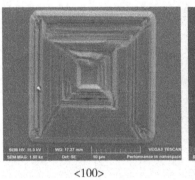 

<100>　　　　　　　　　　　　　　　　<111>

图 4 - 14　两种晶向的单晶硅外延层中的层错经湿化学腐蚀后的扫描电子显微镜照片

三、仪器用具和样品

仪器用具：金相显微镜、扫描电子显微镜、超声清洗机、电子天平、化学通风橱、磁力搅拌器、100 mL 和 250 mL 玻璃及塑料量筒、500 mL 玻璃及塑料烧杯、2000 mL 玻璃烧杯、聚四氟乙烯镊子、软毛刷子、氮气枪、90 mm 培养皿、废液回收桶。

样品：尺寸为 2 cm×2 cm 的〈100〉和〈111〉晶向单晶硅外延片。

化学试剂：丙酮、乙醇、浓硫酸、双氧水、三氧化铬、氢氟酸、氢氧化钠、去离子水。

个人防护用品：防护面罩、防酸手套、丁腈手套。

四、实验内容

〈100〉和〈111〉晶向单晶硅外延片的湿化学腐蚀及缺陷观察

（1）样品的清洗。本实验对两种单晶硅外延片的清洗步骤和要求与对单晶硅抛光片的清洗步骤和要求相同。为了避免重复，样品的清洗参见"实验 3　不同晶向单晶硅抛光片的腐蚀及缺陷观察"，此处不再赘述。

（2）样品的湿化学腐蚀。本实验对两种单晶硅外延片的湿化学腐蚀步骤和要求与对单晶硅抛光片的化学腐蚀步骤和要求相同。为了避免重复，样品的湿化学腐蚀参见"实验 3　不同晶向单晶硅抛光片的腐蚀及缺陷观察"，此处不再赘述。

（3）样品腐蚀后的缺陷观察。

A. 金相显微镜观察。为了避免重复，金相显微镜观察参见"实验 3　不同晶向单晶硅抛光片的腐蚀及缺陷观察"，此处不再赘述。

B. 位错密度的估算。为了避免重复，位错密度的估算参见"实验 3　不同晶向单晶硅抛光片的腐蚀及缺陷观察"，此处不再赘述。

C. 外延层厚度的估算。根据〈111〉和〈100〉晶向单晶硅外延片正三角形和正方形层错腐蚀坑的边长，分别利用式（4-1）和式（4-2）计算外延层的厚度。

D. 扫描电子显微镜观察。为了避免重复，扫描电子显微镜的操作步骤参见"实验 3　不同晶向单晶硅抛光片的腐蚀及缺陷观察"，此处不再赘述。

五、注意事项

为了避免重复，实验注意事项参见"实验 3　不同晶向单晶硅抛光片的腐蚀及缺陷观察"，此处不再赘述。

六、思考题

（1）为何〈100〉和〈111〉晶向的单晶硅外延层中的层错经湿化学腐蚀后会显示正四棱锥和正四面体的层错腐蚀坑或轮廓线？

（2）如何区别位错腐蚀坑、层错腐蚀坑和表面损伤处形成的腐蚀坑？

参考文献

［1］ WOLF S，TAUBER R N. Silicon processing for the VLSI era volume 1：Process technology［M］. Sunset Beach：Lattice Press，1986.

［2］《电子工业生产技术手册》编委会. 电子工业生产技术手册（6）. 半导体与集成电路卷［M］. 北京：国防工业出版社，1989.

［3］ 孙燕，曹孜，翟富义，等. 硅材料原生缺陷图谱：GB/T 30453—2013［S］. 北京：中国标准出版社，2013-12-31.

［4］ 马林宝，骆红，杨帆，等. 硅外延层晶体完整性检验方法腐蚀法：GB/T 14142—2017［S］. 北京：中国标准出版社，2017-09-29.

［5］ 孙恒慧，包宗明. 半导体物理实验［M］. 北京：高等教育出版社，1985.

［6］ 萧木. 认识半导体Ⅻ——外延法制备单晶硅薄膜［EB/OL］. ［2023-05-05］. https://zhuanlan.zhihu.com/p/568750606.

［7］ 何兰英，王炎，张辉坚，等. 硅晶体完整性化学择优腐蚀检验方法：GB/T 1554—2009［S］. 北京：中国标准出版社，2009-10-30.

实验5 金相试样的制备

一、实验目的

(1) 了解金相分析的基本概念。

(2) 掌握金相试样的基本制备方法及试样微观组织的显示方法。

(3) 制备1个合格的20钢金相试样，观察并分析其显微组织。

二、实验原理

研究金属材料的性能，常需要对其进行显微组织的检查及分析。金相分析是研究金属材料内部组织及缺陷的主要方法之一。进行金相分析，首先应根据各种检验标准和规定进行金相试样的制备。金相试样是指在所研究的材料或体系上选取代表性的部位，制备成能够准确地显示被检材料的真实显微组织的标准样品。金相试样的制备是金相分析中极为重要的工序，试样制备质量的好坏，直接影响其显微组织的鉴别与分析。若试样制备不当，则有可能出现假象，从而得出错误的判断。因此，金相试样的制备是金相分析的关键。

金相试样的制备包括试样的截取、镶嵌、磨制、抛光及浸蚀等5个步骤，制备好的试样表面应平整、光洁、无划痕，且磨面无塑性变形和热损伤产生，最终可在金相显微镜下观察和研究其真实的组织形貌与分布。

1. 金相试样的截取

金相试样一般制成边长为 10 mm 的立方体，或直径 10 ~ 15 mm，高 10 ~ 18 mm 的圆柱体，按实际情况有时也可制成片状、丝状或其他不规则形状。被检验的金属材料或机械零件因所经过的加工工艺过程或热处理情况不同，金相试样的截取部位也应不同，这要根据研究的目的和要求而定，其原则是取样的部位应具备典型性与代表性。如对于锻、轧及冷变形的工件，取其横向试样主要用于研究试样边缘到中心部位显微组织的变化、表层缺陷、非金属夹杂物的分布及晶粒度的测试等；取其纵向截面主要用于研究非金属夹杂物的形状，也可根据纵向磨面上晶粒被拉长的程度，估算冷加工变形程度及轧制工艺的情况等。而对于经过一系列热处理工艺后的机械零件，由于其内部的金相组织是比较均匀的，试样可在任意截面截取。当金相试样截取部位确定之后，应进一步确定试样上哪一个面作为观察面，这也需要根据研究的目的而决定。

金相试样的截取方法很多，需根据工件的大小、材料性能及现场实际情况进行选择。对于软材料，可以采取锯、车、刨等加工方法；对于硬材料，可采用砂轮切片、机器切割或电火花切割等方法；对于硬而脆的材料，可采用锤击方法，也可采用线切割方法。不管采用哪一种方法截取，均需保证在截取过程中试样内部的组织结构不发生改变。

2. 金相试样的镶嵌

镶嵌这道工序并非制备金相试样都必须要进行的，如果截取的试样形状规则、尺寸合适，便无须这道工序可直接进行后续的磨光和抛光操作。但对于较小（线材、细管材、薄板等）、较软、易碎或需检验边缘组织及形状不规则的试样，磨光操作时极不方便，这时就需要用镶嵌的方法把它们镶嵌成较大的试样以便于操作。常用的镶嵌法主要有塑料镶嵌法、机械镶嵌法等。

3. 金相试样的磨制

磨制是制备金相试样的关键性工序，分为粗磨和细磨。磨制的过程是利用某种基底上的磨料颗粒（如砂纸），以高应力划过试样磨面，以产生磨屑的形式去除材料，在试样表面留下磨痕，但同时也会产生具有一定深度的应力变形层。在实际操作过程中，需要将试样表面的变形损伤减少到不会影响观察试样的真实显微组织。粗磨的目的是平整试样表面，同时在去除截取试样的过程中，试样表面所产生的较厚的应力变形层，可用砂轮（对硬金属）或锉刀（对软金属）将其表面进一步磨平，为细磨做准备。经粗磨后的试样表面虽较平整，但仍存在较深的磨痕及一定厚度的应力变形层。细磨的目的就是为了消除这些较深的磨痕及尽可能地减少表面变形损伤，得到平整而光滑的磨面，为后续的抛光做好准备。

细磨即磨光过程，可采用机械磨制和手工磨制的方法进行。在开始细磨之前，如果试样无须作表面层金相检验，则应对试样磨面的边缘进行倒角，即将磨面的边缘磨成具有 45° 倾角、0.5 ～ 1 mm 厚的倾斜面，以防止在后续工序中，磨面边缘的尖角划伤砂纸及抛光织物，甚至划伤手指。每一道磨光工序都需要将前一道工序产生的表面磨痕及应力变形层除去，同时还需尽可能地减少本道工序所带来的试样表面损伤。最后一道磨光工序所产生的磨痕及变形层深度应非常浅，以保证能在抛光工序中去除。试样磨制过程中，其磨面上的磨痕变化情况如图 5 –1 所示。

（1）手工磨制是金相制样普遍采用的方法，即利用各号砂纸由粗到细地进行。具体操作步骤如下：

A. 砂纸宜放在平滑的底板（如玻璃板）上，一手按住砂纸，一手将试样磨面轻压在砂纸上，并向前推动，进行磨削。为了保证磨面平整而不产生弧度，磨削应循单方向进行，向前推动时磨削，然后将试样提起收回，在收回过程中试样不与砂纸接

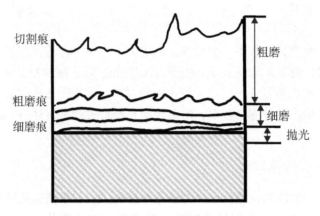

图 5－1　试样磨面上磨痕变化情况示意

触。随后再继续向前推动磨削，直到磨面上仅留有单一方向的均匀磨痕为止。注意在磨削过程中，磨面上所施加的压力需均衡，磨面与砂纸必须完全接触，这样才能使整个磨面均匀地进行磨削。

　　B. 各号砂纸从粗到细使用，变换砂纸顺序必须依次由粗到细，不允许由较粗号砂纸直接换到较细号砂纸的跳级行为。否则会使前一道工序加工时所留下的粗大磨痕内充满磨料的粉屑，从而造成试样表面磨得很好的错觉，而在浸蚀之后，这种缺陷会暴露出来，以致试样不合格而不能进行后续的显微组织观察。

　　C. 当更换细一号砂纸的时候，磨面磨削的方向应与前一号砂纸留下的磨痕方向相互垂直，以便观察由前一号砂纸所留的较粗磨痕的消除情况。

　　D. 用一种规格的砂纸磨光后，必须擦干净双手和试样磨面，并擦净玻璃板，之后才能更换下一号细砂纸，以避免粗砂粒被带到细砂纸上。

　　E. 当使用 1500 ＃ 或 2000 ＃ 号砂纸磨制结束后，试样表面应具有方向均一的单方向细小磨痕，无杂乱的其他方向划痕。此时，将试样及双手清理干净后，即可转入抛光工序。

　　（2）预磨机磨制是将水砂纸置于预磨机旋转圆盘上，加水润滑兼冷却。手持试样将磨面轻压在水砂纸上，停留 10 s 左右提起观察，反复进行，待磨面上粗磨痕完全消失且新磨痕方向一致时，即可转入下一道细砂纸继续进行磨制。在整个机磨过程中，由于通水湿磨，水流冲洗砂纸，可及时将所产生的热量及大部分磨屑和脱落的磨粒冲走，这样可保证在整个磨制过程中，磨粒的尖锐棱角始终与试样磨面接触，保持良好的切削作用；而脱落的磨粒被水冲走，可防止磨粒嵌入试样表面造成假象，还可提高磨制质量。预磨机磨制试样具有速度快、效率高等优点，可满足大量的金相检验工作。操作时应严格遵守预磨机使用规则，注意安全，防止试样飞出。手工磨制时所应遵守的规则及相关注意事项，同样也适用于机械磨制操作。

　　注意：磨光试样的操作过程并不难，但要获得一个符合要求的理想磨面是不容易的，操作时需要操作人员小心认真，严格遵守操作规则，不能只顾一时方便而不严格按规则操作，否则不但不能节约时间，反而会前功尽弃，最终造成返工。

4．金相试样的抛光

抛光的目的是为了清除最细一号砂纸磨光后在试样磨面上所留下的细磨痕及很浅的变形层，使试样的磨面成为光滑无痕的镜面。常用的抛光方法有机械抛光、电解抛光与化学抛光三类。最常用的是机械抛光法。

（1）机械抛光是在抛光机的转盘上进行的，转盘上装有抛光织物，整个过程中还需抛光磨料配合进行抛光。抛光之前须仔细检查磨面，当磨面上只留有单一方向的均匀的细磨痕时，才能进行抛光。抛光时手握试样，使磨面均匀地轻压在转盘上。操作时，对试样所施加的压力要均匀适当，若用力过大，试样表面易发热变得灰暗，而且会使变形层继续增厚；若用力过小，则增加试样的抛光时间，效率降低。抛光初期，抛光盘转动的方向应与最后一道磨光工序所留下的细磨痕方向相垂直，以便快速地抛除细磨痕。在抛光后期，需将试样逆着抛光盘的转动方向转动，同时可沿半径方向由抛光盘中心至边缘往复移动，这样有利于获得光亮平整的磨面，同时可防止夹杂物及硬性的相脱出及在磨面上产生"曳尾"现象。抛光时间不宜过长，长时间的抛光不但不能消除较粗的划痕，反而会使组织组成物着色，并严重扰乱试样表面变形层。

（2）电解抛光是利用阳极腐蚀法使试样表面光滑平整的方法。将磨光的试样浸入电解液中，接通试样（阳极）和阴极间的电源，当电流密度适当时，试样磨面发生选择性溶解。由于试样磨面凹凸不平，在表面形成一层厚度不均的薄膜，磨面的微小突出部分的膜薄，因而电阻小，通过的电流密度就大，溶解的速度快；而下凹的部分形成的膜厚，通过的电流密度小，溶解的速度就较慢。最终使得样品表面逐渐平坦，形成光滑的表面。电解抛光的优点是重现性好，不产生附加的表面变形层，具有灵活可变的适应性，可抛光不同形状、大小的试样；缺点是不适合非金属夹杂物及偏析组织、塑料镶嵌的样品。

（3）化学抛光是依靠化学试剂对试样表面凹凸不平区域进行溶解以消除磨痕的一种方法。将试样用砂纸磨光后，清洗干净，浸入适当的抛光液中，不需要外加电流通过。在一定温度下放置一定时间后，试样表面的粗糙痕迹消失，得到光亮的抛光面，清洗干净后可在显微镜下检验。化学抛光的优点是所需设备简单，操作方便，对于磨面原来的光洁度要求不是很高；其缺点是抛光面虽然光滑，但其表面不够平整，高倍检验难以进行。

5．金相试样的浸蚀

试样经抛光后，在金相显微镜下观察其呈光亮的磨面，除特殊情况（如试样材料含有非金属夹杂物质，存在孔洞、裂纹等缺陷），一般来说，在抛光的磨面上是看不出金相显微组织的。因此，为了得到显微组织的信息，抛光后的磨面需要进一步的处理，使金相显微镜下试样的组织组成相之间的衬度增大，从而可以清晰地分辨出它的显微组织，这个过程称为浸蚀。最常用的是化学浸蚀法和电解浸蚀法，还有一些特

殊的显示方法（如热染、热蚀、阴极真空显示、磁性显示等），本实验只介绍化学浸蚀法。

化学浸蚀法是利用化学试剂的化学或电化学作用来显示试样显微组织的方法。对于纯金属及单相合金，化学试剂的浸蚀是一种纯粹的化学溶解过程。在溶解过程中，浸蚀剂首先把磨面表层的变形层溶去，随后对晶界起化学溶解作用。由于晶界上原子排列的规律性较差，这部分原子具有较高的自由能，因此在化学浸蚀时，晶界易先受腐蚀而呈凹沟被显示出来，此时在显微镜下可以看到多边形的晶粒。若浸蚀继续进行，则浸蚀剂将对晶粒本身起溶解作用。由于磨面上每个晶粒原子排列的位向不同，不同的晶面溶解速率就不同，浸蚀以后的显微平面与原磨面的角度也不同，也就是说每个晶粒被浸蚀后的平面将与原来的磨面有一定的倾斜度。此时在金相显微镜下观察，由于光线是垂直照射于试样表面，反射进入物镜的光线角度不同，因此可以看到明暗不同的晶粒。

对于两相或多相合金，从本质上来说，化学试剂对试样表面的浸蚀则是一个电化学腐蚀过程。由于各组成相的组成成分不同，具有不同的电极电位，当磨面放入浸蚀剂中时，就会形成许多对微小的局部电池，具有较高负电位的相成为阳极，被溶入电解液中形成凹面；具有较高正电位的另一相成为阴极，在正常情况下不受浸蚀，保持原有的平面高度。因而可以在显微镜下清楚地对其组织结构进行鉴别。对于多相合金，浸蚀剂对各组成相有不同程度的溶解，须选用合适的浸蚀剂，适当的时候可采用两种或多种浸蚀剂依次浸蚀，以使各相的组织形貌清晰地显示出来。

化学浸蚀成功与否取决于作用的浸蚀剂、浸蚀方法和浸蚀时间等因素是否恰当。磨面在浸蚀前必须冲洗清洁，用酒精去除油污，以免影响浸蚀效果。浸蚀操作可采用擦拭法进行，即用蘸有浸蚀剂的脱脂棉球在磨面上轻轻擦拭，因为一般浸蚀的时间都很短，用这种方法比较容易控制。擦拭动作要迅速，并注意观察磨面上光泽的变化。浸蚀时间的长短随浸蚀剂及试样而不同，要视具体情况而定。浸蚀好后，要立即用酒精冲洗、擦拭并吹干，然后进行显微观察。若显微组织没有完全显示出来，必然是浸蚀过浅，可再适当继续浸蚀；如果组织色调过于灰黑，失去应用的衬度，则为浸蚀过度，纠正的方法是重新抛光，甚至再用细号砂纸重磨；如果浸蚀后组织模糊不清，不能代表该金属材料的正常组织，则说明磨面表层的应力变形层仍然存在，须视情况经重新磨光或抛光后再浸蚀观察。

试样制备完毕后，要注意保护磨面，及时用金相显微镜进行显微组织观察。

三、仪器用具

MDS400 金相显微镜、金相预磨机、金相抛光机、金相砂纸、玻璃板、抛光膏、4% 的硝酸酒精、75% 的酒精、吹风筒、脱脂棉球、竹镊子等。

四、实验内容

（1）领取试样，并选择不同型号砂纸共 6 张。

（2）按要求进行磨光、抛光和浸蚀。

（3）在金相显微镜下检查所制备的金相试样的质量。

（4）分析制样中出现的问题，并进行改进以提高试样质量。

五、注意事项

（1）在试样的磨制与抛光过程中，务必注意安全，避免飞样。

（2）实验结束后，要将所产生的垃圾及时清理：废弃溶液倒入相应的回收桶内回收，勿直接倒入下水道内；使用过的砂纸回收到指定回收箱内。

（3）确认设备电源已关闭，按原位置摆放好实验仪器及材料，打扫清理实验室卫生。

六、思考题

（1）简述磨光与抛光的原理及其过程中的注意事项。

（2）简述金相试样组织的显示原理。

（3）分析你所制备的金相试样的质量，总结制样过程中的经验教训。

参考文献

[1] 孙业英. 光学显微分析[M]. 北京：清华大学出版社，2003.

[2] 葛利玲. 光学金相显微技术[M]. 北京：冶金工业出版社，2017.

[3] 赵玉珍. 材料科学基础精选实验教程[M]. 北京：清华大学出版社，2020.

[4] 韩德伟，张建新. 金相试样制备与显示技术[M]. 长沙：中南大学出版社，2005.

[5] 王岗，杨平，李长荣. 金相实验技术[M]. 北京：冶金工业出版社，2010.

[6] 盖登宇，侯乐干，丁明惠. 材料科学与工程基础实验教程[M]. 哈尔滨：哈尔滨工业大学出版社，2012.

实验6 铁碳合金的显微组织观察与性能分析

一、实验目的

(1) 学会应用金相显微镜分析金属材料的显微组织形貌。

(2) 了解并掌握铁碳合金几种典型的显微组织形态及分布特征。

(3) 了解并掌握碳含量对铁碳合金各组织组成物的形貌及相对量的影响。

二、实验原理

铁碳合金是以铁为主,加入少量的碳而形成的合金。工程上应用最为广泛的碳钢、铸铁都属于铁碳合金。铁碳相图是研究铁碳合金的组织、性能及制定其热加工和热处理工艺标准的重要依据,在工程应用中有重要的实用价值,如图 6-1 所示。铁碳合金在极为缓慢的冷却条件下凝固并发生固态相变所得到的组织称为平衡组织,其相变过程均按铁碳相图进行。室温下铁碳合金的平衡组织均由铁素体(F)和渗碳体(Fe₃C)这两个基本相组成,随着碳含量的增加,铁素体和渗碳体两相的相对数量、大小、形态以及分布情况各有所不同,因而其平衡组织将呈现不同的组织形态,从"铁素体 + 三次渗碳体→ 铁素体 + 珠光体→ 珠光体→ 珠光体 + 二次渗碳体→ 二次渗碳体 + 室温莱氏体 + 珠光体 → 室温莱氏体→ 一次渗碳体 + 室温莱氏体"过渡,进而获得不同的性能。

1. 铁碳合金室温下基本组织组成物

(1) 铁素体(F)。碳溶于 α-Fe 中的间隙固溶体,体心立方晶格。727 ℃时含碳量最大,为 0.0218%。显微组织经浸蚀后呈白色多边形晶粒,晶界呈黑色网络状。铁素体的力学性能特点是强度、硬度低,塑性、韧性好。

(2) 渗碳体(Fe₃C):渗碳体是具有复杂晶格结构的间隙化合物,含碳量为 6.69%。渗碳体的显微组织形态与形成条件有关。从液相中析出的为一次渗碳体(Fe_3C_I),呈粗大板条状;从奥氏体中析出的为二次渗碳体(Fe_3C_{II}),呈网状分布在珠光体边界上;从铁素体中析出的为三次渗碳体(Fe_3C_{III}),沿铁素体晶界断续分布,呈断续的条状,由于质量分数少于 0.3%,可忽略不计;通过共析转变形成的渗

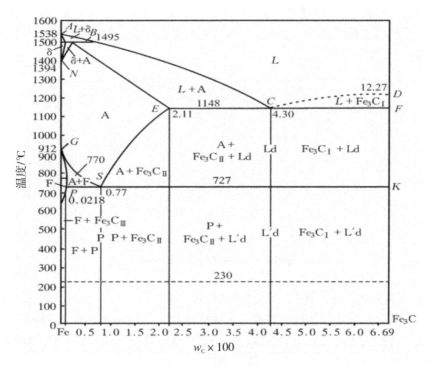

图 6 – 1　Fe-Fe₃C 相图

碳体为共析渗碳体，呈片层状；通过共晶转变形成的渗碳体为共晶渗碳体，呈块状。渗碳体的抗浸蚀能力很强，经质量分数为 3% ～ 4% 的硝酸酒精溶液浸蚀后，呈亮白色。其力学性能特点是硬而脆，伸长率（塑性）约为 0，冲击韧度（韧性）约为 0。

（3）珠光体（P）：珠光体是铁素体与渗碳体组成的机械混合物，在平衡状态下，其含碳量为 0.77%。其显微组织是片层状，经质量分数为 3% ～ 4% 的硝酸酒精溶液浸蚀后，在不同放大倍数的显微镜下可以看到不同特征的珠光体组织。在高倍放大时能清晰地看到珠光体中平行相间的宽条铁素体和细条渗碳体；当放大倍数较低时，由于显微镜的鉴别能力小于渗碳体片的厚度，这时，珠光体中的渗碳体就只能看到一条黑线；当组织较细，且放大倍数较低时，珠光体的片层不能被分辨出来，珠光体呈现黑色块状。珠光体的力学性能特点是综合力学性能好。

（4）低温莱氏体（L'_d）：低温莱氏体是珠光体和渗碳体组成的机械混合物，在平衡状态下，其含碳量为 4.3%。其显微组织呈豹纹状，白色的共晶渗碳体基体上分布着黑色粒状珠光体或黑色棒状珠光体。

2. 室温下的铁碳合金平衡组织

铁碳合金通常根据含碳量 w_C 分为三大类：工业纯铁（$w_C < 0.0218\%$）、碳钢（w_C 在 0.0218% ～ 2.11% 之间）及白口铸铁（w_C 在 2.11% ～ 6.69% 之间）。

（1）工业纯铁。工业纯铁含碳量小于 0.0218%，室温下的显微组织由白色块状铁素体和极少量的三次渗碳体构成。由于三次渗碳体最多只能达到0.3%，通常可忽略不计。用硝酸酒精浸蚀后，显微组织的特征是呈白色多边形晶粒，晶界呈黑色网络状，如图6-2所示。

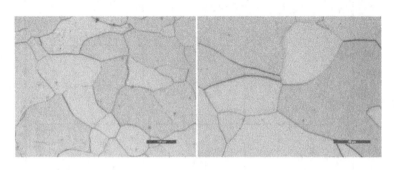

（a）200×   （b）500×

图6-2 工业纯铁的显微组织

（2）亚共析钢。亚共析钢的含碳量为0.0218%～0.77%，室温下的显微组织由白色块状铁素体和珠光体构成。随着含碳量的增加，珠光体含量增加，铁素体含量减少，两者的相对量可由杠杆定律求得；也可直接通过在显微镜观察下珠光体和铁素体各自所占面积的百分数，近似地计算出钢的含碳量，即 $w_C \approx S(P) \times 0.77\%$，其中，$S(P)$ 为珠光体所占面积的百分数，0.77%是珠光体中碳的质量分数。图6-3为45钢在室温下的显微组织，其中亮白色为铁素体，暗黑色为珠光体。

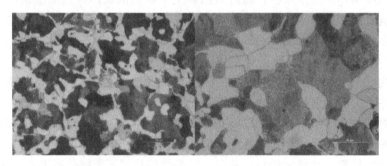

（a）200×   （b）500×

图6-3 亚共析钢（45钢）的显微组织

（3）共析钢。共析钢含碳量为0.77%，室温下的显微组织全部由片层状珠光体组织构成，即片状铁素体和渗碳体的机械混合物。根据杠杆定理计算可知珠光体中铁素体与渗碳体的质量比约为7.9∶1，因此铁素体厚，渗碳体薄。用质量分数为3%～4%的硝酸酒精浸蚀后，珠光体中铁素体与渗碳体都呈白亮色，相界处呈黑色，T8钢的显微结构如图6-4所示。

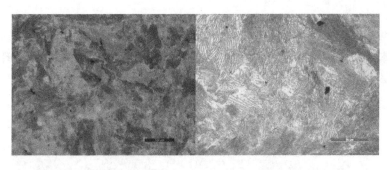

（a）200×　　　　　　　（b）500×

图 6-4　共析钢（T8 钢）的显微组织

　　（4）过共析钢。过共析钢含碳量为 0.77%～2.11%。用质量分数为 3%～4% 的硝酸酒精浸蚀后，室温下的显微组织由亮白色网状二次渗碳体（沿奥氏体晶界析出）和片层状珠光体构成。随着钢中含碳量增加，二次渗碳体数量也增加，呈亮白色网分布在珠光体的周围，T12 钢的显微结构如图 6-5 所示。

（a）200×　　　　　　　（b）500×

图 6-5　过共析钢（T12 钢）的显微组织

　　（5）亚共晶白口铸铁。亚共晶白口铸铁含碳量为 2.11%～4.3%。用质量分数为 3%～4% 的硝酸酒精浸蚀后，室温下的显微组织由黑色树枝状珠光体、二次渗碳体和豹皮状低温莱氏体构成。二次渗碳体在珠光体周围析出，与低温莱氏体中的渗碳体连在一起难以分辨，如图 6-6 所示。

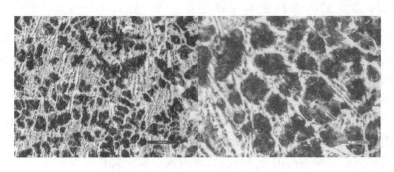

（a）200×　　　　　　　（b）500×

图 6-6　亚共晶白口铸铁的显微结构

（6）共晶白口铸铁。共晶白口铸铁含碳量为4.3%，室温下的显微组织由豹皮状低温莱氏体构成，其中的白色基体为共晶渗碳体，黑色粒状或棒状组织为珠光体，珠光体的片层状无法被分辨而成黑色，如图6-7所示。

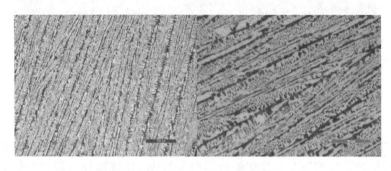

（a）200×   （b）500×

图6-7 共晶白口铸铁的显微组织

（7）过共晶白口铸铁。过共晶白口铸铁含碳量为4.3%～6.69%，室温下的显微组织由一次渗碳体和低温莱氏体构成，其中一次渗碳体呈白亮色板条状分布在低温莱氏体中，如图6-8所示。

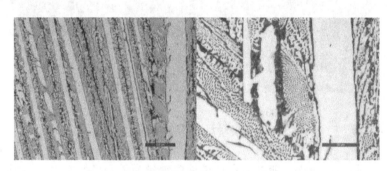

（a）200×   （b）500×

图6-8 过共晶白口铸铁的显微组织

3．几种典型的铁碳合金非平衡组织

铁碳合金的性能与其成分和组织有着密切的关系，在化学成分相同的条件下，设计合理的热处理工艺可使其获得不同的组织结构，进而得到预期的性能。钢经过热处理后所得到的组织与其室温下的平衡组织有很大区别，称为铁碳合金的非平衡组织。以下介绍五种铁碳合金非平衡组织。

（1）马氏体（M）。马氏体是碳在 α-Fe 晶格中的过饱和固溶体。马氏体组织是奥氏体（溶有充足的碳原子）过冷到低温区（240 ℃以下）在连续冷却过程中转变形成的，与其他固态相变不同的是其转变无孕育期，属于无扩散型相变。当奥氏体快冷到 Ms 点（马氏体开始转变的临界温度）以下，立即爆发式形成，其形成数量随温度的不断降低而增加。马氏体的形态主要取决于其含碳量，当其含碳量低于0.2%时，经过转变后所形成的是具有板条状形貌的板条马氏体，它由许多马氏体板条集合而成。马氏体板条的立体形态可以是扁条状，也可以是薄板状，相邻板条如不呈孪晶关系，则在其间夹有厚约200 Å（即20 nm）的薄壳状残余奥氏体，一个奥氏体晶粒可以转变成几个板条束。当其含碳量高于0.6%时，经过转变后所形成的是具有针状或竹叶状形貌的片状马氏体，其立体外形呈双凸透镜状，又称针状马氏体。而当含碳量在0.2%～0.6%之间时，转变后的组织为板条状和片状的混合组织。如图6-9所示。马氏体性能的主要特点是硬度很高，并与含碳量有关，马氏体含碳量增加，其硬度也随之增加，但当含碳量达到0.6%以后，其硬度变化趋于平缓。如T8钢的马氏体硬度可达62～65 HRC。

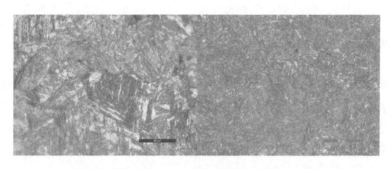

（a）板条状马氏体，500×　　（b）板条状马氏体+针状马氏体，500×

图6-9　马氏体的显微组织

（2）贝氏体（B）。贝氏体是钢的奥氏体在珠光体转变温度以下、马氏体转变温度以上的中温区转变的产物。贝氏体也是铁素体和渗碳体的机械混合物，是介于珠光体和马氏体之间的一种组织。由于形成条件不同，贝氏体具有多种形态。如上贝氏体为过冷奥氏体在由550 ℃降至400 ℃的区间所形成，成束的、大致平行的铁素体板条自奥氏体晶界的一侧或两侧向奥氏体晶粒内部长大，渗碳体（有时还有残留奥氏体）较粗，且不均匀分布于铁素体板条之间，在光学显微镜下观察，整体呈羽毛状。它的脆性较大，强度较低，基本上无实用价值；下贝氏体是过冷奥氏体在由400 ℃降至200 ℃的区间所形成，是具有一定过饱和碳的针状铁素体内部析出有细小碳化物的组织，碳化物与铁素体的长轴呈55～60°的角度分布。如图6-10所示。在光学显微镜下，高碳钢的下贝氏体呈针状或竹叶状，互成一定角度。下贝氏体中的碳化物细小且分布均匀，针状铁素体具有一定的过饱和度，因此它除了具有较高的强度和硬度外，还具有良好的塑性和韧性，即具有优良的综合力学性能，是生产上常用的组织。

（3）回火马氏体。钢经淬火得到马氏体组织，随后在150～250 ℃进行低温回火时，马氏体内的过饱和碳原子脱溶沉淀，析出与母相保持共格的ε碳化物，呈无规则分布，组织中的马氏体针状晶的特征依旧保留，但易受浸蚀，该组织称为回火马氏体。如图6-11（a）所示。

(a) 上贝氏体, 1000 ×　　　(b) 下贝氏体, 1000 ×

图 6 - 10　贝氏体的显微组织

（4）回火屈氏体。钢经淬火后，在 350 ～ 500 ℃回火时基本上保持了原马氏体板条状或针状形态，析出的碳化物细小，在光学显微镜下难以分辨清楚，该组织称为回火屈氏体。如图 6 - 11(b) 所示。

（5）回火索氏体(S)：钢经淬火后，在 500 ～ 650 ℃及以上回火时，所形成的组织叫回火索氏体，这种组织的特点是铁素体基体中弥散分布着较粗的球（颗粒）状渗碳体。经充分回火的索氏体已没有针状的形态，在 500 倍以上的光学显微镜下可以看到渗碳体微粒。如图 6 - 11(c) 所示。

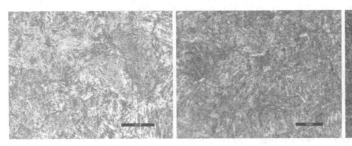

(a) 回火马氏体组织, 500 ×　　(b) 回火屈氏体组织, 500 ×　　(c) 回火索氏体组织, 500 ×

图 6 - 11　回火屈氏体的显微组织

三、仪器用具和试样

MDS400 倒置式金相显微镜，铁碳合金平衡组织标准试样一套、多种热处理方式处理之后的碳钢试样一套。

四、实验内容

（1）由指导教师结合图例讲解铁碳合金平衡态的基本组织组成及组织的形态

特征。

（2）学生领取一套铁碳合金平衡组织标准试样，按照金相显微镜的操作步骤，在显微镜下观察七种典型的铁碳合金平衡组织试样，识别碳钢和铸铁组织形态的特征，建立成分、组织之间相互关系的概念。并将观察到的图像以低倍数及高倍数下拍照存储。

（3）由指导教师结合图例讲解铁碳合金非平衡组织的形态特征。

（4）学生领取一套经不同热处理工艺处理的 45 钢及 T12 钢标准试样（20# ～ 27#），在显微镜下观察经不同热处理工艺处理的 45 钢及 T12 试样。理解并分析不同热处理工艺条件下试样的组织变化，并将观察到的图像以低倍数及高倍数下拍照存储。其中：

20# 为 45 钢 860 ℃水淬 + 低温回火。

21# 为 45 钢 860 ℃水淬 + 中温回火。

22# 为 45 钢 860 ℃水淬 + 高温回火。

23# 为 45 钢 780 ℃水淬。

24# 为 45 钢 1100 ℃水淬。

25# 为 T12 钢球化退火。

26# 为 T12 钢 780 ℃水淬 + 低温回火。

27# 为 T12 钢 1100 ℃水淬 + 低温回火。

（5）给出所观察试样的显微组织图（显微镜拍摄图及手绘图），手绘图要求画出所观察显微组织的结构特征，并标注出材料、组织名称及放大倍数。

五、注意事项

（1）在操作显微镜时必须特别谨慎，不能有任何剧烈的动作，不允许自行拆卸光学系统。

（2）在旋转粗调或微调旋钮时动作要慢，碰到某种障碍时应立即停止操作，报告指导教师查找原因，不得用力强行转动，否则会损坏机件。

（3）要爱护已制备好的金相试样。不能用手触摸试样的观察面，如有尘埃等脏物，不能用嘴吹，也不能随意擦，要用吸耳球吹除或用无水酒精冲洗并干燥。

（4）试样观察完毕后要放入干燥箱中保存。

六、思考题

（1）在铁碳合金中观察到的渗碳体有几种形态？它们分别在什么情况下存在？

（2）以 $w_c = 0.45\%$ 的铁碳合金为例，画出其缓慢冷却时的冷却曲线，并分析其组织变化过程。

（3）论述含碳量对铁碳合金的力学性能的影响。

参考文献

［1］胡赓祥，蔡珣，戎咏华. 材料科学基础［M］. 上海：上海交通大学出版社，2010.

［2］崔忠圻. 金属学及热处理［M］. 北京：机械工业出版社，1998.

［3］赵玉珍. 材料科学基础精选实验教程［M］. 北京：清华大学出版社，2020.

［4］夏建元，曾大新，张红霞. 金属材料彩色金相图谱［M］. 北京：机械工业出版社，2012.

实验 7 超声波无损探伤实验

一、实验目的

(1) 了解超声波探伤仪的工作原理及使用方法。

(2) 了解超声波的产生、特点及传播规律。

(3) 理解超声波探头的指向性。

(4) 掌握超声波探伤原理和定位方法。

二、实验原理

超声波是一种机械波，指的是频率高于 2×10^4 Hz 的声波。人耳听觉频率范围为 $20 \sim 2 \times 10^4$ Hz。由于超声波的频率下限比人类的听觉频率上限还要高，人类在自然状态下是无法听到或者感受到这种高频率声波的，因此这种高频率声波被命名为"超声波"。超声波频率高，波长短，因而具有很强的穿透力，传播中在相当长的距离内直线传播，方向性和束射性好。这些特殊性能使得超声波在许多方面都具有不可替代的作用，如医学诊断、海洋探查与开发以及材料的无损检测和探伤。本实验通过学习超声波的产生方法、传播规律和测试原理，了解超声波实验仪中超声波在测试方面的应用；通过对试块尺寸的测量和人工反射体的定位，了解超声波在材料无损探伤方面的应用。

1. 超声波的产生及特点

某些固体物质，沿一定方向受压力（或拉力）作用时会产生变形，从而使其内部正、负电荷中心不重合产生电偶极矩而极化；同时，在物体垂直电偶极矩相对的表面上会出现正、负束缚电荷。当撤掉外力时，物体变形消失而回复原来的形状，极化也随之消失，这种现象称为压电效应。与材料的压电效应相反，如果对具有压电效应的材料在其极化方向上施加电场作用，物体内正、负电荷中心在电场作用下会发生偏移，从而使晶体发生变形，这种因施加电场而引起材料结构变形的现象，称为逆压电效应。因此，当交变电压作用于此类具有压电效应和逆压电效应的材料时，材料形变会发生周期性的变化，从而产生机械振动和机械波。压电陶瓷就是一类典型的具有压电效应的电子陶瓷材料，利用压电陶瓷的压电效应可实现电能和机械能的相互转换。

因此，压电陶瓷是产生和检测超声波的常用材料。本实验所使用的探头内超声波换能部分即为压电陶瓷材料。

如图7-1(a) 所示，探头内用作实现电能和机械能转换的压电陶瓷被加工成的薄片，在压电陶瓷薄片两外表面分别镀以金属层作为电极材料，形成一个压电晶片。如果对此压电晶片施加一电压短脉冲，由于此压电陶瓷晶片具有逆压电效应，晶片自身将因受到电压作用而产生弹性变形，进而产生弹性振荡。弹性振荡的频率和压电晶片的声速、电极情况和晶片的厚度等因素有关。其中，压电晶片的厚度对振荡频率的影响最大，选择合适厚度的压电晶片可获得适当的频率范围从而产生超声波。随着压电晶片的振动，振动振幅因能量损耗和减少而逐渐变小，所以振动发出的超声波为脉冲波，如图7-1(b) 所示。超声波经探头，通过耦合剂的作用降低空气与固态试块间的声阻抗差，可透过材料表面在其内部传播。传播过程中，遇到材料内部缺陷等反射体时，超声波与反射体会发生相互作用而散射，散射回波透过固体材料表面被同一探头及压电晶片接收，此时将发生正压电效应，发生弹性振荡的晶片会在晶片的两极产生电压并通过示波器放大显示在示波器屏幕上。

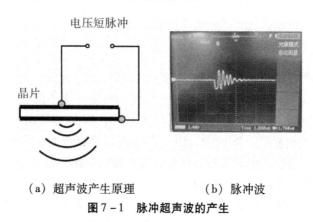

（a）超声波产生原理　　　　　（b）脉冲波

图7-1　脉冲超声波的产生

2. 超声换能器及其种类

实际应用中，把电能与其他不同形式的能量进行转换的装置称为换能器。在本实验中，超声波的产生是利用压电晶片的逆压电效应实现电能和机械能的转换，产生装置称为超声波换能器，即超声波探头。超声波探头可发射和接受高频脉冲超声波。超声波探头的结构通常由外壳、压电晶片、保护膜、匹配电感、吸收背衬等组成。超声弹性振动产生于压电晶片，探头通过保护膜或斜楔向外发射超声波，匹配电感可调整脉冲波波形，吸收背衬用来吸收晶片向背面发射的声波以减少杂波。根据超声探头的结构和适用情况，超声波探头可分为直探头、斜探头、表面波探头和可变角探头等，其结构如图7-2所示。实验中，常用的超声波探头有直探头和斜探头两种。

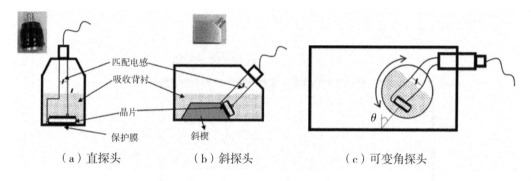

（a）直探头　　　　　　　（b）斜探头　　　　　　（c）可变角探头

图 7 - 2　常用探头的基本结构

（1）直探头。直探头又称为平探头，用以发射和接收超声纵波。直探头结构如图 7 -2(a) 所示，主要由压电晶片、吸收背衬、匹配电感及保护膜等组成。

（2）斜探头。斜探头可产生横波，其结构如图 7 -2(b) 所示。与直探头相比，其结构除压电晶片、吸收背衬、匹配电感及保护膜之外，还内置一有机玻璃材质的斜楔，超声波可通过斜楔倾斜地入射到检测的界面，同时斜楔可使多次反射的超声波不再返回晶片，以免出现杂波。在斜探头中，压电晶片产生纵波，纵波经斜楔实现超声波倾斜入射并折射到被测量工件内部。

（3）可变角探头。可变角探头结构如图 7 -2(c) 所示。探头内探头芯可以旋转，以此来改变探头发射的超声波位向，得到不同折射角的斜探头。当 $\theta = 0$ 时，可变角探头相当于直探头。可变角探头可用于观察超声波传播中波型的转换。

3. 超声探头的指向性

超声波频率高，波长短（毫米数量级），在弹性介质中几乎成束状直线向前传播，具有很好的指向性，也称束射性。

超声探头的指向性与超声波的波长、频率和探头内压电晶片的尺寸有关。一般来讲，频率越高、波长越小，超声波探头发射能量的指向性越好；压电晶片尺寸越大，指向性越好。图 7 -3 为超声波探头的指向性与压电晶片尺寸和超声波波长关系示意，图中 R 为圆形压电晶片的半径，λ 为超声波的波长。

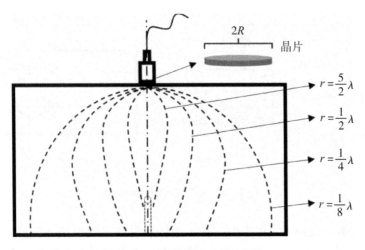

图7-3 超声探头的指向性

声束是超声波在介质中传播时能量所能达到的空间，也称为超声波的声场。声束扩散角的大小是表征超声波指向性的重要指标，可用式(7-1) 表示为：

$$\theta = 2\sin^{-1}(1.22\frac{\lambda}{D}) \qquad\qquad (7-1)$$

式中，θ 为超声探头的声束扩散角，D 为探头内压电晶片的直径。由式(7-1) 可以看出，对于确定的指向性要求的超声探头，采用较高的频率可相应地减小探头尺寸。因为频率越高，波长越小，而波长和压电晶片的直径成正比。

在实际测量中，对于介质同一深度，超声波传播中心轴上能量最大，在此深度定义偏离声束中心轴且振幅降低为中心轴处振幅一半位置处为声束的边界。如图7-4所示，超声波传播中心轴上能量最大，在偏离中线先同一深度位置 A、A' 时，能量减小至中心轴处的一半。声束扩散角 θ 越小，超声探头的指向性就越好，测量中对反射体的定位精准度也越高。

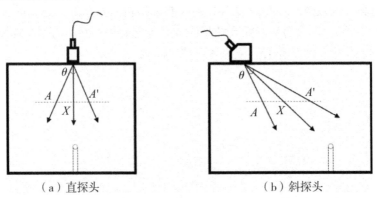

（a）直探头　　　　　　　　　　（b）斜探头

图7-4 超声探头的指向性

需要注意的是，由于超声波存在声束扩散角，只有中心轴上的能量值最大，因此，在实际测量时，须使反射体位于超声探头的中心轴上，此时观测到反射回波最大。此时通过示波器测量出反射回波对应的时间，就可以根据待测试块的声速算出缺陷到探头入射点的相对深度和水平距离。

4. 超声波的传播、波型和波型转换

超声波为机械波，可在任何具有弹性特性的介质中传播。超声波频率高，波长短（毫米数量级），在弹性介质中能像光线一样进行直线传播，并遵循几何光学的传播定律，具有界面反射、折射性和散射等特点。根据超声波传播时介质中质点的振动方向和波的传播方向的位向关系，可将超声波分为不同的波形。在超声波检测中，最常用到的为以下三种：

（1）超声纵波。超声波在介质中传播时，介质中质点的振动方向与波的传播方向一致的波，为超声纵波。纵波可在气体、液体、固体中传播。

（2）超声横波。超声波在介质中传播时，其传播方向与介质中质点的振动方向垂直时，则为横波。根据定义，横波传播时，介质中质点受剪切作用而产生切变形变。因此，横波只能在具有切变弹性的介质中传播，即横波只能在固体中传播。

（3）超声表面波。超声波在介质中传播时，能量主要集中在介质表面或者两种介质的分界面的波称为表面波。在表面波传播过程中，介质质点的振动轨迹为椭圆，椭圆的长轴和短轴分别垂直和平行于超声波的传播方向，因此，表面波是具有纵波和横波的双重性质的波。

实际上，超声波在介质界面发生发射和折射情况时可发生波形转换，纵波可折射和反射为横波，横波也可以折射和反射为纵波，如图 7-5 所示。超声波在介质界面发生反射、折射和波形转换时需满足斯特令定律：

反射：
$$\frac{\sin \alpha}{C} = \frac{\sin \alpha_L}{C_{1L}} = \frac{\sin \alpha_S}{C_{1S}} \tag{7-2}$$

折射：
$$\frac{\sin \alpha}{C} = \frac{\sin \beta_L}{C_{2L}} = \frac{\sin \beta_S}{C_{2S}} \tag{7-3}$$

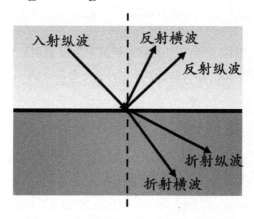

图 7-5　超声波的反射、折射和波型转换

式中，α、C 分别为入射波在有机玻璃斜块或有机玻璃探头芯的入射角和声速；α_L、C_{1L} 分别为反射纵波的反射角和在介质 1 中的纵波声速；α_S、C_{1S} 分别为横波反射角和在第 1 种介质中的横波声速；β_L、C_{2L} 分别为纵波折射角和在第 2 种介质中的纵波声速，β_S、C_{2S} 分别横波折射角和第 2 种介质中的横波声速。

6. 超声声速的测量

（1）直接测量法。可利用人工反射体（界面或缺陷）测超声波声速，如图 7 – 6 所示，t_0 为超声探头的延迟，即超声波在探头内部的传播时间。超声探头的延迟与被测试块无关，只与探头本身相关。超声声速的直接测量即用超声波探头内的延迟时间和探头测量的人工反射体回波时间，结合超声波的传播距离计算声速。

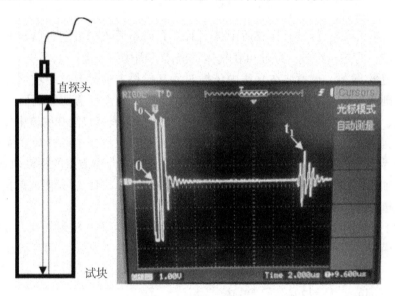

图 7 – 6　超声纵波延迟

（2）相对测量法。超声波在试块内经两次反射，测量两次反射回波的时间差，结合超声波的传播距离，即可计算在试块中的声速。这种测量声速的方法称为间接测量法。

对于直探头，可利用均匀厚度的底面的任意两次反射回波进行测量。

对于斜探头，利用 CSK – IB 试块的两个半径不等的圆弧面的回波进行测量。

三、实验仪器和试块

JDUT – 2 型超声波试验仪、DS1102E 双通示波器（100 MHz）、直探头、斜探头、CSK – IB 试块（详见本章附录）、耦合剂等。

四、实验内容

1. 超声波实验仪的连接

参照图7-7连接超声波实验仪和示波器，实验仪射频输出连接示波器第1通道，触发连接示波器的外触发，示波器采用外触发方式，超声波实验仪输入连接超声探头。

适当设置超声波实验仪衰减器的数值，并调整示波器的电压范围与时间范围使超声波形出现在示波器屏幕中央，准备开始实验。

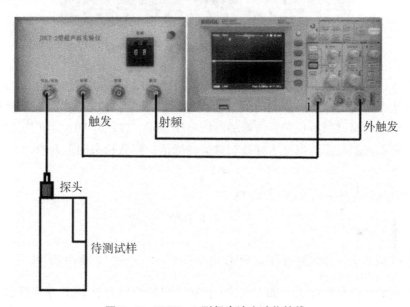

图7-7　JDUT-2型超声波实验仪接线

2. 利用直探头测量脉冲超声纵波频率和波长

利用直探头的回波进行测量。调节示波器的时间位置并选择合适的幅度，使待测铝试块对直探头的1次底面回波显示在示波器屏幕中央。可知，一次回波内两相邻波峰或相邻波谷的时间间隔，即为脉冲波的一个周期。为了实验读数准确，此处要求测量一次回波内四个周期的时间间隔t，则可知超声波的频率$f = 4/t$，此时在待测铝试块中的超声纵波波长$\lambda = c/f$。实验中，利用CSK-IB试块45 mm厚度的1次回波进行多次测量，求平均值。

3. 直探头的延迟和用间接测量方法测量试块纵波声速

如图7-8所示，S为始波，此处t_0为电信号施加于压电晶片的瞬时刻，可视为

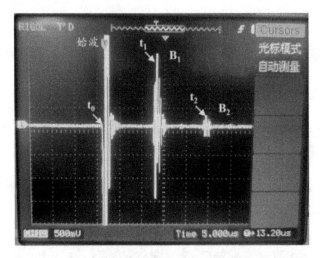

图 7 - 8 直探头延迟和声速的间接测量

发射超声波的初始时刻。B_1、B_2 为试块底面的 1 次和 2 次反射回波，t_1、t_2 为 B_1、B_2 回波在试块内往复传播所需要的时间。依次还可有 3 次、4 次等多次底面反射回波。调整实验仪上的衰减器数值和示波器的时间电压显示，读出 t_1 和 t_2，此处注意，读取不同级次回波时间时要选取两次回波相对应的峰值。则直探头的延迟为：

$$t = 2t_1 - t_2 \qquad\qquad (7 - 4)$$

相对测量法计算试块纵波声速为：

$$C_L = \frac{2L}{t_2 - t_1}(L \text{ 为试块厚度}) \qquad\qquad (7 - 5)$$

4. 斜探头延迟的测量和用间接测量方法测量试块横波声速

超声试验仪连接斜探头。如图 7 - 9 所示，将探头放在试块上方靠近试块前面，对准圆弧面，微调探头位置使探头的斜射声速能够同时入射到 R_1 和 R_2 圆弧面上。调整实验仪上的衰减器数值和示波器的时间电压显示。待在示波器上观测到两圆弧面回

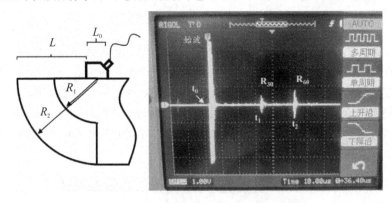

图 7 - 9 斜探头延迟和试块入射点的测量

波都为最大值时，测量记录回波对应时间 t_1 和 t_2。则斜探头的延迟为：

$$t = 2t_1 - t_2 \qquad (7-6)$$

相对测量法测量并计算试块横波声速为：

$$C_S = \frac{2(R_2 - R_1)}{t_2 - t_1} \qquad (7-7)$$

5．斜探头入射点的测量

测量中通常需要知道斜探头的入射点。如图 7-9 所示，斜探头的入射点为斜探头的声束与待测试块表面的交点。实际测量中通常用探头的前沿到入射点的水平距离定位，如图 7-9 所示，L_0 为前沿距离。使斜探头的声束入射到圆弧面 R_2 上，微调探头位置使弧面反射回波最大，此时声束正对圆弧面（穿过弧面圆心）。用直尺测量此时探头的前沿到试块最左端的距离，记为 L，则斜探头的前沿距离为：

$$L_0 = R_2 - L \qquad (7-8)$$

6．斜探头折射角的测量

如图 7-10 所示，分别是斜探头声束正对（回波幅度最大）待测试块上的横孔 A 和 B，用直尺分别测量并记录声束正对横孔 A 和 B 时斜探头前沿到试块右边沿的距离 L_{A_1}、L_{B_1}。测量横孔 A 和 B 的水平距离 L 和垂直距离 H。则斜探头的折射角为：

$$\beta_1 = \tan^{-1}\left(\frac{L_{B_1} - L_{A_1} - L}{H}\right) \qquad (7-9)$$

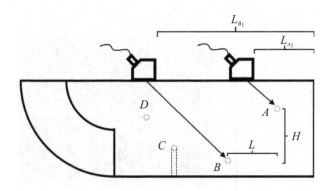

图 7-10　斜探头折射角的测量

7．直探头和斜探头声束扩散角的测量

直探头声速扩散角的测量。如图 7-11 所示，首先使直探头声束正对 B 孔，微调探头位置至反射回波最大，记录此时直探头声束轴线位置 x_0 和示波器上回波的最大幅度。然后分别沿 x_0 左右移动直探头，记录回波幅度分别被降至最大幅度一半时左右两侧的位置 x_1、x_2，按式（7-10）计算直探头的声束扩散角并画出声束图形：

$$\theta = 2\mathrm{tg}^{-1} \frac{|x_2 - x_1|}{2L} \qquad (7-10)$$

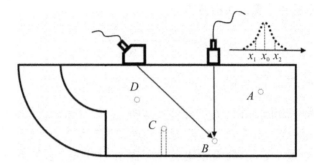

图 7 - 11   超声探头声束扩散角的测量

对于斜探头,首先使探头正对 B 孔并使回波幅度最大,用同样的方法测量并记录斜探头反射回波降至最大幅度一半时左右两侧的位置 x_1、x_2,按式(7 - 11)计算直探头的声束扩散角并画出声束图形:

$$\theta = 2\mathrm{tg}^{-1}\Big[\frac{|x_2 - x_1|}{2L}\cos^2\beta \Big] \qquad (7-11)$$

式中,式(7 - 10)、式(7 - 11)中 L 指所测横孔与试件表面的距离(孔深)。

8. 使用直探头探测缺陷深度

如图 7 - 12 所示,探头的放置和反射回波。B_1、B_2 为待测试件底面的反射回波。

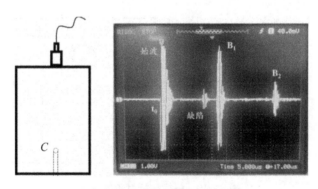

图 7 - 12   直探头探测缺陷深度

由图 7 - 12 可知,缺陷深度可直接测量为:

$$H_C = C_L \frac{t_C - t_0}{2} \qquad (7-12)$$

式中,C_L 为"四、实验内容"中"2. 利用直探头测量脉冲超声纵波频率和波长"中所测量的直探头入射声波在试块中的纵波声速。t_C 为缺陷 C 空的反射回波,t_0 为直探头内的时间延迟。

也可以使用相对测量方法测量缺陷深度，具体方法请参见"四、实验内容"中的"3. 直探头的延迟和用间接测量方法测量试块纵波声速"。

9. 使用斜探头探测待测试块内部缺陷位置

利用斜探头进行缺陷测量时，若能测量出超声波在试块中的传播距离 M（通过测量超声波在试块内的声速和延迟测量 M），并已知斜探头的折射角 β，就可以根据超声波的传播求出缺陷的垂直深度 H 和水平位置 L。也就是说，采用斜探头对试块内缺陷位置的测量，需要测量斜探头的延迟、超声波在试块内的声速、入射点、折射角。对这些参数的测量，除可以按前述步骤依次进行外，通常还可以利用待测试块内的其他两个不同深度的横孔或者同材质的其他试块内的不同横孔来测得。例如，在本实验所采用的待测试块中，存在两个不同深度的横孔 A、B，如图 7 - 13 所示，利用横孔 A、B，可测出所使用的斜探头的延迟、声速、入射点、折射角。A、B 横孔距试块侧边沿距离分别为 L_A、L_B，A、B 两横孔水平距离为 L_{AB}。测量中，为直观显示，假设将 B 孔平移至 A 孔正下方。此处注意，在实际计算横孔间水平距离时需要重新计入 L_{AB}。然后，让斜探头依次正对（回波最大）横孔 A、B，测量此时两回波时间 t_A、t_B，探头前沿到试块侧边沿的水平距离 X_A、X_B，用直尺测量横孔 A、B 的深度 H_A、H_B，则可计算如下：

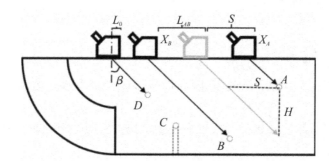

图 7 - 13 斜探头探伤测量

$$S = X_B - X_A - L_{AB} \tag{7 - 13}$$

$$H = H_B - H_A \tag{7 - 14}$$

斜探头的折射角为：

$$\beta = \arctan\left(\frac{S}{H}\right) \tag{7 - 15}$$

试块内超声声速为：

$$C = \frac{2H}{(t_B - t_A)\cos\beta} \tag{7 - 16}$$

探头延迟为：

$$t_0 = t_B - \frac{2H_B}{C \cdot \cos\beta} \qquad (7-17)$$

前沿距离为：

$$L_0 = H_B \cdot \tan\beta - (X_B - L_B) \qquad (7-18)$$

根据测量结果，计算所使用斜探头的延迟、斜探头产生超声波在试块中的声速、斜探头入射点和折射角。之后把斜探头对准待测缺陷 D 孔，找到缺陷的最大反射回波，测量 X_D、t_D，则缺陷 D 的垂直深度和距试块侧边沿的水平距离分别可计算：

$$H_D = \frac{C(t_D - t_0)\cos\beta}{2} \qquad (7-19)$$

$$L_D = X_D + L_0 - H_D \cdot \tan\beta \qquad (7-20)$$

五、注意事项

（1）记录时间时，取脉冲波的极大值或者极小值，要求对应一致，即对应正极大到正极大或负极大到负极大。

（2）在实验过程中，适当调节示波器输入电压幅度，确保示波器屏幕内可以显示出脉冲波的极大值。

（3）在利用斜探头的反射回波进行测量时，必须确认检测到的是最大反射回波，确保反射点在探头中轴线上。

六、思考题

（1）测量斜探头延迟和横波声速的时候，为什么斜探头打在圆弧面上的只有超声横波？

（2）如果将待测试块从铝试块更换为钢试块，对同一斜探头，测量到的延迟和入射点是否一样？为什么？

参考文献

牛原. 大学物理实验[M]. 2 版. 北京：高等教育出版社，2023.

 附录　CSK-IB 铝试块尺寸图和材质参数

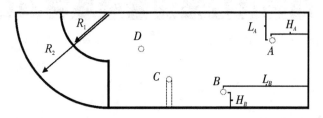

单位：mm；尺寸：$R_1 = 30$ mm，$R_2 = 60$ mm，$L_A = 20$ mm，$H_A = 20$ mm，$L_B = 50$ mm，$H_B = 10$ mm。

材质参数（仅供参考）

纵波声速（铝）	6.27 mm/μs	横波声速	3.20 mm/μs	表面波声速	2.90 mm/μs
杨氏模量	6.94×10^{10} N/m^2	泊松系数	0.33	材质密度	2.7 g/cm^3

实验 8 动态悬挂法测量金属材料杨氏模量

一、实验目的

（1）理解动力学振动法测量材料杨氏模量的基本原理。

（2）熟悉示波器的使用，学会用示波器观察信号和识别共振。

（3）学会用外延法处理实验数据，理解本实验采用外延法的原因。

二、实验原理

材料加工制备或者在工程应用中都会受到外力作用，受力后材料会发生变形：外力较小时发生弹性变形，持续增加外力逐渐发生塑性变形甚至断裂。在这些变形中，弹性变形首先发生，是其他变形的先行阶段；同时，在塑性变形中也会伴随着弹性变形。对于理想的弹性变形，在弹性限度内，材料所受应力与其应变保持线性函数关系，满足胡克定律，即弹性限度内，应力、应变的比值为一确定常量，定义该常数为材料的杨氏模量，表征材料抵抗弹性形变的能力。杨氏模量是材料最具特征的力学性能参数，是材料在实际工程设计和机械设计中极为重要的参考量。因此，测量材料的杨氏模量具有非常重要的意义。杨氏模量的测量方法有很多种，一般可分为静态法和动态法。典型而常用的拉伸法即为静态法测量材料的杨氏模量，但这种静态拉伸法仅适用于材料形变量大、延展性好的情况，而对于脆性材料如玻璃、陶瓷等不适用。动态法适用的材料范围广，可测量脆性材料，适用于不同的温度环境，测量结果稳定，理论同实验吻合度高。这些测量上的优越性使得动态法测量杨氏模量在实际中应用非常广泛，是国家标准指定的一种测量杨氏模量的方法。本实验即采用动态法测量不同金属试样的杨氏模量，具体方法为：将一根截面均匀的棒状试样通过悬线悬挂在两只传感器（一只激振，一只拾振）下面，试样端部不受其他外力，满足自由振动，由此对试样进行激振从而检测出其振动时的固有基频，而后可测得材料的杨氏模量。

在一定条件下，对于由确定材料组成和确定形状的待测试样，其固有频率的大小既与待测试样自身的几何形状、尺寸和质量有关，又与组成试样的材料本身的杨氏模量相关。因此，如果我们通过实验测得某试样在一定温度下的固有频率，就可以通过简单的几何尺寸和质量的测量算得组成试样的材料在此温度下的杨氏模量。由此，基于此方法对材料杨氏模量测量的关键问题在于如何准确地测量试样本身的固有频率。

本实验采用动态悬挂法测量相应振动下待测试样的固有频率，从而算得试样材料的杨氏模量。

在实验中，将如图 8-1 所示的匀质试样通过悬线悬挂在两个传感器下，两个传感器对待测试样分别起激振作用和拾振作用。其中，激振传感器对待测试样施以垂直于棒的力，在此垂直力作用下，待测试样发生弯曲变形并通过弹性恢复产生垂直于棒轴向的振动，振动方向垂直于振动的传播方向。因而在激振器的作用下，待测试样做两端自由的横向振动，根据振动力学基础理论知识，当试样棒长度 $L \gg$ 试棒直径 d 时，其横振动方程为：

$$\frac{\partial^4 y}{\partial^4 x} = \frac{\rho S}{EJ} \cdot \frac{\partial^2 y}{\partial t^2} \tag{8-1}$$

式中，ρ、S、E、J 分别表示试样的材料密度、试样棒的截面积、试样材料的杨氏模量和试样棒某一截面的惯量矩（$J = \int y^2 ds$）。

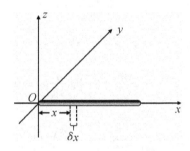

图 8-1　原理公式推导

采用分离变量法求解横振动方程（8-1），令 $y(x,t) = X(x)T(t)$，代入方程（8-1）可得：

$$\frac{1}{X}\frac{\mathrm{d}^4 X}{\mathrm{d}x} = -\frac{\rho S}{EJ}\frac{1}{T}\frac{\mathrm{d}^2 T}{\mathrm{d}t^2} \tag{8-2}$$

式（8-2）两边分别为 x 和 t 的函数，因此，只有等式两边都为常数且相等，等式才成立。假设等式两边常量为 K^4，即：

$$\frac{1}{X}\frac{\mathrm{d}^4 X}{\mathrm{d}x} = -\frac{\rho S}{EJ}\frac{1}{T}\frac{\mathrm{d}^2 T}{\mathrm{d}t^2} = K^4 \tag{8-3}$$

进行简单变形可得：

$$\frac{\mathrm{d}^4 X}{\mathrm{d}x^4} - K^4 X = 0 \tag{8-3}$$

$$\frac{\mathrm{d}^2 T}{\mathrm{d}x^2} - \frac{K^4 EJ}{\rho S}T = 0 \tag{8-4}$$

式（8-3）和式（8-4）均为线性常系数微分方程，对这两个微分方程进行求解，可得它们的通解形式分别为：

$$X(x) = B_1 \mathrm{ch}\, Kx + B_2 \mathrm{sh}\, Kx + B_3 \cos Kx + B_4 \sin Kx$$

$$(T) = A \cos(\omega t + \varphi)$$

则待测试样的横振动方程(8-1)的通解为：

$$y(x,t) = (B_1 \mathrm{ch}\, Kx + B_2 \mathrm{sh}\, Kx + B_3 \cos Kx + B_4 \sin Kx) \times A \cos(\omega t + \varphi)$$

其中，

$$\omega = \left[\frac{K^4 EJ}{\rho S} \right]^{\frac{1}{2}} \qquad (8-5)$$

式(8-5)称为频率公式。此频率公式对于任意形状的截面和不同边界条件的试样都是成立的。只需要用特定的边界条件即可求出常数 K，再代入待测试样截面的惯量矩 J，就可以得到具体条件下的待测试样杨氏模量的计算公式。

实际上，待测试样的振动模式取决于振动的边界条件。对于两端自由的匀质试样，边界条件为待测试样两自由端所受垂直于轴的横向作用力 F 和弯矩 M 均为零，即：

$$F = -\frac{\partial M}{\partial x} = 0 \qquad (8-6)$$

式中，M 为弯矩，表达式为：$M = EJ \dfrac{\mathrm{d}^2 y}{\mathrm{d}x^2}$，代入式(8-6)可得：

$$F = -\frac{\partial M}{\partial x} = -EJ \frac{\partial^3 y}{\mathrm{d}x^3} = 0$$

即：

$$\frac{\mathrm{d}^3 X}{\mathrm{d}x^3} \Big|_{x=0} = 0, \qquad \frac{\mathrm{d}^3 X}{\mathrm{d}x^3} \Big|_{x=1} = 0, \qquad \frac{\mathrm{d}^2 X}{\mathrm{d}x^2} \Big|_{x=0} = 0 \qquad \frac{\mathrm{d}^2 X}{\mathrm{d}x^2} \Big|_{x=1} = 0$$

将前述所求通解代入边界条件，用数值解法可求得本征值 K 和棒长 l 应满足：

$$Kl = 0 \text{、} 4.730 \text{、} 7.853 \text{、} 10.966 \text{、} 14.137 \cdots\cdots$$

$Kl = 0$ 对应于待测试样静止状态，因而将第二个数值 4.730 作为振动状态第一根并记做 $K_1 l$。一般将 $K_1 l = 4.730$ 对应的试样横振动频率称为基频，即为试样的固有频率。此时，$K_2 l = 7.853$ 对应一次谐振，$K_3 l = 10.966$ 对应二次谐振，依此类推。不同级次的振动，试样上将产生相对应的不同形状的振动波形。

将上述试样做基频振动的本征值 $K_1 = \dfrac{4.730}{l}$ 代入频率公式(8-5)，可得到试样自由振动的基频频率（试样棒的固有频率）：

$$\omega = \left[\frac{(4.730^4 EJ) K^4}{\rho l^4 S} \right]^{\frac{1}{2}}$$

进行适当数学变形可得到杨氏模量 E 的表达式：

$$E = 1.9978 \times 10^{-3} \frac{\rho l^4 S}{J} \omega^2 = 7.8870 \times 10^{-2} \frac{l^3 m}{J} f^2$$

本实验所采用是圆柱形棒材，则上式中转动惯量 $J = \int y^2 \mathrm{d}S = S\left(\dfrac{d}{4}\right)^2$，代入可求得圆柱形棒材的杨氏模量：

$$E = 1.6067 \frac{l^3 m}{d^4} f^2 \qquad\qquad (8-7)$$

式中，l 为棒长，d 为圆形棒的截面直径，单位为 m；m 为棒的质量，单位为 kg；f 为试样固有频率，单位为 Hz。所以，如果实验中测定了试样在不同温度时的固有频率 f，即可通过式 $(8-7)$ 计算出试样在对应温度下的杨氏模量 E。在国际单位制中，杨氏模量的单位为 N/m^2。

上述所求试样横振动结论及其不同级次的振动波形已经得到实验证明。当激振源输出频率在一定范围内时，试样为基频振动形式，图 $8-2$ 为试样做最低级次的振动（基频振动）的波形。

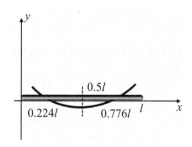

图 8-2　最低级次（基频）振动波形

由图 $8-2$ 可见，试样做基频振动时，存在距离端面分别为 $0.224l$ 和 $0.776l$ 的两个节点。显然，节点处是不振动的，阻尼为零，此时无阻尼自由振动的振动频率就是试样的固有频率，即当支撑点为节点时，测得的共振频率就是试样的固有频率。但是，因为节点处不振动，无法实现激振，故而实验时悬丝不能吊挂在如图 $8-2$ 所示的试样节点处而只能挂在节点附近。在实际测量中，悬丝和悬挂点均会对试样的自由振动产生阻尼，因而，所检测到的共振频率会随着悬挂点位置的不同而变化，且悬挂点偏离节点越远，可检测的信号越强，但共振频率将偏离固有频率越大。所以，要测量振动试样的固有频率（基频频率），需要通过适当的数据处理获得试棒悬挂点为节点处时试棒做无阻尼自由振动的基频频率。

本实验装置中无加热炉，测量室温下待测试棒的杨氏模量。

三、实验仪器

DY-A 型金属动态杨氏模量测定仪、金属动态杨氏模量测试台、待测金属试样、游标卡尺、螺旋测微计、天平、示波器等。

DY-A 型金属动态杨氏模量测定仪的前面板如图 $8-3$ 所示。

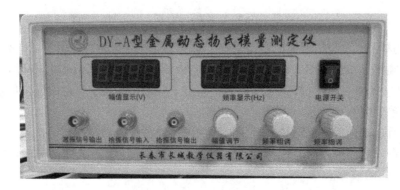

图 8 – 3 DY-A 型金属动态杨氏模量测定仪的前面板示意

前面板中幅值和频率显示均为数字显示：幅值由幅值调节旋钮调节，频率由频率粗调旋钮和频率细调旋钮配合使用。

四、实验装置

本实验装置如图 8 – 4 所示。

图 8 – 4 动态悬挂法测量杨氏模量实验装置

动态杨氏模量测定仪作为信号发生器输出等幅正弦波电信号，信号经放大器放大，通过悬线上方的激振传感器将电信号转变为机械振动，由悬线把机械振动传递给待测试样，待测试样因受到悬线的横向作用力而产生横振动。试样的横振动通过另一端的悬线传递给拾振传感器，拾振传感器将试样横振动转变为周期电信号，经放大器放大后输入示波器。当信号发生器的输出频率不等于此悬挂状态下试样的固有频率时，试样不发生共振，示波器上几乎没有信号波形显示或波形很小；当信号发生器的输出频率接近于试样相应悬挂状态下的固有频率时，试样发生共振，这时，示波器上波形会突然增大，此时信号发生器的输出信号频率为此时的共振频率，也是试样在此悬挂点悬挂时的固有频率。

五、实验内容和步骤

（1）根据式（8-7），首先测量出待测试样的长度 l、直径 d 和质量 m，测量用具分别为游标卡尺、螺旋测微器和电子天平。

（2）估算待测试样的固有频率。已知室温下待测试样不锈钢棒材和铜棒材的杨氏模量标准值分别为 $2 \times 10^{11}\ \mathrm{N/m^2}$ 和 $1.2 \times 10^{11}\ \mathrm{N/m^2}$，根据式（8-7）估算试样的固有频率 f，以便寻找共振点。

（3）根据实验原理图 8-2 横振动波形图，要使试样共振频率为待测试样的固有频率，试样本身须作无阻尼自由振动，要求在操作中，悬挂点须在两个节点位置（距离端面分别为 $0.224l$ 和 $0.776l$ 处）。但实际上，悬挂点在节点处时因节点处 $y=0$ 无法实现试样激发振动。因此，在操作中，实际的吊扎位置要偏离节点。

（4）在偏离节点且距离试样两端面等距离处选择两位置，记录两点位置 x 并作为悬挂点在此两位置处悬挂待测试棒。室温下测量该悬挂位置待测金属棒的共振频率 f；试样共振状态的建立需要有一个过程，且共振峰十分尖锐。因此，在共振点附近调节信号频率时，必须十分缓慢地进行

（5）在节点的两侧分别选择不同位置对待测试棒进行悬挂，之后按照步骤（4）中相同的方法，测出待测金属棒在不同悬挂点悬挂时的共振频率。要求节点两侧待测量悬挂位分别有两个及以上。

（6）以悬挂点 $\dfrac{x}{l}$ 为横坐标，上述步骤（4）和（5）中测得的共振频率 f 为纵坐标作图，可得悬挂点位置和共振频率之间的变化曲线。根据曲线变化规律，采用内插法或外延法处理实验数据，当 x 逼近 $0.224l$ 时即可得到悬挂点在节点处的共振频率，根据前述基本原理，此时的共振频率为试样无阻尼自由振动的基频，亦即试样的固有频率。

（7）将步骤（6）通过数据处理所求的悬挂点在节点处的振动频率作为试样的固有频率代入式（8-7），求出待测试棒的杨氏模量 E。此所求得的杨氏模量是通过实验测量的试样固有频率而得到的，是本实验最终测得的待测试样的杨氏模量。

（8）将实验测得的杨氏模量和步骤（2）中的已知标准杨氏模量相比较，分析和讨论实验误差。

六、注意事项

（1）DY-A 型金属动态杨氏模量测试台中换能器已经过调整封固，不可敲击，用软线悬挂试样棒时要轻拿轻放，不可用力拉扯激振器和拾振器的挂钩。

（2）悬线应尽量水平且悬挂点应与试样棒的两端等距。

（3）开始时应将示波器中的波形振幅调到适当大小，以防共振时振幅增大数倍

而溢出示波器屏幕。

（4）正确辨别材料的共振峰值，辨别假峰。

七、思考题

（1）什么是杨氏模量？杨氏模量的意义是什么？

（2）试讨论，试样的长度 l、直径 d、质量 m、共振频率 f 分别应该采用什么规格的仪器测量？为什么？

参考文献

[1] 陈泉水，郑举功，刘晓东. 材料科学基础实验[M]. 北京：化学工业出版社，2009.

[2] 李琳，马艺函，孙朗，等. 材料科学基础实验[M]. 北京：化学工业出版社，2021.

附 录

（1）前述实验原理公式（8-7）的推导，没有考虑试样在横振动过程中任一截面两侧的剪切作用和试样在横振动过程中的回转作用，因而要求待测试样满足试棒长度远大于试棒直径 d，即 $L \gg d$。实际情况下，精确的测量需要对待测试样可能的径长比做出修正。设 E 为实验中通过计算直接得到的未经修正的杨氏模量，E_0 为修正后的杨氏模量，K 为与待测试样径长比相关的修正系数，则：

$$E_0 = KE$$

K 值见表 8-1。

表 8-1　K 值

径长比 d/l	0.01	0.02	0.03	0.04	0.05	0.06
修正系数 K	1.001	1.002	1.005	1.008	1.014	1.019

另外需要注意，虽然表 8-1 中，径长比越小，误差越小，但若待测试样径长比过小，试样会由于易于变形而引入新的误差，因此，实验中一般控制试样的径长比在 0.03 ~ 0.04。

（2）实验中所采用悬线的材料和悬线直径对于同一待测试样振动频率测量结果有影响。

A. 相同温度下不同悬线材料共振频率测量结果见表 8-2。

表 8-2 相同温度下不同悬线材料共振频率测量结果

悬丝材料	棉线	Φ0.07 铜丝	Φ0.06 镍铬丝
共振频率/Hz	899.0	899.1	899.3

由表 8-2 可见，悬线材料不同，共振频率差别不大；悬线越硬，共振频率越大。

B. 相同温度下悬线材料相同而直径不同，同一试样共振频率测量结果见表 8-3。

表 8-3 相同温度下悬线材料相同而直径不同，同一试样共振频率测量结果

铜丝直径/mm	0.07	0.12	0.24	0.46
共振频率/Hz	899.1	899.1	899.3	899.5

（3）实验结果表明，试样安装时的倾斜度对实验结果无明显影响。

（4）关于真实共振峰的判别。在实际测量中，激振器、拾振器、支架等都有自己的共振频率，导致可能会出现几个共振峰，而实验原理中式(8-7) 只适用于基频共振。因此，准确判断和识别示波器上的信号是否为基频共振信号非常重要。以下三种辨别方法供参考：

A. 根据标准参考值预估法。实验前先用理论公式结合提供的标准值估算出待测试样的固有频率，然后以此频率为参考进行细致测量。

B. 峰宽判别法。真正的共振峰非常尖锐，对共振频率非常敏感；虚假共振峰很宽。

C. 撤耦判别法。用手托起试样，此时真正的共振峰波形会变小或没有；假峰波幅变化不大。

实验9　金属材料硬度测试

一、实验目的

（1）了解不同类型硬度测试方法的基本原理及应用范围。

（2）掌握布氏、洛氏及维氏硬度计的测试原理及操作方法。

（3）学会选择合适的硬度计测量指定材料的硬度。

二、实验原理

  硬度是指材料对压入塑性变形、划痕、磨损或切削等过程的抗力，是材料在一定条件下抵抗硬物压入或刮擦其表面的能力，是评定材料力学性能的重要指标之一。硬度测量是材料力学性能测试中应用最广泛的试验，根据试样的受力方式，可分为刻划法与压入法。刻划法是最古老的硬度测量方法，是用一个固体材料去刮擦另一个固体材料的表面使其产生划痕，用测得的划痕深度来表示所测固体材料的硬度。这种划痕硬度测试法被广泛地应用于矿物学和宝石鉴定。但由于其在高硬度区硬度的等级间隔上不太好设置，所以这种测试法不适用于金属材料。压入法是确定金属材料硬度最常用的测试方法，根据加力速度的不同又可分为静态力硬度测试法和动态力硬度测试法。静态力硬度测试法中试验力的施加是缓慢且无冲击性的，是通过压头在金属材料表面施加一定试验力，进而产生一个永久性的压痕，硬度值由测试过程中所施加的试验力与金属材料表面产生的压痕的状况，即压痕的凹印面积或压痕的深度等来确定。金属材料的硬度测试中通常所采用的布氏硬度、洛氏硬度和维氏硬度等都属于静态压入硬度。而在动态力硬度测试过程中，试验力的施加是动态且具有冲击性的，压头从某一高度落下撞击金属材料表面，利用撞击能量和材料表面产生的压痕的状况来确定动态压入硬度，如肖氏硬度、里氏硬度等都属于动态压入硬度。

  硬度本身不是一个简单的物理常数。在材料的硬度测试过程中，由于压头的介入，材料表面以下不同深处所承受的应力和变形程度是不同的，因此所测得的硬度值可综合地反映压痕附近局部体积内材料的弹性、塑性变形强化率以及抗摩擦性能等一系列不同物理量的综合性能指标。硬度检测在一定条件下能敏感地反映出所测材料在化学成分、组织结构和处理工艺上的差异，并且由于金属材料的硬度与强度之间具有一定的对应关系，因此金属材料的硬度测试具有更广泛的实用意义，在金属材料的性能检验、热处理工艺质量监督及新材料的研制过程中被广泛地加以利用。硬度测试方法很多，但因为每种硬度测试方法的原理不同，所以对同一试样，用不同方法测定的硬度值完全不同，各种硬度值反映的是在各自规定的测试条件下所表现的材料的弹性、塑性及抗摩擦等综合性能。

硬度测试相较于其他机械性能测试有很多优点，如测试过程中不损坏零件，留在试样表面上的痕迹很小，在大多数情况下对其后续使用无影响，可视为无损检验，适合成品检验；具有设备简单，操作迅速、方便，适用范围广等特点；材料的硬度值对于其耐磨性、疲劳强度等性能也有定性的参考价值。因此在我国机械制造业中，硬度检测法常用于最终热处理效应的检查，在工艺管理和生产过程中的质量控制方面也发挥着非常重要的作用。按照试验原理分类，可将常用的硬度试验方法分为布氏、洛氏、维氏、肖氏、努氏、韦氏、巴氏和划痕测试方法等。本实验重点介绍金属材料硬度测试中最常用的布氏、洛氏及维氏硬度测试法。

1. 布氏硬度测试法

（1）基本原理。布氏硬度测试法是 1900 年由瑞典工程师布利奈耳（J. B. Brinell）在研究热处理工艺对轧钢组织的影响时提出的，一般用于测试较软的金属材料。由于测试时在试样表面产生的压痕较大，因而所测得硬度值受试样的组织显微偏析及成分不均匀的影响轻微，可以比较客观地反映出较大范围内试样各组成相综合影响的平均值，常用于铸铁等晶粒粗大且组织不均的金属材料硬度的测定，具有检测结果重复性好、测量精度较高等特点。另外，布氏硬度与材料的抗拉强度之间存在着较好的对应关系。布氏硬度测试的原理是：在直径为 $D(mm)$ 的碳化钨合金球上施加规定的试验力 $F(N)$，将其压入待测试样的表面，保持一定时间后，卸载试验力，待测试样表面会产生直径为 $d(mm)$ 的压痕。其测试原理如图 9 - 1 所示。根据试样表面的压痕直径可通过计算或者查表的方法获得所测试样的布氏硬度值。计算法是以测试过程中所施加的试验力除以压痕的球形表面积 S，所得比值用以表示所测材料的布氏硬度值的大小，单位为 N/mm^2，用符号 HBW 表示。布氏硬度值的计算可由式（9 - 1）进行：

$$HBW = 0.102 \times \frac{F}{S} = \frac{0.204F}{\pi D(D - \sqrt{D^2 - d^2})} \tag{9 - 1}$$

式中，0.102 为试验力单位由千克力（kgf）更换为牛顿（N）后需要乘以的系数，即 $1\ N = 0.101972\ kgf \approx 0.102\ kgf$；$F$ 为试验力（N）；S 为压痕面积（mm^2）；D 为压头直径（mm）；d 为相互垂直方向测得的压痕直径 d_1、d_2 的平均值（mm）。由式（9 - 1）可知，当试验力与压头直径一定时，压痕直径越大，表示压头压入越深，布氏硬度值就越低；反之，则布氏硬度值越高。另外，在测试布氏硬度值时，由于所采用的试验力与压头直径都是定值，一般只要先测得压痕的平均直径 d，再根据 d 值查阅《金属材料 布氏硬度试验 第4部分：硬度值表》（GB/T 231.4—2009）给出的硬度值表即可确定待测材料的布氏硬度值。

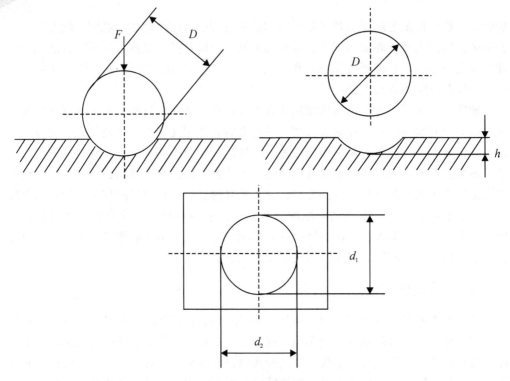

图 9 - 1　布氏硬度试验原理

2）布氏硬度测试参数选择。布氏硬度的测试需根据待测材料的特点选择相应的测试参数。根据国标 GB/T 231. 1—2018 中规定的金属布氏硬度的测试方法，硬度计压头采用碳化钨硬质合金球，布氏硬度符号用 *HBW* 表示。试验时，使压头与试样表面接触，垂直于试样表面施加试验力，从加力开始至全部试验力施加完毕的时间应在 2 ～ 8 s 之内。试验力的保持时间一般为 10 ～ 15 s，对于要求试验力保持时间较长的材料，试验力保持时间的公差为 ±2 s。根据《金属材料布氏硬度试验 第 2 部分：硬度计的检验与校准》（GB/T 231. 2—2022）规定，布氏硬度计可施加的试验力在 1 ～ 3000 kgf 范围内；压头的直径有 1 mm、2. 5 mm、5 mm 和 10 mm 四种。在对材料进行布氏硬度测试时，不能任意选择试验力与压头，而需要按照一定的规则对测试过程中采用的试验力与压头直径进行选择。

由于在测试过程中材料的软硬程度不同，且被测工件有厚有薄，有大有小，若只采用同一标准的试验力和压头直径，就有可能会出现某些材料和工件不适应的情况，比如若待测试样太软或尺寸太小，就可能会出现整个压头陷入其中或试样被压透的情况。因此，在布氏硬度试验中，对于试验力与压头直径的选择，必须遵守一定的规则，以使同一材料在不同试验条件下（不同的试验力与压头）获得一致的结果，保证同一材料布氏硬度值的不变性；同时，对于不同材料也可获得可相互进行比较的硬度值。根据相似原理，如图 9 - 2 所示，在均质材料中，两个具有不同直径（D_1 和 D_2）的压头，分别在不同的试验力（F_1 和 F_2）的作用下压入材料表面，产生不同大小的压痕。只有在压入角 α（即从压头圆心至压痕两端的连线之间的夹角）保持不变的条件下，即当 $d_1/D_1 = d_2/D_2$ 时，所测得的布氏硬度值相同。根据图 9-2，可以得到：

$$d_1 = D_1 \sin\frac{\alpha}{2} \tag{9-2}$$

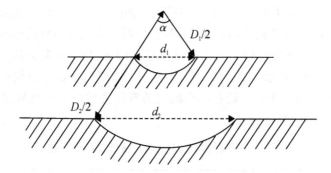

图 9-2 不同直径的钢球压头产生的几何相似的压痕

将式（9-2）代入式（9-1）可得：

$$HBW = 0.102 \times \frac{F_1}{S} = \frac{0.102 \times 2F_1}{\pi D_1\left(D_1 - \sqrt{D_1^2 - D_1^2\sin^2\frac{\alpha}{2}}\right)}$$

$$= \frac{0.102 F_1}{D_1^2}\left[\frac{2}{\pi\left(1 - \sqrt{1 - \sin^2\frac{\alpha}{2}}\right)}\right] \tag{9-3}$$

同理：

$$HBW = \frac{0.102 F_2}{D_2^2}\left[\frac{2}{\pi\left(1 - \sqrt{1 - \sin^2\frac{\alpha}{2}}\right)}\right]$$

因此可得，在布氏硬度测试时，对于同一种材料，只要试验力 F 与压头直径 D 的平方之比 $\left(\frac{F}{D^2}\right)$ 保持为一常数，在其压入角 α 相同的情况下，所测得的布氏硬度值一定相同，即相似性原理。根据大量的实验结果可知，$\frac{F}{D^2}$ 值与压入角 α 之间也存在一定的关系，即：

$$K = \frac{F}{D^2} = A\left(\frac{d}{D}\right)^n = A\sin^n\frac{\alpha}{2} \tag{9-4}$$

式中，A 为与材料有关的常数；n 为常数，一般在 $2 \sim 2.7$ 之间。由此可知，在布氏硬度测试时只要 K 值，即 $\frac{F}{D^2}$ 保持为一常数，对于同一种材料，其压入角 α 也相同，此时所测得的布氏硬度值亦相同；而对于不同的材料，其压入角将不同，所测得的布氏硬度值亦不同，此时可以进行所测布氏硬度值的比较。另外，在测试过程中，如果压入角太小则会导致压痕过小，测量误差增大；若压入角过大，随着压入深度的增加，压痕的变化变小。因此，为了提高测量精度，根据《金属材料布氏硬度试验 第1部分：试验方法》（GB/T 231.1—2018）规定，压痕直径 d 应控制在 $0.24 \sim 0.6D$，与此对应的压入角为 $28° < \alpha < 74°$，最理想的 d 值为 $0.375D$，此时的压入角正好是 $44°$。因此对于不同软硬程度的材料，应选用不同的 K 值，一般的规律是硬的材料 K 值选用高的，软的材料 K 值选用低的。K 值选定后，再根据试样的厚薄、大小选用压头直径和试验力。《金属材料 布氏硬度试验 第1部分：试验方法》（GB/231.1—2018）中规定的 K 值为 30、15、10、5、2.5、1，在进行测试前应根据材料和硬度值进行选择，见表 9 - 1。为了保证在尽可能大的有代表性的试样区域试验，应尽可能地选取大直径 10 mm 的压头。

表 9 - 1 不同材料的试验力与压头球直径平方的比

材料	布氏硬度（HBW）	试验力 - 压头球直径平方的比 $0.102 \dfrac{F}{D^2}/ (\mathrm{N \cdot mm^{-2}})$（K 值）
钢、镍基合金和钛合金	—	30
铸铁	<140	10
	≥140	30
铜及其合金	<35	5
	35 ~ 200	10
	>200	30
轻金属及其合金	<35	2.5
	35 ~ 80	5
		10
		15
	>80	10
		15
铅、锡	—	1
烧结金属	依据 GB/T 9097—2016	

注：对于铸铁，压头直径一般为 2.5 mm、5 mm 和 10 mm。

（3）布氏硬度值的表示方法。布氏硬度值的表示方法是在符号 HBW 之前写硬度值，符号 HBW 之后依次是压头球体直径、试验力及保持时间（10 ~ 15 s 不标注）。如 120 HBW/5/750 表示待测试样在直径为 5 mm 的压头球以 750 kgf（7353 N）试验力的作用下保持 10 ～ 15 s 时，所测得的布氏硬度值为 120；600 *HBW*/1/30/20 表示用直径 1 mm 的压头球在 30 kgf（294. 2 N）试验力下保持 20 s 时，所测得的布氏硬度值为 600。布氏硬度试验硬度范围的上限为 650 *HBW*。

（4）布氏硬度计的测试步骤。

A. 根据试样，估算其硬度，选择合适的 *K* 值，再依次选择合适尺寸的压头和试验力。

B. 将试样平稳、密合地安装在工作台上。

C. 加载试验力并保持一定时间。从加力开始至全部试验力施加完毕的时间应控制在 2 ～ 8 s 之间。

D. 卸载试验力。

E. 取下试样，用随机所带的读数显微镜测量试样表面的压痕直径（在两相互垂直的方向测量压痕直径），在不同位置进行两次测量，取平均值作为压痕直径的测量结果，两次测量的差应不大于其中较小直径的 2%。

F. 将压痕直径代入式(9 - 3) 进行计算，或查 "压痕直径与布氏硬度对照表"，得出所测试样布氏硬度值。

布氏硬度测试中还应注意以下三个问题：

A. 试样应制做成光滑平面，表面无氧化皮或其他污物。试样表面粗糙度 *Ra* 必须保证压痕直径能精确地测量，*Ra* 一般不大于 1. 6 μm。

B. 试样厚度至少为压痕厚度的 8 倍。试验后，若试样边缘及背面呈现变形痕迹，则试验无效，此时须先用直径较小的压头及相应的试验力重新测试。

C. 任一压痕中心距试样边缘距离至少为压痕平均直径的 2. 5 倍。两相邻压痕中心间距离至少为压痕平均直径的 3 倍。

（5）布氏硬度试验法的优缺点。布氏硬度试验的优点是硬度代表性好。由于所采用的压头尺寸较大、试验力较大，所以产生的压痕面积较大，因此测试的硬度值很少受到试样组织显微偏析及成分不均匀的影响，试验数据稳定，精度高且重复性强。此外，由于布氏硬度试验能反映出试样较大范围内的综合性能，因此布氏硬度与材料的其他机械性能较为密切，尤其布氏硬度值与抗拉强度值之间存在较好的对应关系（$\sigma_b = K \cdot HBW$，式中，σ_b 为抗拉强度，*K* 为常数，不同材料有不同数值），可在一定意义上用硬度试验结果表征其他相关的力学性能指标。布氏硬度试验的缺点是压痕较大，不宜测定成品及薄片材料；测试操作时间较长，对不同软硬材料试样要选择和更换压头和试验力，压痕尺寸的测量稍费时。

2. 洛氏硬度测试法

（1）基本原理。洛氏硬度测试法是 1914 年由美国人洛克威尔（S. P. Rockwell 和 H. M. Rockwell）提出的，随后他们在 1919 年和 1921 年对硬度计进行了改进，形成了现代洛式硬度计的雏形。到 1930 年威尔逊（C. H. Wilson）进行了更新设计，洛氏硬度检测方法和设备更趋完善，一直沿用至今。洛氏硬度主要用于金属材料热处理后的产品硬度检验，是三种最常用的硬度检测法之一。与布氏硬度测试不同的是，布氏硬度测试是根据压痕的残余深度来反映所测材料硬度大小的一种测试方法。测试过程中利用压头（顶角为 120 °的金刚石圆锥、钢球或硬质合金球）在试验力的作用下压入材料。通常压入材料的深度越大，材料越软；反之则越硬。其测试原理如图 9 - 3 所示。洛氏硬度测试过程中，首先施加初试验力（F_0），在初试验力作用下压头压入试样表面深度为 h_1（包括初试验力所引起的弹性变形和塑性变形），随即施加主试验力（F_1），在初试验力和主试验力的共同作用下压头压入深度为 h_2；然后再卸去主试验力（保留初试验力），由于试样的弹性变形恢复，此时压头的位置提高了，压头压入深度为 h_3。因此，测试中压头受主试验力作用产生的残余压痕深度为 $h = h_3 - h_1$，h 为主试验力造成的塑性变形深度。很明显，h 值越大，说明试样越软；h 值越小，说明试样越硬。根据此压痕深度可确定被测量金属的软硬程度，通常用一常数减去压痕深度 h 的数值来表示硬度的高低，以符号 HR 表示，其计算公式为：

$$HR = \frac{K - h}{0.002} \tag{9-4}$$

式中，K 为常数，使用金刚石圆锥压头时，$K = 0.2$ mm；使用球压头时，$K = 0.26$ mm。可以看出，压痕深度每增 0.002 mm，HR 降低 1 个单位。因此规定 0.002 mm 为一个洛氏硬度单位。

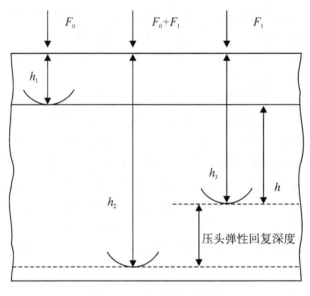

图 9 - 3　洛氏硬度试验原理

（2）洛氏硬度测试参数选择。洛氏硬度实验中常用的压头有两种，一种为圆锥角 $\alpha = 120°$ 的金刚石圆锥体，用来测试硬度较高的金属材料，另一种是球形压头，用于测试硬度较软的金属材料。洛氏硬度计的试验力有 60 kg、100 kg 和 150 kg。一般情况下，为了测量软硬度不同的材料的硬度，洛氏硬度试验机通常采用不同压头和试验力组合进行试验，可得到 *HRA*、*HRB*、*HRC*、*HRD*、*HRE*、*HRF*、*HRG*、*HRH*、*HRK* 等多种不同的洛氏硬度符号。值得注意的是，多种不同的洛氏硬度符号之间没有什么联系，彼此之间不能进行换算。其具体规范见表 9-2。

表 9-2　洛氏硬度计的测试条件及应用范围

洛氏硬度标尺	硬度符号	压头类型	初试验力/(F_0/N)	主试验力/(F_0/N)	总试验力/(F_0/N)	标尺适用范围
A	*HRA*	金刚石圆锥体	98.07	490.3	588.4	20～95
B	*HRBW*	直径 1.5875 mm 的钢球	98.07	882.6	980.7	10～100
C	*HRC*	金刚石圆锥体	98.07	1373	1471	20～70
D	*HRD*	金刚石圆锥体	98.07	882.6	980.7	40～77
E	*HREW*	直径 3.175 mm 的球	98.07	882.6	980.7	70～100
F	*HRFW*	直径 1.5875 mm 的球	98.07	490.3	588.4	60～100
G	*HRGW*	直径 1.5875 mm 的球	98.07	1373	1471	30～94
H	*HRHW*	直径 3.175 mm 的球	98.07	490.3	588.4	80～100
K	*HRKW*	直径 3.175 mm 的球	98.07	1373	1471	40～100

HRA 主要用于测定高硬度或薄硬材料的硬度，如硬质合金、很薄很硬的钢材以及表面硬化层较薄的硬化钢材。

HRB 常用于测定中等硬度的材料，如退火后的中碳和低碳钢、可锻铸铁、有色金属及其合金等。其标尺硬度适用范围为 20～100。当试样硬度小于 20 时，多数情况下金属开始蠕变，试样在检测力作用下变形延续很长时间，此时测量结果不容易准确；当试样硬度大于 100 时，由于钢球压头可能发生变形，以及压入深度太浅，影响测量精度，均可能造成误差，此时可选择 C 标尺进行测定。

HRC 常用于测定经淬火及低温回火后的碳素钢、合金钢、模具钢，也适用于测定冷硬铸铁、珠光体可锻铸铁以及钛合金等。其标尺硬度适用范围为 20～70。当试样硬度低于 20 时，金刚石压头压入试样过深，由于压头几何形状所造成的误差增大，此时测量结果不准确，宜换为 *HRB* 标尺测定；当试样硬度大于 70 时，压头尖端产生的压力过大，金刚石压头容易损坏，一般也不采用 *HRC*，此时宜用试验力较小、压入深度较浅的 *HRA* 标尺。

HRD 是介于 *HRA* 和 *HRC* 之间的一种标尺，适用于压入深度介于 A 和 C 标尺之间的各种材料，如薄的钢材、中等表面硬化的钢以及珠光体可锻铸铁等材料。

HRE 用于测定铸铁、铝合金、镁合金以及轴承合金等。

HRF 用于测定硬度较低的有色金属，如退火后的铜合金、软质的薄合金板等。

HRG 适用于相当于 *HRB* 近于 100 的材料，如可锻铁、铜－镍－锌及铜－镍合

金等。

HRH 用于测定硬度很低的有色金属、轻金属等。

HRK 用于测定轴承合金和其他较软的金属或薄材等。

（3）洛氏硬度值的表示方法。洛氏硬度值的表示方法：*A*、*C* 和 *D* 标尺采用 120°金刚石圆锥体压头，所测材料的洛氏硬度用硬度值、符号 *HR* 和使用的标尺字母表示，如 59 *HRC* 表示用 *C* 标尺测得的洛氏硬度值为 59；*B*、*E*、*F*、*G*、*H* 和 *K* 标尺采用不锈钢球或硬质合金球为压头，所测材料的洛氏硬度用硬度值、符号 *HR*、使用的标尺字母和球压头代表符号（钢球为 S，硬质合金球为 W）表示，如 60 *HRBW* 表示用硬质合金球压头在 *B* 标尺上测得的洛氏硬度值为 60。

（4）洛氏硬度计的测试步骤。

A. 确认设备：设备处于卸载荷状态，即卸荷手柄朝后。

B. 选择标尺：选择好试验力与压头，*HRA*、*HRB*、*HRC* 分别对应 60 kg、100 kg、150 kg。*HRA* 和 *HRC* 用金刚石压头，*HRB* 用钢球压头。

C. 使用检查：检查待测试样表面是否有毛刺，是否平整，工作台是否干净无异物。

D. 开始试验：将试样放在工作台上，缓缓上升手轮，让试样待测表面与压头缓缓接触。观察表盘，使大指针旋转 3 圈，且垂直向上（±5°），小指针指向红点位置，加初试验力（操作过程中若超出范围，不可向后退，应换点重试）。随后向前拉动加荷手柄，开始加主试验力。等指针稳定后，将卸荷手柄推回，卸载主试验力，即完成实验。如需继续测量，将试样在工作台上平移，不可将其提起继续试验。

E. 读取数据：*HRA* 与 *HRC* 读取表盘黑色标尺数据，*HRB* 读取表盘红色标尺数据。

洛氏硬度测试中应注意以下六个问题：

A. 在测试过程中，必须保证待测试样表面与支承台面的平整、洁净，待测试样要平稳地放在工作台上。

B. 待测试样尽可能是平面，不应有氧化皮及其他污物、裂缝等，其表面粗糙度 R_a 大于 0.8 μm。

C. 任一压痕中心距试样边缘的距离至少为压痕直径的 2.5 倍，但不得小于 1 mm；两相邻压痕中心间的距离至少应为压痕直径的 3 倍，但不得小于 2 mm。

D. 对于用金刚石圆锥压头进行的试验，试样或试验层厚度应不小于残余压痕深度的 10 倍；对于用球压头进行的试验，试样或试验层厚度应不小于残余压痕深度的 15 倍。

E. 试验力施加及保持时间规定：使压头与试样表面接触，无冲击和振动地施加初试验力 F_0，初试验力加载时间不应超过 2 s，保持时间范围是 1～4 s；无冲击和振动地施加主试验力 F_1，主试验力的加载时间在 1～8 s 之内；总试验力保持时间为 2～6 s。

F. 测定每一试样的硬度一般不少于 3 点，取其平均值。

（5）洛氏硬度试验法的优缺点。洛氏硬度试验法的优点是，测试方法简单，易操作，测量迅速。由于其使用试验力小，所产生的压痕比布氏硬度检测的压痕小，因此对制件表面没有明显损伤，可在工件表面或较薄的金属上进行。该试验法根据不同的压头与试验力的组合，共计有9个标尺，可以测量较软到较硬的材料，使用范围广。其缺点是：测试的压痕小，对于组织粗大及成分不均匀的试样来说，所测得的数据不够准确；结果在多种洛氏硬度标尺之间，彼此没有什么联系，不能换算。

3. 维氏硬度测试法

（1）基本原理。维氏硬度测试法是1921年由英国科学家史密斯（R. L. Smith）和桑德兰德（G. E. Sandland）合作首先提出的，1925年由英国的维克斯·阿姆斯特朗（Vickers-Armstrongs）公司第一个制造出这种硬度计，因而习惯称为维氏硬度测试法。维氏硬度保留了布氏硬度和洛氏硬度的优点，即可在一个连贯一致的硬度标尺下测量由软到硬的不同材料，所测硬度值可以进行相互比较，且其测量精度在常用的硬度测试方法中最高。根据试验力的范围，又可细分为维氏硬度试验（49～980 N）、小负荷维氏硬度试验（19.61～49.03 N）和显微维氏硬度试验（0.0098～9.8 N）方法。维氏硬度测试与布氏硬度测试原理相同，也是通过测量压痕单位面积所承受的试验力来计算所测材料的硬度值。其试验原理如图9-4所示。在测试过程中，压头（具有正方形基面的金刚石锥体）在一定试验力 F 作用下压入试样表面，保持规定的加载时间后卸除试验力。在试验力的作用下，压头在试样表面会产生一个具有正方形基面并与压头角度相同的正四棱锥压痕，通过显微镜测量压痕的对角线长度，并据此计算出压痕面积 S。维氏硬度是试验力除以压痕面积所得的商，以符号 HV 表示，其计算公式为：

$$HV = \frac{0.102F}{S} = \frac{0.204F\sin(136/2)}{d^2} = 0.1891\frac{F}{d_2} \qquad (9-5)$$

式中，F 为试验力（N）；S 为压痕面积（mm^2）；d 为压痕两对角线长度平均值（mm）。

与布氏硬度测试法相比，维氏法从压头的设计和压头材料的选择上进行了改进。采用具有一定的相对面夹角 α 的正四棱锥金刚石压头。根据式(9-5)，对确定的硬度均匀的材料来说，测试时选择的 F/d^2 是一常数，当试验力 F 改变时，压痕对角线长度的平方 d^2 与之成正比关系，也将随之发生改变。因此，维氏硬度检测对于硬度均匀的材料可以任意选择试验力，压痕面积将随之改变，所测得的硬度值不变。在布氏硬度测试法中，当 d = 0.375D 时，试验力对布氏硬度值影响最小，此时钢球的压入角为44°，钢球压印的外切交角为136°。维氏硬度测试中采用的是一个相对面夹角为136°的金刚石正四棱锥体压头，此时对应的压头压入角也为44°，之所以选择136°，是为了使维氏硬度和布氏硬度具有相近的示值，以便进行比较，如图9-5所示。此时，根据相似性原理，因为压入角相同，在中、低硬度值范围内，布氏硬度测试法和维氏硬度测试法对于硬度均匀的同一材料会得到相等或很相近的硬度值。如当硬度值为400以下时，$HV \approx HB$。这是因为两种检测方法均是以压痕的单位面积上所

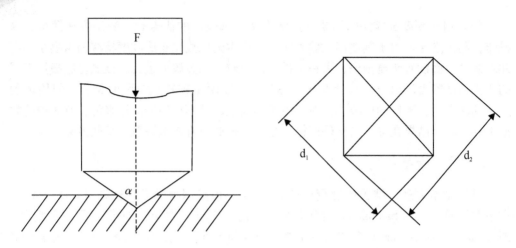

图 9-4   维氏硬度试验原理

承受抗力的大小来反映材料硬度值的高低，在压入角都为44°的条件下，同一材料单位面积上的抗力相等。

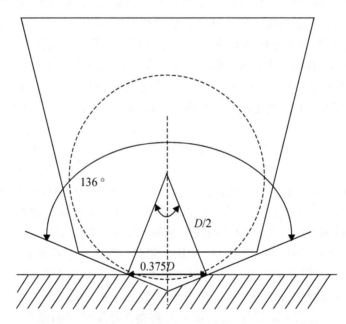

图 9-5   用钢球及金刚石正四棱锥体压头测定硬度时所得两压痕相重合的示意

（2）维氏硬度测试参数选择。维氏硬度测试的试验力为 49 ~ 980 N，一般推荐可选 49 N、98 N、196 N、294 N、490 N、980 N，适用于较大工件和较深表面层的硬度测定；小负荷维氏硬度测试的试验力为 19.61 ~ 49.03 N，其试验力是 1.961 N、2.942 N、4.903 N、9.807 N、19.61 N、29.42 N，适用于较薄工件、工具表面或镀

层的硬度测定等；显微维氏硬度测试的试验力为 0.0098 ~ 9.8 N，一般选择
0.09807 N、0.1471 N、0.1961 N、0.2452 N、0.4903 N、0.9807 N，主要用于金属学
和金相学研究、测定金属组织中各组成相的硬度，以及极小或极薄零件的测试。具体
试验力可根据待测材料的硬度及厚度进行选择。试验力的保持时间一般来说为 10 ~
15 s，对于特殊材料，试验力保持时间可以延长，但误差应在 ±2 s 之内。

（3）维氏硬度值的表示方法。维氏硬度用 *HV* 表示，维氏硬度符号 *HV* 前面的数
值为硬度值，后面依次为试验力和试验力保持时间，如果试验力保持时间在 10 ~
15 s 则无须标注时间，否则还需要在后面标注时间。例如，650 *HV*30 表示在试验力
为 30 kgf（294.2 N）下保持 10 ~15 s 测定材料的维氏硬度值为 650；600 *HV*30/20
表示在试验力 30 kgf（294.2 N）下保持 20 s 测定材料的维氏硬度值为 600。

（4）显微硬度实验原理。显微硬度实验原理与维氏硬度相同，不同之处在于，
显微硬度采用的试验力很小，一般在 0.098 ~ 1.961 N 之间，由此所得的压痕对角线
也只有几微米至几十微米。

显微硬度测试用的压头有两种，一种是和维氏硬度压头一样的相对面之间的夹角
为 136 °的金刚石正四棱锥压头，这种显微硬度称为显微维氏硬度。其计算公式为：

$$HV = 189100 \times \frac{F}{d^2} \qquad (9-6)$$

式中，*F* 为试验力(N)；压痕对角线平均长度 *d* 以 μm 为单位，硬度值用 *HV* 表示。
显微维氏硬度也可通过试验力和压痕对角线长度经查表获得。

另外一种压头是努氏金刚石菱形压头，它的压痕长对角线与短对角线的长度之比
为 7.11，如图 9-6 所示，这种显微硬度称为显微努氏硬度，用符号 *HK* 表示。由于
努氏压头的几何特性，在试验力较小时测出的压痕很浅且窄，深度约为长对角线长度
d 的 1/30，因此适用于薄的涂层、表面硬化层、金属薄片及薄层组织中第二相硬度的
测试。努氏硬度测试除压头与维氏硬度测试不同之外，其硬度值计算亦不同于维氏硬
度的用试验力除以压痕面积的商，而是由试验力除以压痕投影面积的商。其计算公
式为：

$$HK = \frac{0.102F}{S} = \frac{0.102F}{0.07025d^2} = 1.451 \times \frac{F}{d^2} \qquad (9-7)$$

式中，*F* 为试验力(N)；*S* 为压痕投影面积(mm²)；*d* 为压痕长对角线长度(mm)。显
微努氏硬度测试中测得长对角线长度 *d* 值后，亦可通过查维氏硬度表直接获得硬
度值。

显微硬度在测试过程中，由于试验力小，产生的压痕极小，对试件几乎无损坏，
所以可以测量微小件、极薄件或显微组织的硬度，以及具有极硬硬化层零件的表面硬
度，广泛用于扩散层组织、偏析相、硬化层及脆硬材料等方面的研究，不仅可作为检
验产品质量、确定加工工艺的重要手段，同时是金相分析和材料研究的有力工具。

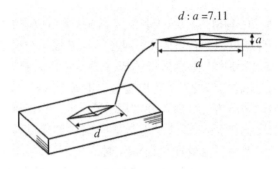

$d : a = 7.11$

图 9-6 努氏金刚石菱形压头

(5) 维氏硬度计的测试步骤。

A. 插上电源，打开电源开关。

B. 调整物镜位置。

C. 在 20×物镜位置，将试件放在工作台上，聚焦找到焦面。

D. 按启动键，压头不论在何位置都将转到正前方并开始测试，此时不要做任何动作，等待测试完成。

E. 加卸试验力完成后转塔会自动转到设置的物镜位置，此时可在目镜中进行对角线测量，随即可得出硬度值；卸载完毕后，被选择的物镜将自动转至正前方（若需要切换另一倍数的物镜，可按动转塔按钮将其转至正前方）。

F. 测量压痕对角线的方法如下：测量压痕对角线时，先转动测微目镜的左鼓轮，这时两刻线同时移动，先对准左边压痕的顶点，然后转动右鼓轮，使另一条刻线对准右边的顶点。在平面上压痕两对角线长度之差应不超过对角线平均值的 5%，如果超过 5%，必须在试验报告中注明。

维氏硬度测试中还应注意以下五个问题：

A. 试样表面应平坦光滑，无氧化皮及外来污物；试样表面的质量应能保证压痕对角线长度的精确测量，建议试样表面进行抛光处理。

B. 对于维氏硬度测量，测试面表面粗糙度 $Ra \not> 0.4$ μm；对于小负荷维氏硬度测量，测试面表面粗糙度 $Ra \not> 0.2$ μm；对于显微维氏硬度测量，测试面表面粗糙度 $Ra \not> 0.1$ μm。

C. 试样或试验层厚度至少应为压痕对角线长度的 1.5 倍，试验后试样背面不应出现变形痕迹。

D. 对于任一压痕中心到试样边缘的距离，钢、铜及铜合金至少应为压痕对角线长度的 2.5 倍；轻金属、铅、锡及其合金至少应为压痕对角线长度的 3 倍。对于两压痕中心之间的距离，钢、铜及铜合金至少应为压痕对角线长度的 3 倍，轻金属、铅、锡及其合金至少应为压痕对角线长度的 6 倍。如果相邻压痕大小不同，则应以较大压痕确定压痕间距。

E. 显微维氏硬度测试时，待测试样在测试前需进行抛光、腐蚀制备成金相显微试样，以便测量显微组织中各相的硬度。待测试样在磨制与抛光时不能产生较厚的金属扰乱层和表面变形硬化层。

（6）维氏硬度试验法的优缺点。维氏硬度测试法最大的优点是其硬度值与试验力大小无关，只要是硬度均匀的材料，可以任意选择试验力，其硬度值不变。这就相当于在一个很宽广的硬度范围内具有一个统一的标尺，可以测量目前工业上所用到的几乎全部金属材料。维氏硬度测试具有较高的精度。但是这种方法效率较低，必须采用先进的测量技术，实现自动测量，以提高其工作效率及精确度。

三、仪器用具和试样

布氏、洛氏、维氏硬度计，硬度标准块若干，20 钢、45 钢、T8 钢的退火、正火、淬火及回火态试样，黄铜等。

四、实验内容

（1）通过教师讲解，了解各类硬度计的构造、测试原理及正确的操作方法。
（2）对各种待测试样进行表面清洁，以满足测试条件。
（3）确定各种待测试样所适合的硬度计，确定测试条件。
（4）使用标准硬度块检验硬度计。
（5）选用适当的硬度计，测量各种待测试样的硬度。

五、思考题

（1）简述布氏、洛氏、维氏硬度计的测试原理。
（2）简述布氏、洛氏、维氏硬度计的优缺点、适用范围及测量注意事项。

> 本实验依据的国家标准：
> （1）《金属材料 布氏硬度试验 第 1 部分：试验方法》（GB/T 231.1—2018）。
> （2）《金属材料 洛氏硬度试验 第 1 部分：试验方法》（GB/T 230.1—2018）。
> （3）《金属材料 维氏硬度试验 第 1 部分：试验方法》（GB/T 4340.1—2009）。

参考文献

[1] 韩德伟，金属硬度检测技术手册[M]，长沙，中南大学出版社，2006.
[2] 赵玉珍. 材料科学基础精选实验教程[M]. 北京：清华大学出版社，2020.
[3] 杨辉其. 新编金属硬度试验[M]. 北京：中国计量出版社，2005.
[4] 刘胜新. 金属材料力学性能手册[M]. 北京：机械工业出版社，2018.

［5］戴维·泰伯. 金属的硬度［M］. 许强，申永刚，译. 北京：化学工业出版社，2021.

［6］李久林. 金属硬度试验方法国家标准（HB、HV、HR、HL、HK、HS）实施指南［M］. 北京：中国标准出版社，2004.

实验 10　金属材料拉伸实验

一、实验目的

（1）了解电子万能试验机的基本结构、工作原理及使用方法。

（2）观察拉伸时所表现的各种现象。

（3）观察低碳钢和铸铁的断口特征，辨别两种材料的力学特征。

（4）通过低碳钢和铸铁的应力 – 应变曲线，评价两者的力学性能，掌握金属材料屈服强度、抗拉强度、断裂伸长率和断面收缩率的测定方法。

二、实验原理

机械零件或者工程结构在使用过程中都会受到各种形式的外力作用。材料的力学性能是指材料能够抵抗各种外加载荷的能力，是衡量材料性能非常重要的一个方面，对材料的力学性能指标的测量在使用材料前必不可少。其中，材料在静态载荷下的拉伸、压缩实验是材料力学性能测量实验中最基本和重要的实验。采用静拉伸实验可得到材料的应力 – 应变曲线并依此确定许多重要的力学性能指标，如屈服强度、抗拉强度、弹性模量、泊松比、延伸率、断面收缩率等，这些指标都是工程设计选定材料的主要依据。本实验是在室温下分别对低碳钢和铸铁进行拉伸，由此获得评价两类材料基本力学性能的重要指标。

拉伸实验是测量材料力学性能指标的非常重要的基础实验。该实验测量性能指标全面，能够清楚地反映出材料受力后所发生的弹性阶段、屈服阶段、强化阶段与断裂阶段的基本特征。静拉伸实验是一个操作较为简单的破坏性实验，实验通过夹持不同材料的试样两端并沿轴向进行拉伸，直至试样断裂。

实验依据国家标准《金属材料拉伸试验 第 1 部分：室温试验方法》（GB/T 228.1—2010）对确定形状的不同试样进行室温轴向拉伸；同时，万能试验机记录拉伸过程中试样的力 – 位移曲线并绘制为材料的应力 – 应变曲线。

1. 低碳钢拉伸的应力 – 应变曲线及特征参数

（1）低碳钢的应力 – 应变曲线。低碳钢是塑性材料的典型代表性材料。对于低碳钢试样，在拉伸过程中，可以观察到试样经历四个典型的变形阶段：弹性变形阶段、屈服阶段、均匀塑性变形阶段（强化阶段）、局部塑性变形阶段（颈缩阶段），伴随着应力-应变曲线上存在不同的特征点，如图 10-1 所示。

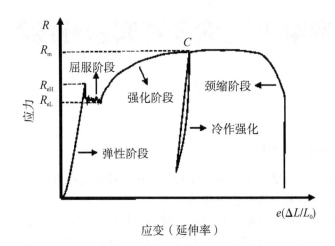

图 10-1　低碳钢的拉伸曲线（$R\text{-}e$ 曲线）

　　A. 弹性变形阶段。弹性变形阶段是指试样在此阶段发生的是弹性变形，即在此阶段内卸载试样载荷，试样可恢复到变形前的状态。此阶段内应力-应变曲线应为一条直线，应力 R 与应变（延伸率 e）成正比，符合胡克定律。

　　B. 屈服阶段。当试样承受的载荷从弹性极限处继续增加，试样除发生弹性变形外，将开始产生塑性变形。此阶段的应力-应变曲线呈水平锯齿形状。当测试样呈现明显的屈服现象时，可区分上屈服强度 R_{eH} 和下屈服强度 R_{eL}。根据《金属材料拉伸试验 第 1 部分：室温试验方法》（GB/T 228.1—2010）的规定，R_{eH} 为试样发生屈服时应力首次下降前的最大应力，R_{eL} 为在屈服期间不计初始瞬时效应时的最小应力。在整个屈服平台或水平锯齿波动阶段，试样承受载荷不变或者变化很小，试样的应变却不断增大。因此，这个阶段叫作屈服阶段。此阶段去除外力后，试样部分变形不可恢复，发生明显的塑性变形。

　　C. 强化阶段。试样经历屈服阶段发生了塑性变形，其内部结构调整而抵抗变形的能力增强，需要增加载荷才能使试样继续变形，导致发生明显的加工硬化，即此阶段变形和硬化交替进行。强化阶段内的塑性变形是均匀的，因而此阶段为均匀塑性变形阶段。强化阶段内最高点所对应的应力 R_m 称为材料的抗拉强度，R_m 是试样在拉伸过程中的最大载荷。

　　值得一提的是，对低碳钢进行冷加工具有冷加工硬化的特性。如果在室温下，或者材料在结晶温度以下，对试样进行塑性变形，使应力-应变曲线到达强化阶段的某一点 C 处，之后进行卸载再加载操作，则卸载时的曲线为一与弹性阶段基本平行的直线，说明卸载后之前拉伸产生的弹性变形消失，塑性变形不可恢复，继续存在。之后再进行加载，应力-应变曲线会再次上升到 C 点，而后的曲线与未经卸载的应

力 – 应变曲线重合。这种不经任何热处理，在常温或结晶温度以下对材料进行冷拉伸，使其具备塑性变形达到强化阶段后进行卸载再加载的做法，可提高材料的弹性极限和屈服极限，但降低了塑性，因而称作冷作硬化。冷作硬化因降低材料的塑性而使材料变脆，易于产生裂纹，工程中可通过退火进行消除。

试样被拉伸达到最大载荷以前，在其标距内变形是均匀的，到达最大载荷时产生局部变形不均而伸长，局部细颈出现，开始发生颈缩现象。

D. 颈缩阶段。经过了最大应力 R_m 后，试样开始局部不均匀变形，明显不均匀快速缩小而呈现缩颈现象；同时，试样所受应力也迅速减小，应力 – 应变曲线急剧下降直至试样断裂。

试样拉断后，弹性变形（延伸）消失，塑性变形（延伸）保留。

（2）铸铁的应力 – 应变曲线。铸铁是典型的脆性材料，铸铁的拉伸变形无屈服现象和颈缩现象，进行非常小的塑性变形后，在较小的应力作用下就可被拉断，且是突然断裂。拉断后铸铁的延伸率通常很小，约为 0.5%。如图 10 – 2 所示为铸铁典型的应力 – 应变曲线，可见，铸铁的应力 – 应变曲线没有明显的直线部分。铸铁拉断前承受的最大应力值为其被拉伸的强度极限，定义为铸铁的抗拉强度。

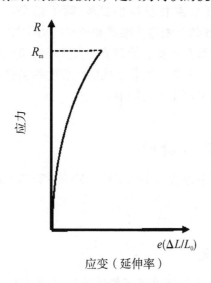

图 10 – 2　铸铁的拉伸曲线

2. 相关概念的定义及计算公式

弹性模量 E：指在应力 – 应变曲线上，应力低于弹性极限的范围内，应力与应变的比值，表达式为：

$$E = \frac{\sigma}{\varepsilon} \tag{10 – 1}$$

式中，σ 为应力，ε 为应变。

上屈服强度 R_{eH}：试样发生屈服时应力下降时达到的最大值。

下屈服强度 R_{eL}：试样屈服期间屈服平台上不计初始屈服瞬时效应的最低应力点。

抗拉强度 R_m：试样颈缩前所达到的最大应力值。

原始标距 L_0：试样初始状态，夹头内用于测试的等截面积的试样部分的长度。

断后标距 L_u：试样被拉断后，将试样断口处紧密对接，初始标线内的总长度。

断后延伸率 δ：试样被拉断后，试样原始标线之间的伸长量和原始标距之比，

$$\delta = \frac{L_u - L_0}{L_0} \times 100\% \tag{10 - 2}$$

断面收缩率 ψ：指试样被拉断后，断口处横截面积的最大缩小量与原始标距内截面积之比，

$$\psi = \frac{S_0 - S_u}{S_0} \times 100\% \tag{10 - 3}$$

3. 影响因素

实验依据国家标准《金属材料拉伸试验 第 1 部分：室温试验方法》（GB/T 228.1—2010）规定的标准状态测定低碳钢和铸铁的力学性能。其中，标准状态包括待测标准试样的制备、实验具体状态的调节、实验环境和实验条件等，这些是否符合标准状态会影响实验结果。另外，对仪器的熟练程度和实验过程中对仪器操作的熟练程度，也会对实验测量结果产生不同影响。

三、实验仪器和材料

电子万能试验机、控制微机、游标卡尺、YYU – 25/50 电子引伸计、低碳钢标准试样、铸铁标准试样。

四、实验装置

（1）室温拉伸实验通常使用电子万能试验机对试样进行冷拉伸。电子万能试验机装置如图 10 – 3 所示。

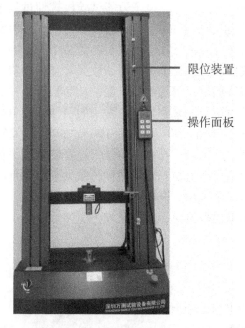

图 10 - 3　ETM104B 微机控制电子万能试验机装置

另外，电子万能试验机除可对本实验试样进行拉伸操作之外，还可以对试样和材料进行压缩实验、弯曲实验等。

（2）拉伸模具结构如图 10 - 4 所示。

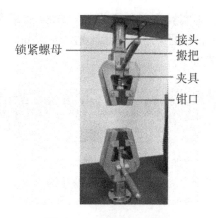

图 10 - 4　拉伸模具结构

（3）电子引伸计（型号：YYU - 25/50）如图 10 - 5 所示。

本实验测量应力 - 应变曲线时，若没有使用专用的变形测量设备，由电子万能试验机绘制出来的应力 - 应变曲线，其中代表试样伸长量的应变量实际上为试验横梁的实际位移。显然，该位移不仅包括了试样标距内的实际伸长量，还包含了试样标距外

的实际伸长量以及试样夹头的变形，电子万能试验机拉伸过程中承受载荷的相关部件本身的变形，以及试样夹头部分在拉伸模具的钳口内可能的因滑动引起的位移。因此，实验中采用电子引伸计来消除以上因素对测量结果的影响。电子引伸计是用来测量两点间线变形量的仪器。引伸计由传感器、放大器和记录器三部分构成。其中，传感器通过力臂及刀口与待测试样测量部分接触，从而测得试样实际变形量，并将测得的变形经放大器放大后由记录器采集数据。常用的引伸计有 100 mm 标距 25 mm 变形量、50 mm 标距 25 mm 变形量、50 mm 标距 10 mm 变形量、25 mm 标距 5 mm 变形量等多种规格。实验过程中，为防止损坏引伸计，选择使用的引伸计的最大变形量要大于待测试样标距内的伸长量。为防止试样的伸长量大于引伸计的最大变形量，在进行拉伸任务设置时，在程序中应注意设置由引伸计控制到位移控制的切换点的数值，当变形量达到设置的切换点的数值时，应及时取下引伸计。

图 10 - 5 电子引伸计结构

（4）实验待测试样。本实验测量低碳钢标准试样和铸铁标准试样。待测试样为圆形截面的标准棒形试样。如图 10 - 6 所示，对于标准试样，原始标距 $L_0 = 10d_0$，式中 d_0 为标距内平均截面直径。

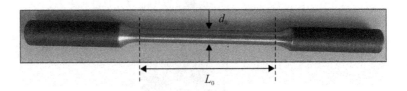

图 10 - 6 拉伸试样示意

五、实验内容和步骤

（1）在装夹试样前，标记待测试样的原始标距 L_0。选取待测试样夹头内部变形部分偏中间位置，在此处不同位置处选择 3 ~ 5 个截面，用游标卡尺在每个截面相互垂直的两个方向上分别测量一次该截面的直径，对所测量的所有截面直径求平均值，即可视为待测试样拉伸之前的直径，记为 d_0。之后以待测试样夹头中间变形部分的中点为中心，左右各选取 $5d_0$ 共 $10d_0$ 的长度，在端点处做标记，标记内即为待测试样的原始标距 L_0。

（2）检查并确认电子万能试验机和计算机已连接。之后打开万能电子试验机，旋转红色急停旋钮使其弹起，这样操作的目的是，如果实验中有突发情况，可以立刻按下此急停按钮强行终止实验。之后在计算机上找到"TestPilot_ E10C"图标并打开此操作软件。

（3）安装拉伸模具。

（4）装夹试样。先用上边的拉伸模具夹持住试样上端，旋紧加固螺环，然后按键调节横梁位置，待拉伸模具上下端间距约为试样长度时，打开下模具夹口，夹持住试样下端，旋转加固螺环（过程中注意同时观察试样）。

（5）装夹电子引伸计（低碳钢拉伸）。首先，通过万能试验机上的引伸计接口将电子引伸计连接在试验机上。然后，将电子引伸计夹在试样上。先将标距杆垫片放置在标距杆和力臂交叉位置并在两者之间垫好，引伸计卡在标距位置靠中部，确保引伸计两端口与试样轴向垂直，轻轻并松紧适当地套上橡皮筋。

（6）编辑试验方案并进行测量。在导航栏中选择"试验部分"，点击"编辑试验方案"进行试验方法设置，选择"实验方案名"，如"金属材料室温拉伸试验（棒材）"。

A. 低碳钢。试验过程中软件记录 $F-\Delta L$ 曲线，其中，ΔL 为横梁位移。我们运用引伸计来测量试样标距长度 L_e（50 mm）范围内的变形，并得出应力－延伸率（R-e）曲线图。为保护引伸计，在引伸计跟踪试样伸长量为 8 mm 时取下引伸计。

a. "基本参数"：试验方向选"拉向"；变形传感器选"引伸计"，切换点选"8 mm"；试样形状选"棒材"；入口力选"20 N"；预加载速度选"2 mm/min"；去除点数选"5 Points"；试验结束条件：定力（勾选）"10000 N"。

b. "控制方式"：为了观察冷作硬化现象，将加载过程分为三步，选择程序控制。设置三个阶段：首先以 2 mm/min 的速度拉伸试样，直至试样经过屈服阶段，"位移控制，终止值：8 mm"；然后以 2 mm/min 的速度卸载，直至试样所受载荷降到约 2 kN，选"力控制，终止值：2000 N"；最后以 2 mm/min 的速度拉伸试样直至断裂，选"力控制，终止值：10000 N"。这里设置断裂终止条件与"基本设置"中的"试验结束条件"同时有效，任意一个条件先被触发，试验即终止。

设置完成后点击"保存"，返回软件主页面，点击"查看实验参数"检查并确认，准备开始实验。

B. 铸铁。铸铁的拉伸过程相对较快，为安全起见这里不使用引伸计，试验过程中软件记录 $F-\Delta L$ 曲线，其中 ΔL 为横梁位移。

a. "基本参数"：试验方向选"拉向"；变形传感器选"位移"；试样形状选"棒材"；入口力选"30 N"；预加载速度选"2 mm/min"；去除点数选"5 Points"；试验结束条件：定力（勾选）"10000 N"。

b. "控制方式"：以 2 mm/min 的速度拉伸试样直至断裂，点"力控，终止值：10000 N"。这里设置断裂终止条件与"基本设置"中的"试验结束条件"同时有效，任意一个条件先被触发，试验即终止。

设置完成后点击"保存"，返回软件主页面，点击"查看实验参数"检查并确认，准备开始实验。

（7）进行测试。试样装夹和实验方案设置完毕，准备开始实验，此时将力通道、位移通道、变形通道均清零。之后点击"运行"，试验开始。拉伸过程中随时注意观察试样的形状变化和拉伸曲线的变化情况。做低碳钢拉伸试验时，当拉伸曲线出现屈服平台时，观察试样表面可能出现的 45°滑移线；过了屈服阶段后，观察冷作硬化现象；当载荷到达最大值时，曲线开始回落下降，注意试样形状变化，此时可看到颈缩现象。注意，低碳钢试验时要根据电脑提示及时取下引伸计。

实验结束后在界面的右边蓝色衬底部分输入测量的试样尺寸，允许修改并应用。

（8）测量断后试样尺寸。点击"预览"生成测试结果报告并保存。取下试样，将低碳钢试样的两半接在一起，使其尽量紧贴，用游标卡尺测取断后标距 L_u；颈缩段最小截面处互相垂直的两个方向各测量一次直径，取其平均值作为试样断口处的最小直径 d_u。如果试样断裂是在标距之外，则此次测量试验作废。

（9）保存数据，作图并分析待测试样各力学性能参数指标。

（10）按照步骤"（6）B.铸铁"的实验方案编辑方案，测绘铸铁的拉伸曲线。

（11）根据测量的低碳钢和铸铁的拉伸曲线，分析和判断两类金属材料的力学性能指标参数。

 六、注意事项

（1）装夹试样后，检查夹具并确认试样夹好，可正常拉伸。

（2）装夹引伸计时，手拿引伸计要注意对引伸计力臂不要用力捏太紧，避免两臂本身产生弹性变形而使标距不准确。

（3）注意保护引伸计，不摔、撞引伸计。引伸计刀口不因大力而变形；标距杆两端的螺钉不可拿掉，以免使得引伸计两臂张开过大而导致应变片和弹簧片永远变形，损坏引伸计。

（4）电子引伸计的刀口不可划伤试样，否则对力学性能影响较大，会导致数据测量不准确。

 七、思考题

（1）比较低碳钢和铸铁的拉伸曲线，讨论其差异。

（2）低碳钢在拉伸过程中可分为几个阶段？各阶段有何特征？

（3）何谓"冷作硬化"现象？此现象在工程中如何运用？

参考文献

［1］葛利玲. 材料科学与工程基础实验教程［M］. 2 版. 北京：机械工业出版社，2020.

［2］李琳，马艺函，孙朗，等. 材料科学基础实验［M］. 北京：化学工业出版社，2021.

附 录

仪器主要技术参数

（1）激光光源：He－Ne 激光器（功率约为 1 mW，波长为 632.8 nm）。

（2）温控仪适宜的升温范围：室温 －60 ℃，测温最小分辨率为 0.1 ℃。

（3）试件品种：硬铝（20 ℃ 起测）、黄铜（H62）（25 ～ 300 ℃）、钢（20 ℃起测）。

（4）试件尺寸：$L = 150$ mm，$\varphi = 18$ mm。

（5）线膨胀装置系统误差 ＜3 %。

实验 11　金属的塑性变形与再结晶组织观察及性能分析

一、实验目的

（1）观察并了解金属经塑性变形后的内部组织结构。

（2）理解并掌握塑性变形对金属材料性能的影响规律。

（3）理解并掌握变形度及再结晶退火温度等因素对再结晶晶粒大小的影响。

二、实验原理

金属材料在加工制备过程中或作为工件在工作运行过程中都会受到外力的作用。一般来说，材料在受到外力时总是率先发生弹性变形；若所受外力较大，超过其弹性极限，将发生塑性变形，即产生不可逆的永久变形；若外力继续增大，超过一定极限，就会发生断裂。金属材料的加工以其再结晶温度（材料发生再结晶的最低温度）为分界线分为冷加工和热加工两种方式。所谓冷加工是指金属材料处于其再结晶温度以下进行的机械加工，如冷拉、冷拔、冲压、冷轧等变形方式。在这个过程中，被加工金属材料除了外形和尺寸发生变化外，其内部的组织结构和各项性能也将发生相应的变化。同时材料内部的空位、位错等结构缺陷密度显著增加，畸变能升高，从而使受力变形后的金属材料处于热力学不稳定的高自由能状态，具有自发恢复到变形前低自由能状态的趋势。若将其重新进行加热，金属材料将发生回复、再结晶和晶粒长大等过程，其内部的组织结构和各项性能也将随之发生变化。因此，在金属材料的实际应用过程中，了解并掌握这些过程的发生及发展规律，对于改善和控制其组织和性能具有重要的意义。

1. 塑性变形的基本方式

塑性变形的基本方式主要有滑移和孪生两种。

所谓滑移即指在切应力作用下，晶体的一部分沿一定的晶面和晶向相对于另外一部分产生滑动。所沿的晶面和晶向称为滑移面和滑移方向。滑移面和滑移方向通常是指晶体结构中原子排列的最密排面和最密排方向，它们共同组成晶体的滑移系。滑移系数量多的材料易发生滑移，如纯铁和铜等。为了观察滑移现象，将金属抛光腐蚀后进行适当的拉伸，使其产生一定的塑性形变。随后将其放置在显微镜下，可以在其表面观察到一些细线，通常被称作滑移带。用电子显微镜做高倍观察分析时发现，此时所观察到的滑移带并不是简单的一条线，而是由一系列相互平行的更细的线所组成的，称为滑移线。滑移只是集中发生在一些晶面，滑移带或滑移线之间的晶体片层未发生变形，仅彼此之间做了相对位移，如图 11 - 1 （a）所示。在同一晶粒内，滑移带互相平行且方向相同。

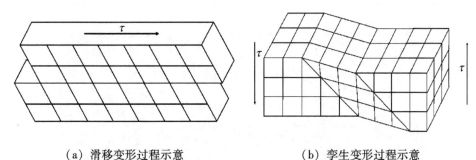

（a）滑移变形过程示意　　　　　（b）孪生变形过程示意

图 11 - 1　滑移变形和孪生变形过程示意

多晶体的塑性变形要受到相邻不同位向晶粒和晶界的约束。为保持变形的连贯性，周围晶粒必须相互制约、协调，要同时发生相适应的变形来配合。因此，在不同的晶粒内，由于相互之间的位向不同，各晶粒内滑移带的方向亦不同。同时也可观察到有的晶粒变形量大，有的变形量小，说明多晶体塑性变形不均匀。

孪生是塑性变形的另一种重要形式，通常在滑移受阻时发生。所谓孪生即指在切应力作用下，晶体的一部分在某一晶面（孪晶面）沿一定的方向（孪晶方向）发生相对位移，产生均匀切变。变形部分发生晶体取向变更，以孪晶面为对称面与未变形部分呈镜面对称的取向，对称的这两部分晶体称为孪晶，发生变形的一部分晶体称为孪晶带，如图 11 - 1 （b）所示。一些密排六方结构的金属由于滑移系数量少，塑性变形通常以孪生的方式进行。而立方结构的金属若其变形发生的温度很低，或其他原因限制了滑移过程的发生，也会通过孪生的方式进行塑性变形。与观察滑移线不同，显微镜下观察孪晶形态时，需先对试样进行孪生变形，再抛光及浸蚀。这是因为孪生变形后，在孪晶面两侧的晶体取向不同且呈镜面对称，经抛光腐蚀后可清晰地辨别出孪晶带。

2. 塑性变形对金属的组织及性能的影响

金属材料发生冷加工塑性变形时，随着变形度的增加，其晶粒形状将逐渐发生改变，由原来的等轴晶粒逐渐变为沿变形方向伸长的晶粒，同时在晶粒内部也将出现滑移带或孪晶带。图 11 - 2 为工业纯铁变形前、经压缩变形后的显微组织形貌，可以明显观察到随变形度的增加，晶粒变形越加明显，而当变形度大到一定程度时，变形晶粒变得模糊不清，晶粒难以分辨而呈现出一片如纤维状的条纹，称为纤维状组织。纤维的分布方向即是材料流变伸展的方向。另外，随着变形度的增加，材料内部位错密度显著增加，位错线通过运动与交互作用形成位错缠结。进一步增加变形度，大量位错发生聚集形成胞状亚结构（形变亚晶），这些都对位错运动有阻碍作用，使得材料继续发生变形的抗力大幅提升，即强度、硬度增加，而塑性、韧性明显下降，即产生了加工硬化现象。加工硬化是金属材料强化的一种方法，对于一些不能通过热处理来强化的材料来说尤为重要。同时，由于材料内部点阵畸变、空位和位错等结构缺陷的增加，金属材料的电阻升高，磁导率下降，热导率及耐蚀性也有所降低等。

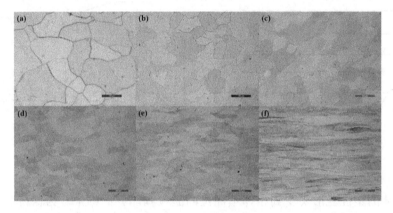

(a) 未变形；(b) 5%变形度；(c) 15%变形度；(d) 25%变形度；
(e) 50%变形度；(f) 70%变形度。

图 11-2　不同变形度下工业纯铁的晶粒组织

另外，金属材料经塑性变形后，其内部会产生残余应力。按残余应力平衡范围的不同，可将其分为以下三类：第一类内应力是由材料不同部分的宏观均匀性引起的，应力平衡范围包括整个工件；第二类内应力是由晶粒或亚晶粒之间的变形不均匀性产生的，其作用范围与晶粒尺寸相当；第三类内应力又称点阵畸变，是由材料在塑性变形时产生的大量点阵缺陷（空位、间隙原子位错等）引起的。这部分能量提高了变形晶体的能量，使之处于热力学不稳定的高自由能状态，具有自发恢复到变形前低自由能状态的趋势。将其重新进行加热，就会发生回复、再结晶和晶粒长大等过程，

3. 冷变形后金属加热时的组织及性能变化

冷变形金属经重新加热进行退火的过程，可根据其在不同加热温度下组织结构与性能变化的特点，分为回复、再结晶和晶粒长大三个阶段。

（1）回复。回复指的是新的无畸变等轴晶粒出现之前所产生的亚结构和性能变化的阶段。冷变形后的金属在较低温度下加热时，其组织形态几乎不发生变化，晶粒仍保持着变形后的纤维状。晶粒内点缺陷的减少和位错应变能的降低将导致电阻率和内应力明显下降，但由于位错密度下降不多，亚晶还较细小，所以材料的硬度及强度下降不多，塑性略有提高。

(2) 再结晶。再结晶指的是新的无畸变等轴晶粒逐渐出现并取代变形晶粒的过程，变形金属经回复后未被释放的储存能是再结晶过程的驱动力。当冷变形金属加热到一定温度后，原变形组织中重新产生了无畸变的新等轴晶粒，性能也发生明显的变化并恢复到变形前的状况。与回复过程不同，再结晶是一个显微组织重新构建的过程。由于再结晶后变形金属内部组织复原，即位错密度较小的无畸变等轴晶粒取代了位错密度大的冷变形晶粒，变形金属的位错密度显著降低，内应力完全消除，因此其强度与硬度明显下降，而塑性与韧性提高，加工硬化现象消失。

　　(3) 晶粒长大：再结晶结束后，材料通常得到细小的等轴晶粒，若继续提高温度或延长保温时间，晶粒将会继续长大。晶粒的长大是一个自发过程，在晶界表面能的驱动下，新晶粒互相吞食而长大，这个过程使得晶界减少，能量降低，组织变得更稳定。

　　晶粒大小对材料性能的影响十分重要，再结晶后晶粒的大小与冷加工变形度、再结晶退火温度、再结晶退火保温时间都有直接关系。对于冷加工变形度来说，当变形程度很小时，变形金属内储存的畸变能很小，不足以驱动再结晶过程的发生，所以晶粒大小几乎没有变化，保持未变形状态。当变形程度增大到一定数值后，此时储存的畸变能已足以驱动再结晶的发生。但由于此时变形程度不大，只有少数晶粒发生明显变形，材料的变形极不均匀，再结晶产生的晶核少，且晶粒容易相互吞并长大，最后得到特别粗大的晶粒。通常，把对应于再结晶后得到特别粗大晶粒的变形程度称为临界变形度。当变形量大于临界变形度之后，随着变形度的增加，变形越来越均匀，驱动形核与长大的储存能也不断增大，再结晶的形核率大且均匀，促使再结晶后的晶粒细而均匀。再结晶过程是在一个温度范围内进行的，再结晶结束后，材料通常得到细小等轴晶粒。退火温度对刚完成再结晶时晶粒尺寸的影响较弱，但是提高退火温度可使得再结晶速度显著加快，临界变形度数值变小，有利于后续的晶粒长大。同时，若继续升高温度或延长保温时间，都将引起晶粒进一步长大（图 11 -3）。

　　(a) 450 ℃　　　　　(b) 600 ℃　　　　　(c) 700 ℃
图 11 -3　50% 变形度下工业纯铁在不同加热温度下退火的显微组织

三、仪器用具和试样

　　金相显微镜、洛氏硬度计、万能力学试验机、箱式电阻炉、抛光机、不同变形度

的工业纯铁金相试样一套、用于压缩变形的 20 钢试样若干、砂纸、浸蚀剂等。

四、实验内容

（1）观察不同变形度下工业纯铁的显微组织形貌。

（2）对 20 钢进行 4 ~ 5 种不同变形度下（在 5% ~ 70% 变形度之间）压缩变形，并测其硬度。变形度 ε 的计算公式如下：$\varepsilon = \dfrac{l_0 - l_1}{l_0} \times 100\%$，其中 l_0 为变形前厚度，l_1 为变形后厚度。硬度测试时需测试变形前与变形后的硬度，每个试样测 3 个点，取其平均值记录。

（3）观察 20 钢在同一变形度不同退火温度下（400 ~ 850 ℃ 区间选择 3 个温度）加热，并保温 30 min 后冷却至 300 ℃ 取出空冷。将试样进行金相制样后观察其组织结构，并进行硬度测试。

（4）研究不同冷加工变形度对再结晶晶粒度的影响。取 5 种不同变形度（在 5% ~ 70% 变形度之间）的 20 钢在相同退火温度（550 ℃）下保温 30 min 后，进行金相制样后，在显微镜下用相同放大倍数观察其再结晶晶粒度（用相同放大倍数下视野中的晶粒个数或单位长度上的晶粒个数来衡量）并记录，见表 11 - 1。

表 11 - 1　变形度对再结晶晶粒尺寸影响记录

变形度/%					
放大倍数					
晶粒数目/个					
晶粒尺寸/μm					

五、思考题

（1）金属发生冷变形后，其组织与性能的变化如何？

（2）冷变形金属经回复与再结晶过程，其组织与性能变化规律如何？

（3）再结晶后晶粒大小的影响因素有哪些？

（4）讨论如何在生产中控制再结晶后的晶粒大小。

参考文献

[1] 胡赓祥，蔡珣，戎咏华. 材料科学基础 [M]. 上海：上海交通大学出版社，2010.

［2］赵玉珍. 材料科学基础精选实验教程［M］. 北京：清华大学出版社，2020.

［3］葛利玲. 材料科学与工程基础实验教程［M］. 2 版. 北京：机械工业出版社，2022.

实验 12　基于迈克尔逊干涉测量金属材料线膨胀系数

一、实验目的

(1) 观察材料的线膨胀现象，了解测量材料线膨胀系数的基本原理。

(2) 了解光学干涉现象及迈克尔逊干涉的基本原理及调节方法。

(3) 理解测量微小尺寸变化的方法。

二、实验原理

由于微观粒子热运动的存在，绝大多数材料宏观上存在热胀冷缩现象，即物体存在受热时会膨胀、遇冷时会收缩的特性。这种随温度变化而产生宏观尺寸变化的特性在材料的实际应用中应予以充分考虑，否则将产生不利影响，如因"热胀冷缩"可能会引起工程结构的损坏、仪表失灵等。线膨胀系数是为了表征物体随温度变化其长度变化程度而引入的物理量，可定量分析材料热膨胀问题，是衡量材料热稳定性的重要指标。在实际应用中，经常要对材料的线膨胀系数进行测定。在对线膨胀系数的测定中，对于一般的固态材料，由于随温度的变化而引起的长度变化量比较微小，因而，测量材料线膨胀系数的关键在于对微小尺寸及其变化量的测量。目前，对微小尺寸及其变化量的测量方法按照基本原理可分为三类：利用杠杆原理测量、利用光学干涉原理测量和利用螺旋测微原理直接测量。在几种测量方法中，利用光学干涉现象测量微小尺寸的结果精度最高。本实验即基于迈克尔逊干涉现象测量金属材料随温度变化在确定方向的伸长量，从而可得其线膨胀系数。

1. 线膨胀系数

线膨胀系数在数值上定义为固体材料每升高 1 ℃时单位长度的伸长量。实际上不同材料的线膨胀系数截然不同，如塑料的线膨胀系数明显比较大，相对来讲，金属材料的线膨胀系数则偏小。

对于同一材料，在不同的温度区间，线膨胀系数是不同的，但在温度变化不太大的情况下，通常认为材料的线膨胀系数可近似为常量。假设在确定的温度范围内，一固态物体在确定方向上温度为 t_0（单位:℃）时长度为 L_0，对物体进行升温，当温度

为 T 时，其长度为 L，伸长量 $\Delta L = L - L_0$。实验表明，物体在确定方向上的单位伸长量与温度增量 ΔT（$\Delta T = T - T_0$）近似成正比，即：

$$\Delta L / L_0 = \alpha \times \Delta T \tag{12-1}$$

式（12-1）中，系数 α 即为该物体在此温度区间内的线膨胀系数，它表征组成材料在此确定方向上的受热膨胀（或收缩）的程度。温度变化不大时，材料的线膨胀系数 α 可近似为常数。

现令温度为 T 时物体长度为 L_T，则：

$$L_T = L_0 + \Delta L \tag{12-2}$$

联立式（12-1）和式（12-2）可得线膨胀系数 α 为：

$$\alpha = \frac{L_T - L_0}{L_0 \Delta T} = \frac{\Delta L}{L_0} \cdot \frac{1}{\Delta T} \tag{12-3}$$

由此可见，线膨胀系数 α 的意义为：温度每升高 1 ℃，物体单位长度的伸长量。需要说明的是，上述温度变化不大时，α 可视为常量。当温度变化较大时，α 将随着温度变化而变化，为变量，通常可用温度 T 的多项式表示如下：

$$\alpha = A + BT + CT^2 + \cdots \quad （A、B、C 为常数）$$

根据上述原理，实际测量中，通常需要测量的是固体材料在室温 T_1 下的长度 L_1 以及温度从 T_1 至 T_2 变化过程中对应的长度变化量，代入式（12-3）即可求得该固体材料的线膨胀系数，由此得到的线膨胀系数是该固体材料在此温度范围内的平均热膨胀系数，为：

$$\alpha \approx \frac{L_2 - L_1}{L_1 (T_2 - T_1)} = \frac{\Delta L_{21}}{L_1 (T_2 - T_1)} \tag{12-4}$$

式中，L_1、L_2 分别为物体在温度 T_1、T_2 下的测量长度，$\Delta L_{21} = L_2 - L_1$ 为物体从温度 T_1 至温度 T_2 的长度变化量。

2. 基于迈克尔逊干涉实验测量线膨胀系数

迈克尔逊干涉是基于光的分振幅法实现光的干涉的波动现象，是非常重要的基础实验，其基本光路结构和原理如图 12-1 所示。首先，对同一光源的入射光经反射镜

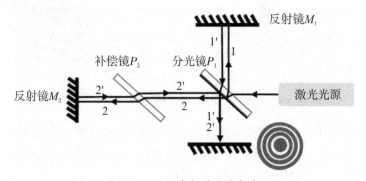

图 12-1　迈克尔逊实验光路

分别反射和透射为两路不同路径的光束,然后再把分开的两束光经不同的反射镜反射,最终合在一起而形成明暗相间的干涉条纹。

图 12－1 所示为迈克尔逊实验原理光路图。如图 12－1 所示,由光源发出的光束首先入射到分光镜 P_1 上,此时将有部分入射光通过光路 2 被反射,另外一部分光通过光路 1 透射出去,即入射光通过分光镜 P_1 将被分为两束光。两路被分开的光束又分别在反射镜 M_1、M_2 上发生反射,反射光通过分光镜 P_1 透射并重合于观察屏 E 上。入射光来自同一激光光源,满足相干条件,若此时在光源和分光镜之间放一凸透镜(扩束镜),使光线扩束,即可在观察屏上看到干涉图样。在本实验具体的装置中,反射镜 M_2 为可移动透镜,通过移动此反射镜可改变光路 1 和光路 2 之间的光程差,从而实现干涉条纹的动态观察。另外,实验中使用扩束镜是因为实验所使用的激光光源出射光束半径较小,为便于实验观察使用扩束镜来扩大光束半径;同时,扩束镜还可有效较少激光光源出射光束的发散,使光束平行。另外,图 12－1 所示 P_2 为补偿镜,用于补偿两路光线的附加光程差。但在本实验的实际测量中,由于实验采用单色激光光源,光程差的补偿非必要,故本实验没有使用补偿镜。

图 12－2 所示即为本实验利用上述迈克尔逊干涉实验测量固体材料线膨胀系数的实验原理图。如图 12－2 所示,将待测金属试样置于左下侧温控炉内并在一定范围内改变待测试样温度,试样将受热发生膨胀而伸长,推动反射镜 3 向上移动,从而使迈克尔逊干涉中其中一路的光程发生变化,因而,两路光线的光程差发生改变,由此可实现干涉条纹的动态观察。

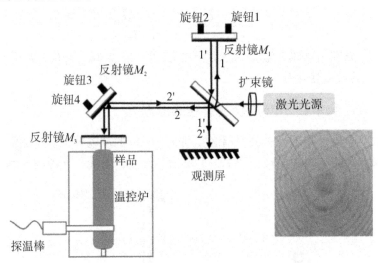

图 12－2 基于迈克尔逊干涉测量线膨胀系数原理示意

假设初始条件下,待测试样的长度为 L_1,将待测试样放入温控炉并对其进行加温使试样产生线膨胀,则反射镜 3 将随之向上移动,移动的位移量即为待测试样在温度改变过程中轴向的线膨胀伸长量,同时等于温度变化过程中两光路光程差的改变量。

在实验中，对待测实验进行升温，随着温度变化，因试样轴向线膨胀伸长而产生的光程差变化量 $\delta_{\Delta T}$ 为：

$$\delta_{\Delta T} = \Delta L \qquad (12-5)$$

根据波动光学干涉基础理论知识，可得：

$$\delta_{\Delta T} = N\frac{\lambda}{2} \qquad (12-6)$$

式中，λ 为激光光源的光波波长。当 N 为奇数时，两束光相干结果为干涉暗纹；当 N 为偶数时，为干涉明纹。

联立式(12-5) 和式(12-6) 并带入式(12-4) 可得：

$$\alpha = \frac{N\dfrac{\lambda}{2}}{L_1(T_2 - T_1)} \qquad (12-7)$$

由此，在本实验中，我们只需对待测试样进行升温，并测量出相应温度变化时干涉图样中干涉条纹冒出或者湮灭的个数，即可通过式(12-7) 计算得到该待测试样在此温度范围内的线膨胀系数。

 三、实验仪器

热膨胀实验仪如图 12-3 所示，热膨胀实验仪操作面板如图 12-4 所示。

图 12-3　热膨胀实验仪

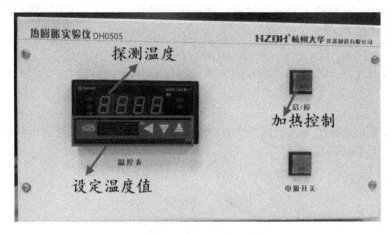

图 12 - 4　热膨胀实验仪操作面板

 四、实验内容及步骤

1. 准备待测试样，将待测试样放入温控炉中

（1）使用游标卡尺在不同方位测量室温下待测试件的初始长度 L_1（3 ～ 5 次）并记录，求平均值。

（2）取下温控炉上方反射镜 3，利用辅助螺钉将待测试样小心轻放入温控炉内。放置待测试样时，注意将待测试样下方的测温孔洞对准温控炉后下测温探头插入圆孔。测温传感器插座与仪器后面板上的"PT100"相连，温控炉控制电源与仪器后面板上的"加热炉电源输出"相连。

注意：严禁将待测金属试样直接松开掉入温控炉，温控炉底部有石英玻璃垫，要避免砸碎。

（3）在温控炉后下侧插入测温探头并固定。

（4）安装反射镜 3。从待测试样上取下辅助螺钉，将反射镜 3 轻轻旋入待测试样上方的螺孔。此处注意反射镜 3 上石英玻璃泡，严禁拧得太紧而破坏石英玻璃泡。

（5）更换待试样时，需先拧下反射镜 3，然后用辅助螺钉取出已测金属试样，而后依据步骤（1）重复测量新的试样。

2. 根据迈克尔逊干涉光路原理调节光路，观察干涉条纹

接通电源，打开氦氖激光器。首先，移开扩束镜，依据图 12 - 1 所示迈克尔逊干涉光路原理调节激光器出射光和光路中各可调光学镜片，使光线在光路中等高并使反射后的两路光的最强光点最终能够在接收屏上重合。此时，在激光器出光口放置扩束镜仔细调整光束，即可在接收屏上观察到明暗相间的干涉条纹。

注意：观察到干涉条纹后，可根据条纹情况微调图 12 – 2 中反射镜 1 和反射镜 2，将干涉条纹图样调整到条纹粗细适当、条纹中心尽量位于或靠近接收屏较中间的位置，以便观察和读取条纹冒出或湮灭的个数。

3. 测量和读取数据

测量前，先通过温控表设置加热炉最高可达到的温度，建议设置为高于室温 20 ～ 30 ℃。然后，确认已调整好干涉条纹可用于观察和计数，按下仪器前面板上的"启/停"按钮，此时温控炉即开始给待测试样加热。随着待测试样温度升高，轴线发生线膨胀，反射镜 3 将向上移动，两路光程差发生改变，因此，可观测到干涉图样中明暗条纹冒出或湮灭。测量和读取数据需要注意：在初始加热阶段，试样受热不均匀，为了提高数据精确度，需要观测并等待一定时间，待待测试样均匀线膨胀后再开始记录数据。开始记录数据时，首先记录待测试样的初始温度 t_1，并仔细观察当前干涉图样的具体形态，随着温度升高，待测试样被加热而均匀膨胀，记录此时干涉条纹环数随温度的变化量，达到预定的条纹变化数（建议：10 ～ 15 条）的时候，记下此时温控表上的温度 t_2。测试完毕后，按"启/停"按钮停止加热，并将温控表上的目标温度设置到室温以下，对加热炉进行冷却。若测量过程中室温低于试件的线性变化温度范围，则需将试样加热至所需温度后再进行实验测量。

数据读取方法：

（1）固定试样确定的线伸长量读数，如约 10 个干涉条纹变化对应的光程差，即每 10 个干涉条纹的线伸长量，读取此伸长量所对应的试样温度的变化量。

（2）固定温度变化量，如 5 ～ 10 ℃，读取此温度增量区间内对应的试样线膨胀量，此伸长量对应的光程差即干涉条纹的变化个数。

根据所测数据，计算待测试样的线膨胀系数。

本次实验要求测量黄铜和硬铝两个试样并对测量数据做表记录。

五、注意事项

（1）眼睛不可直视激光束！

（2）反射镜 3 上黏结了石英玻璃泡，脆而易碎，安装和取下反射镜 3 时务必注意轻旋，不可大力操作。

（3）温控炉内试样位置底部有石英玻璃垫，易破碎，不能承受大力冲击，安装待测试样时注意轻放试样，不可松手使其落下砸向底部。

（4）加热炉温度不可设置太高，以免冷却时间过长。

（5）实验完毕须将温控表目标温度设置在室温以下，之后关闭电源。

六、思考题

(1) 测量材料线膨胀系数的意义并举例说明。

(2) 分析实验中影响实验结果的因素。

参考文献

葛利玲. 材料科学与工程基础实验教程 [M].2 版. 北京：机械工业出版社，2022.

附录　仪器主要技术参数

(1) 激光光源：He – Ne 激光器（功率约为 1 mW，波长为 632.8 nm）。

(2) 温控仪适宜升温范围：室温 –60 ℃，测温最小分辨率为 0.1 ℃。

(3) 试件品种：硬铝(20 ℃ 起测)，黄铜（H62）（25 ~ 300 ℃），钢（20 ℃ 起测）。

(4) 试件尺寸：$L = 150$ mm，$\varphi = 18$ mm。

(5) 线膨胀装置系统误差：< 3 %。

实验 13　Sn-Bi 合金相图的测绘

一、实验目的

（1）学会用热分析法测绘 Sn-Bi 合金相图。

（2）了解纯金属和二元合金步冷曲线形状的差异。

（3）学会从步冷曲线上确定相变点温度的方法。

（4）学会根据实测的步冷曲线绘制相图。

二、实验原理

相图是描述热力学平衡条件下系统中相与温度、成分和压强之间关系的图解，也称为平衡状态图。相图对于指导材料的加工（凝固、热处理）和预测材料的组织结构及性能具有很高的实用价值和参考意义。对于不含气相的物态变化而言，压强在通常范围的变化对体系内相平衡的影响很小，可以忽略其影响。因此，二元合金相图往往是以横轴表示合金成分、纵轴表示温度、反映相与成分和温度之间关系的平衡状态图。

测绘二元合金相图的关键是要准确测定出不同成分合金的相变临界点。所谓相变临界点是指物质结构和性质发生本质变化的临界点。目前已发展出多种测定材料相变临界点的方法，如热分析法、热膨胀法、电阻测量法、磁特性测量法、显微分析法、X 射线衍射分析法等。这些方法都是利用材料发生相变时伴随着相关物理性能或组织结构发生突变这一特点进行测量的。热分析法是一种简单易行的测绘相图的方法。对于由液相转变为固相的相变临界点的测定，热分析法准确可靠，但是对于因降温溶解度超出固溶度极限导致从固溶体中析出另一固相的情形，因所释放的相变潜热较小而难以用热分析法测定相变临界点。因此，准确测绘二元合金的完整相图通常需要多种方法配合使用。

本实验使用热分析法测绘 Sn-Bi 合金相图。下面以 Cu-Ni 合金为例，介绍用热分析法测绘二元合金相图的一般方法。首先，按质量分数配制一系列不同组分比例的有代表性的 Cu-Ni 混合物。然后，分别将所配制的 Cu-Ni 混合物、纯 Cu 和纯 Ni 样品加热熔化成单一、均匀的液相，再让各样品缓慢冷却，并每隔一定时间读取一次各样品的温度，由此可得到各样品的温度随时间变化的曲线，称为冷却曲线或步冷曲线。对于纯 Cu 或纯 Ni，随着温度的降低，其液相的温度不断降低，由于不涉及相变，温度下降的速率较均匀。当继续冷却，纯金属的冷却曲线将出现一个温度保持不变的平台期，平台对应的温度为材料的凝固温度。平台期的起点（左边的拐点）表示液相中开始有固相析出。平台期的终点（右边的拐点）表示液相刚好全部凝固为单一固相。中间的平台期对应于固、液两相共存的阶段，由相律公式 $f = C - P + 1$ 可知（式中，f 是自由度，C 是组元数，P 是相数），此时自由度为零，所以温度保持不变，表示纯金属在恒温下凝固。经过平台期的终点之后，随着继续冷却，体系的温度也将继续下降。对于一定组成的 Cu-Ni 混合物，随着温度的降低，液相的温度不断降低。当温度达到相变温度时，固相（Cu-Ni 固溶体）开始从液相中析出，凝固释放相变潜热，使体系降温的速率变慢，步冷曲线的斜率发生变化而出现第一个拐点。随着继续冷却，更多的固相从液相中析出。由相律公式 $f = C - P + 1$ 可知，二元合金凝固（液、固两相共存）时体系的自由度为 1，这意味着随着冷却的进行，温度会继续下降。当液相全部凝固为固相时，由于没有新的相变潜热释放，步冷曲线的斜率将再次改变而出现第二个拐点。随着继续冷却，体系的温度也将以另一速率下降。总之，不同于纯金属的步冷曲线，合金的步冷曲线上没有平台，而是存在两次转折，温度较高的转折点对应于凝固开始的温度，而温度较低的转折点对应于凝固结束的温度。图 13 - 1 示意性地给出了由步冷曲线绘制 Cu-Ni 合金相图的方法。如图 13 - 1 所示，由步冷曲线测定的每个相变临界点在以合金成分为 x 轴、温度为 y 轴的二元系相图中都分别对应一个点，将所有意义相同的临界点（凝固的起始点或终止点）连接起来就得到了 Cu-Ni 合金相图。

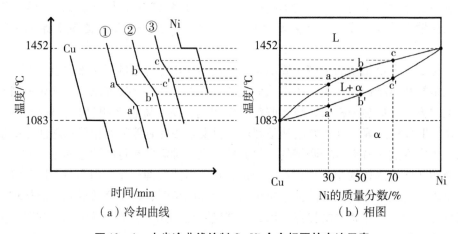

图 13 - 1　由步冷曲线绘制 Cu-Ni 合金相图的方法示意

　　二元相图可分为匀晶相图（如图 13 - 1 的 Cu-Ni 合金相图）、共晶相图（如 Pb-Sn 合金相图）和包晶相图（如 Pt-Ag 合金相图）等几种基本类型。由于本实验研究的 Sn-Bi 合金相图是共晶相图，下面以 Pb-Sn 合金相图（见图 13 - 2 所示）为例对共晶相图的基本知识做一个简单的回顾。共晶反应是指一个确定成分的液相在确定的温度下同时结晶出两个确定成分的固相的转变。对于 Pb-Sn 合金，其共晶反应可写为：

$$L(61.9\% \text{ Sn}) \xrightleftharpoons{183\text{℃}} \alpha(18.3\% \text{ Sn}) + \beta(97.8\% \text{ Sn}) \qquad (13-1)$$

式(13-1) 中，表示 Sn 的质量分数为 61.9% 的液相在 183 ℃条件下生成 Sn 的质量分数为 18.3% 的 α 相和 Sn 的质量分数为 97.8% 的 β 相。需要说明的是，α 相是以 Pb 为溶剂的固溶体，而 β 相是以 Sn 为溶剂的固溶体。由于这两种固溶体都位于相图的两端，所以也称为端部固溶体。在图 13-2 所示的 Pb-Sn 合金共晶相图中，AEB 水平线是等温线，其对应的温度是 Pb-Sn 合金液相可以存在的最低温度。E 点被称为不变点，可以由共晶成分（61.9% Sn）和共晶温度（183 ℃）唯一确定。

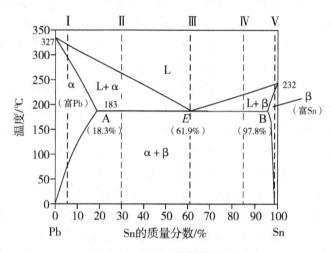

图 13-2　Pb-Sn 合金共晶相图

当对不同组分的熔融态 Pb-Sn 合金降温凝固时，所生成的组织随着合金组分的不同而不同。当组分介于室温下最大固溶度和共晶温度时的最大固溶度（18.3% Sn）之间时，随着温度的降低，合金的状态将沿着图 13-2 中的虚线 Ⅰ 运动。随着温度的降低，体系由单一液相变为液相 L 和固相 α 的两相混合物。随着温度继续降低，将生成更多的固相 α。继续降温，直到液、固两相混合物完全转变为 α 相固溶体。继续降温，当穿过固溶线，α 相的固溶度极限将被超越，此时 α 相固溶体中会析出小的 β 相颗粒。继续降温到室温，这些 β 相颗粒会增多或长大。考虑共晶组分（61.9% Sn）的 Pb-Sn 合金从液相开始降温，随着温度的降低，合金的状态将沿着图 13-2 中的虚线 Ⅲ 运动。当温度降到共晶温度（183 ℃）时，将发生共晶反应，从液相同时析出组分为 18.3% Sn 的 α 相固溶体和组分为 97.8% Sn 的 β 相固溶体。由于 α 相、β 相和液相的成分显著不同，Pb 和 Sn 原子将通过短程扩散进行再分布，生成特有的 α 相和 β 相交替排列的层状共晶组织。继续冷却，温度将保持不变（对应于共晶温度），直到液相全部转变为共晶组织。继续冷却，温度才会下降。从共晶温度降到室温，共晶组织不会发生特别显著的变化，但是 α 相的固溶度会随着温度的降低而降低（见图 13-2），这会使 α 相固溶体析出一些 β 相来。对于成分介于共晶温度时 α

相组分（18.3% Sn）和 β 相组分（97.8% Sn）之间的合金，进一步可分为亚共晶合金（18.3% Sn < 组分 < 61.9% Sn）和过共晶合金（61.9% Sn < 组分 < 97.8% Sn）。对于亚共晶合金，随着温度的降低，合金的状态将沿着图 13 - 2 中的虚线 Ⅱ 运动。随着温度的降低，体系由单一液相变为液相 L 和固相 α 的两相混合物；随着温度的继续降低，将生成更多的固相 α。在接近共晶温度（183 ℃）时，由连接线确定的固相 α 和液相的组分分别为 18.3 和 61.9% Sn。当温度降低到共晶温度时，由于液相的成分正好是共晶组分，所以会发生共晶反应，生成由 α 相和 β 相交替排列的层状共晶组织，而降温穿过 L + α 相区生成的 α 相不会发生显著变化，由此生成了 α 相和 β 相交替排列的层状组织和孤岛状 α 相结合的亚共晶组织。为了区分两种 α 相，共晶组织中的 α 相称为共晶 α 相，穿过 L + α 相区生成的 α 相称为初生相。对于过共晶合金（61.9% Sn < 组分 < 97.8% Sn）的凝固而言，组织变化与亚共晶类似，只不过凝固生成的是 β 初生相和 α + β 共晶相组成的过共晶组织。

图 13 - 3 示意性地给出了由步冷曲线绘制 A - B 共晶相图的方法。如图 13 - 3 所示，对于纯金属 A 或 B，步冷曲线只有一个平台期，它对应于等温凝固。对于共晶成分的 A - B 合金，其步冷曲线也有一个平台期（见图 13 - 3 中的步冷曲线②），该平台对应的温度为共晶温度，且低于纯金属 A 或 B 的熔点。步冷曲线①和③分别对应于亚共晶成分和过共晶成分的 A - B 合金，这两种合金的步冷曲线都有三个拐点和一个平台。第一个拐点对应于"液相"到"液、固两相"的转变，第二个拐点代表共晶反应的开始，第三个拐点代表共晶反应的结束，而第二拐点和第三拐点之间的平台对应于等温共晶反应，即所有液相都会在此阶段发生等温共晶反应，生成由 α 相和 β 相交替排列的层状组织。只有液相全部转变为共晶组织，继续冷却，体系的温度才会随之降低。

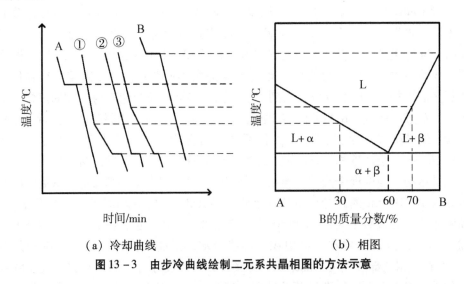

（a）冷却曲线　　　　　　　　（b）相图

图 13 - 3　由步冷曲线绘制二元系共晶相图的方法示意

图 13 - 4 给出了我们用 JX - 3D8 金属相图测量装置测得的 4 种组分的 Pb-Sn 合金

样品（含纯 Pb 和纯 Sn）的步冷曲线。如图 13 - 4 所示，我们发现在实际测得的步冷曲线的拐点附近有"回勾现象"。之所以出现回勾现象是因为液相凝固为固相时需要一定的过冷度，即温度须下降到凝固点以下才能形成晶核，晶核只有长大到临界尺寸以上才能稳定生长。随着液相转变为固相释放相变潜热，体系的温度逐渐上升到凝固温度进行等温凝固。因此，凝固温度应由液相过冷之后的平台期确定。由图 13 - 4 确定的纯 Pb 的凝固温度为 327 ℃，纯 Sn 的凝固温度为 232 ℃，位于最下面的冷却曲线只有一个平台期，且该平台温度低于纯 Pb 和纯 Sn 的凝固温度，据此我们判断该温度（183 ℃）对应于 Pb-Sn 合金的共晶温度，而该合金成分（含 Sn 61.9%）对应于共晶成分。

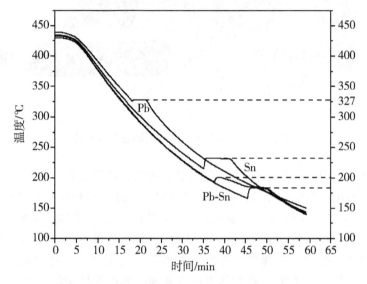

图 13 - 4　实际测量得到的 Pb-Sn 合金的步冷曲线

三、仪器用具

JX - 3D8 金属相图测量装置、计算机。

四、实验装置介绍

1. 测试仪器介绍

图 13 - 5 给出了本实验使用的 JX - 3D8 金属相图测量装置的外观照片。如图 13 - 5 所示，该装置配备有 8 个不锈钢样品管，可盛放 8 种不同配比的样品。每个样品管配备一个电加热炉，加热炉的最大功率为 250 W。配备 4 个加热开关，每个开关控制两个电加热炉。每个样品管配备一个插入到样品管底部的热电偶测温探头，用来

材料科学基础实验

测量样品的温度，测温精度为 ±0.5 ℃。8 个样品的温度既可以由测试仪的显示屏显示，也可以由计算机实时采集、显示和保存。

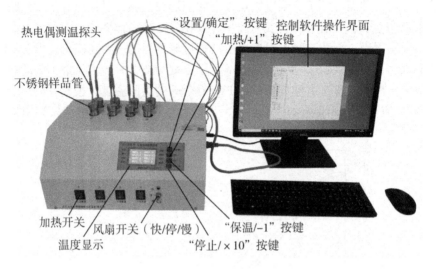

热电偶测温探头　　　"设置/确定"按键　控制软件操作界面
　　　　　　　　　　"加热/+1"按键
不锈钢样品管

加热开关　　风扇开关（快/停/慢）　"保温/-1"按键
温度显示　　　　　"停止/×10"按键

图 13-5　JX-3D8 金属相图测量装置外观

　　本实验使用的 JX-3D8 金属相图测量装置配备有计算机和"金属相图（8 通道）实验软件"。利用计算机和该软件可以自动采集、实时显示和保存 8 个样品管中试样的步冷曲线。图 13-6 给出了"金属相图（8 通道）实验软件"的操作界面。步冷曲线测试结束后，实验人员需要从步冷曲线或步冷曲线数据上寻找和确定相变点（或拐点）温度，然后，在操作软件的"查看"下拉菜单中选择"相图"出现绘制相图界面，如图 13-7 所示，在操作界面左侧相应的数字框中填入拐点温度、成分、平台温度、共晶成分和共晶温度，由软件绘制出相图。

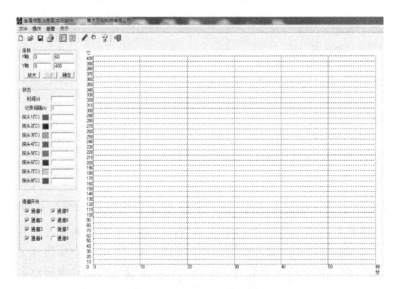

图 13-6　"金属相图（8 通道）实验软件"的操作界面

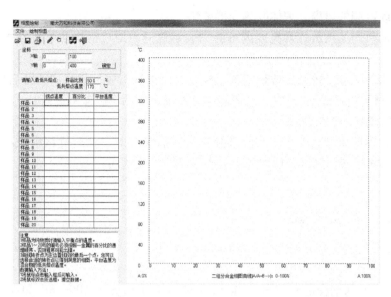

图 13 - 7　"金属相图（8 通道）实验软件" 绘制相图的操作界面

2. JX - 3D8 金属相图测量装置的使用方法

如图 13 - 5 所示，仪器面板上有四个按键，分别是"设置/确定""加热/ + 1" "保温/ - 1" 和 "停止/ ×10" 按键。在测量状态下，其功能分别为"设置""加热" "保温" 和 "停止"；在设置状态下，其功能分别为 "确定" " + 1" " - 1" 和 " ×10"。

（1）在测量状态下，按"设置"按键，仪器进入设置状态，可分别设置各项实验参数。每按一下"设置"键，下一个参数就会成为被选项，循环往复。"目标"即实验中要加热到的目标温度，设置范围为 0 ～ 600 ℃。对于本实验研究的 Sn-Bi 合金，目标温度最高设置为 400 ℃ 即可，由于加热惯性的作用，样品的最高温度有可能会冲到 450 ℃。"加热"指实验中每个加热炉的加热功率，单位为 W，默认值为 250 W。"保温"指实验中每个加热炉的保温功率，单位为 W，默认值为 30 W。"停止"指仪器停止加热。

（2）设置实验参数时，用"确定"键选定要修改的参数。按" + 1"键，相应参数值加 1；按" - 1"键，相应参数值减小 1；按" ×10"键，相应参数值增大 10 倍，若参数值已为最大（600），再按" ×10"则会清零。参数设定完成后，按"确定"可进行下一项设定，或返回测量状态。

（3）测量：参数设定完成并返回测量状态后，按"加热"键，仪器便启动加热炉对样品加热，直至达到设定的目标温度后加热自动停止。按"保温"键，加热炉对样品进行保温。按"停止"键，仪器停止加热。

（4）风扇开关拨至"慢"，启动一侧的风扇，炉体散热加快；风扇开关拨至

"快",启动两侧的风扇,炉体散热变得更快。

(5)加热开关指示灯常亮或闪烁时,表示该开关对应的加热炉正在加热。需要说明的是,一个开关控制两个加热炉。

(6)当环境温度较低、散热速率过快时,可根据需要关闭风扇、开启保温功能,保温功率应根据实际情况设定。当环境温度较高、样品降温速率过慢时,可开启一侧或者两侧的风扇,加快降温。

(7)仪器使用注意事项:①仪器探头与样品管对应,且经过精密校准,切勿互换探头;②样品管加热时,切勿用手触摸样品管以免烫伤。

 五、实验内容

1. 样品准备

1~8号不锈钢样品管组分为纯Sn和依次放了组分为10% Bi、20% Bi、40% Bi、50% Bi、60% Bi、80% Bi的Sn-Si合金样品及纯Bi金属,而且样品管密封良好,试样可重复使用。一般情况下不存在样品氧化和向外挥发的问题。需要说明的是,纯Sn的熔点是232 ℃,而纯Bi的熔点是271.4 ℃。

2. Sn-Bi合金步冷曲线的测绘

本实验使用的JX-3D8金属相图测量装置配备有计算机和"金属相图(8通道)实验软件"。利用这套系统可以同时完成对8个样品的步冷曲线数据的自动采集、实时显示和保存。具体操作步骤如下:打开JX-3D8金属相图测量装置的电源开关,打开4个加热开关,关闭风扇开关。打开计算机,然后在桌面上双击相应图标打开"金属相图(8通道)实验软件",其操作界面如图13-6所示。在"文件"下拉菜单中点击"串口",打开"串口"选择页面,选择实体字显示的通讯"串口",然后点击"确定"。如果没有错误信息提示,则说明计算机与金属相图测量装置连接成功。在JX-3D8金属相图测量装置的仪器面板上将加热目标温度设为400 ℃,将加热功率设为250 W,将保温功率设为30 W。需要说明的是,目标温度不宜设得过高,只要能保证1~8号样品全部熔化即可。400 ℃的目标温度已能够使各样品在体系最高熔化温度(271.4 ℃)以上停留足够长的时间以确保各样品全部被熔化。实际上,目标温度设置为400 ℃,由于仪器加热惯性的作用,样品的最高温度有可能会冲到430~450 ℃之间。加热功率决定了升温的速率,一般我们都会使用加热炉的最大功率(250 W)进行加热。保温功率则需要根据实际的环境温度和散热条件设定。参数设置完成后,按"确定"键,待仪器回到测量状态后,按下"加热"键,仪器就开始对样品加热,直到达到预先设定的目标温度后自动停止加热。在按下"加热"键对1~8号样品进行加热之后,在软件操作界面的"操作"下拉菜单中点击"开始",计算机就会对1~8号样品的温度进行自动采集,并在屏幕上实时显示"温度–时间"曲线。当加热停止后,可以设置"保温"功率,并按下"保温"键对样品进行保温。根据降温的速率实时调节"保温"功率或启动风扇加速散热,最好将降温速率控制在 5～8 ℃/min 之间。当然,在预计步冷曲线出现拐点的温度区间(100～280 ℃),不可人为更改散热条件,以免人为引入拐点。当 1～8 号样品的温度均下降到 100 ℃以下时,在软件操作界面的"操作"下拉菜单中点击"停止",终止对 1～8 号样品温度的采集。

需要说明的是,二元系相图是描述热力学平衡条件下系统中相与温度和成分之间关系的图解。要准确测绘 Sn-Bi 合金的相图,就必须保证各样品完全熔化后的冷却速率足够慢,使体系尽可能处于或接近热力学平衡状态。然而,由于实验时间有限,我们必须在 2.5 h 内完成步冷曲线的测量工作。根据经验,将降温速率控制在 5～8 ℃/min 之间比较合适。此外,要想获得转折点清晰的步冷曲线,我们必须根据实际情况利用仪器提供的"保温"和"散热"功能对降温速率进行控制和调节,最好能使体系析出固相时释放的相变潜热与体系散失的热量相近,这样降温速率的转折就明显,否则就不明显。总之,控制好样品在降温阶段的降温速率对于获得转折点清晰的步冷曲线至关重要,而获得转折点清晰的步冷曲线是准确测定步冷曲线上的拐点和水平段、正确画出 Sn-Bi 合金相图的基础。

3. 相变点温度的确定和 Sn-Bi 合金相图的绘制

根据步冷曲线确定 8 种样品的相变点(或拐点)温度,并填在表 13–1 中。根据表 13–1 所列数据在金属相图(8 通道)实验软件中绘制 Sn-Bi 合金相图。具体地,在"查看"下拉菜单中点击"相图",打开"相图"绘制页面,参见图 13–7,填入拐点温度、成分、平台温度、共晶组分和共晶温度等就可以绘制出 Sn-Bi 合金相图。

表 13–1　8 种样品的步冷曲线上的拐点温度

成分	纯 Sn	10% Bi	20% Bi	40% Bi	50% Bi	60% Bi	80% Bi	纯 Bi
第一拐点温度/℃								
第二拐点温度/℃								

六、思考题

(1) 若想用热分析法准确测出相图,实验中应注意哪些事项?

(2) 纯金属和二元合金步冷曲线形状有何不同?试利用相律的知识进行解释。

（3）有一失去标签的 Sn-Bi 合金样品，用什么方法可以确定其组成？

（4）仅使用热分析法能测出完整的 Sn-Bi 合金相图吗？为什么？

参考文献

胡赓祥，蔡珣，戎咏华. 材料科学基础［M］. 3 版. 上海：上海交通大学出版社，2010.

实验 14　碳钢的热处理

一、实验目的

（1）掌握碳钢的普通热处理（退火、正火、淬火及回火）原理及基本过程。
（2）熟悉并掌握碳钢成分对其组织及性能的影响。
（3）熟悉并掌握普通热处理工艺对碳钢的组织及性能的影响。

二、实验原理

　　金属材料的性能与其成分、组织和结构有着密切关系。固态金属（包括纯金属和合金）在温度与压力改变时，其组织和结构均会发生变化，这种变化统称为金属的固态相变。通过掌握金属固态相变的规律，可以采取相应措施来控制其相变过程，获得预期的组织和结构，从而使其具有预期的性能，通常所采用的措施就是金属材料的热处理。热处理是一种很重要的热加工工艺方法，也是使金属材料充分发挥其性能潜力的重要手段。所谓热处理就是使固体状态下的金属或合金材料处于一定的介质环境中，经过加热、保温和冷却，在其化学成分不变的情况下，改变其内部显微组织结构，进而改善其工艺性能和使用性能的过程。一般情况下，具有相变、固溶度的材料，都可以利用热处理来改善其机械性能。热处理工艺主要可分为加热、保温、冷却三个温度变化的过程。加热是指将待处理材料加热到合理的温度范围，通常根据被处理的金属材料的最终预期性能的不同而有所差异，但一般需加热到其相变温度以上，以获得高温组织；保温是指达到加热温度后需保持一定时间，目的是使金属材料的显微组织转变完全；冷却是热处理工艺中非常重要的步骤，通过采取不同的冷却方式获得不同的冷却速度，使金属材料的显微组织发生显著的变化，进而直接影响其最终性能。热处理过程对金属材料的力学性能具有极大影响，正确选择加热、保温、冷却这三个工艺参数是热处理成功的基本保证。

　　化学成分（碳含量）对碳钢力学性能的影响，主要是通过改变其中的显微组织及其中各组成相的相对量以及分布来实现的。随着碳含量的增加，其室温下显微平衡组织将发生变化，按"铁素体＋三次渗碳体→铁素体＋珠光体→珠光体→珠光体＋二次渗碳体→二次渗碳体＋室温莱氏体＋珠光体 → 室温莱氏体→ 一次渗碳体＋室温莱氏体"进行过渡。铁碳合金在室温下平衡组织组成相为铁素体和渗碳体，其中

铁素体为软韧相，渗碳体为硬脆相，两者的相对量及它们的分布特征直接决定了钢的力学性能。一般来说，当碳的质量分数 $\omega(C)$ < 1 时，随着碳含量的增加，钢的强度、硬度增加，塑性、韧性下降；而当 $\omega(C)$ > 1 时，随着碳含量的增加，钢的硬度增加，但强度、塑性、韧性下降，这主要是因为此时的二次渗碳体以网状析出并沿晶界分布，脆性明显增加，塑性很低，强度随之降低。

另外，在钢的碳含量确定的情况下，通过热处理可以实现在不改变其化学成分的前提下，其内部显微组织结构发生变化，达到改善其工艺性能和使用性能的目的，充分发挥钢铁材料的性能潜力。钢的热处理就是将钢加热到单相奥氏体区，保温一定时间，得到均匀细小晶粒的奥氏体高温组织，然后通过不同方式冷却至室温，获得不同的显微组织（平衡或非平衡组织）及性能。一般经过热处理后钢的机械性能如抗拉强度、硬度、冲击值、疲劳极限、延伸率等都将得到显著改变。根据热处理工艺的使用和进行方式的不同，热处理可分为表面热处理及普通热处理。表面热处理可分为表面淬火及表面化学热处理两种类型，普通热处理一般可分为退火、正火、淬火、回火四种类型。

1. 钢的退火与正火

钢的退火和正火是应用非常广泛的热处理工艺。它们既可用于各类铸、锻、焊接工件的预备热处理，用以消除工件在锻造、铸造等加工过程中产生的残余内应力，为后续热处理工序做准备；也可用于性能要求不高的机械零件的最终热处理，达到降低工件硬度，改善其切削加工性能的目的。

（1）退火。退火是将工件加热到适当温度，根据材料和工件尺寸采用不同的保温时间，然后进行缓慢冷却（如随炉冷、坑冷、灰冷），目的是使工件化学成分均匀，内部组织达到或接近平衡状态，获得良好的工艺性能和使用性能，或者为进一步淬火过程做组织准备。钢件经过退火处理后，将降低硬度，改善切削加工性能，因此在实际生产中，退火通常作为预备热处理工序，安排在锻造、铸造等热加工之后，切削加工之前，为下一道加工工序做组织和性能上的准备。退火的工艺方法有很多种，其中包括完全退火、不完全退火、球化退火、去应力退火及扩散退火等。

A. 完全退火。将亚共析钢件加热到 A_3 +（30 ~ 50 ℃）（A_3 线是钢由 α 固溶体转变为奥氏体的临界温度），保温一段时间，使之完全奥氏体化，然后缓慢地随炉冷却，使其获得接近于平衡组织的工艺。常用于各种亚共析钢的铸件、锻件、焊接件及热轧型材，主要目的是细化钢件中的粗大晶粒，去除残余内应力，消除钢件中的组织缺陷，调整硬度，改善切削加工性能，为切削加工及最终热处理做准备，也可以作为一些结构件的最终热处理。

B. 不完全退火。将亚共析钢加热到 A_1 ~ A_3（A_1 为共析转变温度），过共析钢加热到 A_1 ~ A_{cm}（A_{cm} 为碳在奥氏体中的溶解度曲线所对应的温度），保温后缓慢冷却的方法。这种退火方法主要应用于晶粒尚未粗化的中、高碳钢和低合金钢锻轧件等，主要目的是消除工件在热加工过程中形成的内应力，使其硬度降低、塑性提高，从而提高工件的机械性能，改善其切削加工性。相较于完全退火，它的优点是加热温度低，消耗热能少，可降低工艺成本。

C. 球化退火。将过共析钢件加热到 $A_1 + (20 \sim 40\ ℃)$，保温一定时间后随炉冷却，在冷却过程中珠光体中片层状渗碳体发生球状化的工艺方法。这种方法主要用于高碳工具钢和轴承合金钢，其目的在于降低工件经过锻压后的高硬度、改善组织、改善切削加工性、提高塑性等。

D. 去应力退火。将钢件加热到相变点 A_1 以下的某一温度，保温一定时间后缓慢冷却的工艺方法。一般碳钢和低合金钢加热温度为 $550 \sim 650\ ℃$，而高合金钢一般为 $600 \sim 700\ ℃$，保温一定时间，然后随炉缓慢冷却（$\leqslant 100\ ℃/h$）到 $200 \sim 300\ ℃$ 出炉。去应力退火加热温度低，在退火过程中无组织转变，其目的是为了消除由于冷热加工在钢件内部所产生的残余应力，以减少钢件在后续的切削加工和使用过程中变形和开裂倾向。

E. 扩散退火。又称均匀化退火，是把钢件加热到略低于固相线以下某一温度，通常为 A_3 或 $A_{cm} + (150 \sim 300\ ℃)$，长时间保温后随炉缓慢冷却，使钢中的成分和组织在高温下通过扩散而得到均匀化的一种热处理工艺方法。一般碳钢采用 $1100 \sim 1200\ ℃$，合金钢采用 $1200 \sim 1300\ ℃$，保温时间为 $10 \sim 15\ h$。主要用于合金钢锭和铸件，以消除枝晶偏析，使成分均匀化。

相关退火工艺的具体加热温度范围如图 14 - 1 所示。

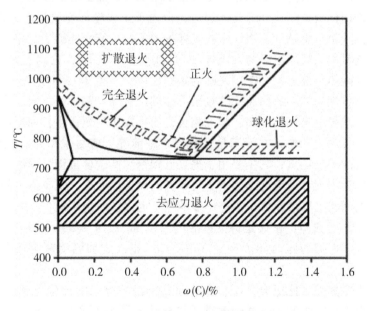

图 14 - 1　退火和正火的加热温度范围

碳钢退火后的组织：亚共析碳钢一般采用完全退火，经退火后可得接近于平衡状态的组织。如 45 钢经完全退火后的组织为铁素体加珠光体，其典型的显微组织如图

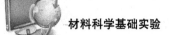

14-2(a)所示。过共析碳素工具钢则多采用球化退火，可获得在铁素体基体上均匀分布的粒状渗碳体的组织，称为球状珠光体或球化体。如 T12 钢经球化退火后组织为球状珠光体，二次渗碳体和珠光体中的渗碳体都呈球状（或粒状），如图 14-2(b)所示。

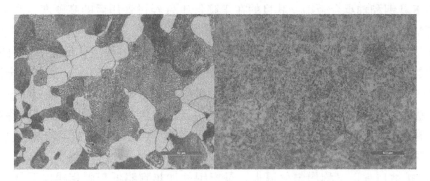

（a）45 钢完全退火后的显微组织，500×   （b）T12 钢球化退火后显微组织，1000×

图 14-2   45 钢完全退火后和 T12 钢球化退火后的显微组织

（2）正火。正火是退火的特殊形式，它与一般退火的不同之处是试样在具有稍大的冷却速度的空气中进行冷却。因此，冷却时的组织转变，相比退火，正火具有较大的过冷度，因而就决定了退火钢和正火钢在组织和性能上有所差别。从组织方面来说，虽然它们同样由铁素体和珠光体组成，但由于正火冷却速度较快，过冷度较大，因而将发生伪共析组织转变，组织中珠光体量增多，且珠光体的层片厚度减小，得到精细结构，这时所获得的组织为索氏体（S）或屈氏体（T），它们也属珠光体类型，是铁素体和渗碳体的混合物。它们之间的差别仅在于渗碳体的颗粒大小（分散程度）不同，索氏体较珠光体细，而屈氏体较索氏体细。另外，钢件经正火后的力学性能高于退火组织，其强度与韧性较高，塑性相近，而且操作简便，生长周期短，能量耗费少，所以一般工业生产中，在能满足性能要求的前提下应尽量采用正火代替退火处理。根据正火的工艺特点，其主要用于提高低碳钢和低碳合金钢的硬度，改善其切削加工性能；作为中碳和低合金结构钢重要零件的预备热处理，减少钢件的变形；消除过共析钢中的网状二次渗碳体，为进一步的球化退火做好组织准备。

正火加热温度选择：正火是将钢材加热到 A_3 或 A_{cm} +（30～50 ℃），即加热到奥氏体单相区，保持一定时间后在空气中冷却。正火加热温度范围选择如图 14-1 所示。

碳钢正火后的组织比退火的细，并且亚共析钢的组织中细珠光体（索氏体）的质量分数比退火组织中的多，并随着碳质量分数的增加而增加。45 钢经正火后其显微组织为铁素体+索氏体，如图 14-3 所示。其中白色条状为铁素体，沿晶界析出；黑色块状为索氏体。

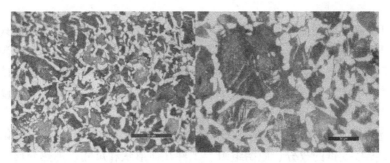

(a) 500×   (b) 1000×

图 14-3 45 钢正火后的显微组织

2. 钢的淬火与回火

钢的淬火与回火是大多数零件的最终热处理，是非常重要的热处理工艺。通过设计淬火与回火工艺的结合，不仅可显著提高钢的强度和硬度，而且可以获得不同的强度、硬度、塑性和韧性的合理配合，满足各种机械零件对钢铁材料力学性能的要求。

（1）淬火。所谓淬火是将钢加热到相变温度 A_3（亚共析钢）或 A_1（过共析钢）以上，保温一定的时间，使之完全奥氏体化后，以大于临界冷却速度的速度进行冷却，从而获得介稳状态的马氏体或下贝氏体组织的热处理工艺。钢淬火的主要目的是获得马氏体或贝氏体组织，提高它的硬度、强度和耐磨性等。例如，各种高碳钢和轴承合金钢的淬火，就是为了获得马氏体组织，以提高工件的硬度和耐磨性。

A. 淬火温度的选择。根据钢的相变点选择淬火加热温度，主要以获得细小均匀的奥氏体为主。一般原则是：亚共析钢为 A_3 +（30～100 ℃），若加热温度不足（低于 A_3），则淬火组织中的未熔铁素体会造成强度及硬度的降低；共析钢和过共析钢为 A_1 +（30～70 ℃），如图 14-4 所示，此时淬火后可得到细小的马氏体与粒状

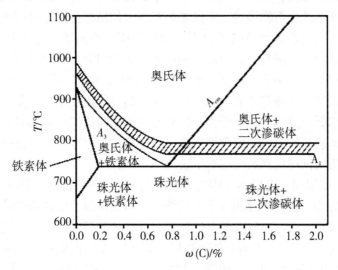

图 14-4 淬火的加热温度范围

渗碳体，可提高钢的硬度和耐磨性。在选择淬火温度时，需要充分考虑淬火工件的性能要求、原始组织状态、形状以及尺寸等因素。如果淬火温度选择不当，淬火后得到的组织也不能达到要求。如对于共析钢和过共析钢，如果采用超过 A_{cm} 的加热温度，不仅其强度、硬度不会增加，相反由于产生过多的残余奥氏体而导致其硬度和耐磨性下降。

B. 保温时间。保温的目的是使钢件热透，使奥氏体充分转变并均匀化。保温时间的长短主要根据钢的成分、原始组织、工件几何形状和尺寸、加热介质、装炉方式等决定，具体时间可参考有关热处理手册。一般可按照经验公式加以估算，对于碳钢，按每毫米工件厚度 1～9 min 估算，合金钢按每毫米工件厚度 2 min 估算。

C. 淬火冷却介质。钢在加热获得奥氏体后要选用适当的冷却介质进行冷却，获得马氏体组织。冷却过程对于淬火处理非常关键，一方面要求冷却速度要快，要大于临界冷却速度，以保证得到马氏体；另一方面又要求冷却速度不要太快，以避免在钢件内产生大量的内应力，进而产生开裂倾向。一般来说，要求淬火工件须在过冷奥氏体最不稳定的温度范围（550～650 ℃）进行快冷，而在马氏体转变点 Ms（200～300 ℃）慢冷以降低钢件内部的内应力。因此，应适当选用淬火冷却介质以满足此要求。

常用的冷却介质有油、水、盐水、碱水等，其冷却能力依次增加。油是一种应用广泛的淬火冷却介质，其冷却速度远小于水，大大减小了淬火钢件发生变形与开裂的倾向。但由于其冷却能力较弱，只适用于过冷奥氏体稳定性较大的合金钢的淬火，不适用于碳钢的淬火。而且由于油质容易老化，油淬后的钢件需要清洗。水是使用最早且至今仍是最常用的淬火冷却介质，使用安全，无燃烧、腐蚀等危险，具有较强的冷却能力。但由于其在 200～300 ℃范围内的冷却速度很大，常使淬火试样变形开裂。盐水通常指加入少量盐的水溶液（一般含 5%～10%的 NaCl）。水溶液中少量盐的加入提高了水的冷却能力，当淬火钢件与盐水溶液接触时，水被剧烈汽化，而食盐微粒依附在钢件表面并产生急剧爆裂，不仅能破坏淬火加热时在钢件表面形成的氧化铁皮使之剥落下来，而且能有效地破坏包围在钢件周围的蒸汽膜，进一步提高其冷却能力。利用盐水溶液淬火的钢件，容易得到高而均匀的硬度。但由于其冷却能力很大，易使淬火钢件产生变形和开裂。碱水通常指质量分数为 5%～15%的 NaOH 水溶液，是冷却能力很强的淬火冷却介质。碱水在高温区的冷却速度比盐水高，而在低温区的冷却速度比盐水低，因此，其对于易变形和有开裂倾向的工件特别有利。但 NaOH 溶液对工件及设备腐蚀较大，有刺激性气味，对环境污染较重。为防止钢件生锈，用盐水或碱水淬火后的试样均需及时进行清洗。

D. 淬火后的组织。低碳钢（碳含量小于 0.2%的非合金钢）淬火后的组织在光学显微镜下形态为一束束接近相互平行的细条状马氏体群，即板条状马氏体。在一个奥氏体晶粒内可有几束不同取向的马氏体群，其中条与条之间以小角度晶界分开。中碳钢（碳含量界于 0.2%～0.6%之间的非合金钢）经正常淬火后将得到片状马氏体和板条状马氏体的混合组织。高碳钢（碳含量大于 0.6%的非合金钢），如共析钢和过共析钢，在等温淬火（将奥氏体化后的工件以大于临界冷却速度冷却到下贝氏体转变区，然后在此温度范围内等温停留，直至贝氏体转变结束，然后空冷到室温）后可得到贝氏体组织，比如 T8 钢在 350～550 ℃ 及 350～M_s（马氏体转变温度）内等温淬火，过冷奥氏体将分别转变为上贝氏体和下贝氏体。

（2）回火。回火是将经过淬火的试样加热到临界点 A_1 以下的适当温度，保持一定时间后，采用适当的冷却方式进行冷却（在空气中或水、油等介质中），以获得所需的组织和性能的热处理工艺。回火的目的是消除淬火后钢件内部的残余应力，防止变形或开裂，提高韧性和塑性，获得所要求的力学性能和稳定性等。一般情况下，钢件淬火后必须进行回火，钢件回火前必定是经过淬火的，钢件回火后的硬度主要取决于回火温度，而回火温度的确定主要取决于工件使用性能、技术要求、钢种及淬火状态。根据回火温度的不同，可将其分为以下三类：

A. 低温回火。回火温度为 150～250 ℃。低温回火的目的是保持钢在淬火后得到的高硬度和高耐磨性，并且降低其内部残余应力和脆性。经低温回火后，从淬火马氏体内脱溶沉淀析出与母相保持着共格联系的碳化物，弥散地分布在基体中，这种组织称为回火马氏体。回火马氏体仍保持针状特征，并且具有高的强度和硬度，同时韧性和塑性也较淬火马氏体有明显改善。

B. 中温回火。回火温度为 350～500 ℃。中温回火的目的是获得高的屈服强度、弹性极限和一定的韧性。经中温回火后，铁素体仍然保持原来针状马氏体的形态，在铁素体基体上弥散分布着微小粒状的渗碳体组织，即回火屈氏体。由于析出的碳化物细小，在金相显微镜下难以分辨清楚。它具有较好的强度和硬度，尤其具有非常高的弹性性能。

C. 高温回火。回火温度为 500～650 ℃。经高温回火后，铁素体失去原来马氏体的形态而形成等轴状，渗碳体颗粒也发生了聚焦长大。由颗粒状渗碳体和多边形的铁素体组成的组织，即回火索氏体。回火索氏体具有强度、韧性和塑性较好的综合机械性能。

三、仪器用具和试样

箱式电阻加热炉、洛氏硬度计、砂纸、抛光机、金相显微镜。热处理试样：45 钢、T8 钢及 T12 钢，冷却介质水和淬火油，长柄铁钳等。

四、实验内容

（1）每 8 人一组，领取 45 钢、T8 钢及 T12 钢试样一套，每组共同完成一套实验（对应表 14-1 中相应的热处理工艺方法）。

表 14 – 1 试样的热处理工艺

试样号码	钢号	热处理工艺	浸蚀剂	建议放大倍数
1	45	完全退火	4%硝酸酒精	200 ～ 500
2	45	正火	4%硝酸酒精	200 ～ 500
3	T8	正火	4%硝酸酒精	200 ～ 500
4	T12	球化退火	4%硝酸酒精	200 ～ 500
5	45	淬火，油冷	4%硝酸酒精	200 ～ 500
6	45	淬火，水冷	4%硝酸酒精	200 ～ 500
7	45	淬火 + 低温回火	4%硝酸酒精	200 ～ 500
8	45	淬火 + 中温回火	4%硝酸酒精	200 ～ 500
9	45	淬火 + 高温回火	4%硝酸酒精	200 ～ 500

（2）制定热处理工艺参数，可参考以下工艺参数：

A. 45 钢完全退火工艺。加热温度为（860 ± 10）℃，根据试样有效尺寸计算保温时间，保温后炉冷到 300 ℃左右出炉空冷。

B. 45 钢正火工艺。加热温度为（860 ± 10）℃，根据试样有效尺寸计算保温时间，保温后出炉空冷。

C. T8 钢正火工艺。加热温度为（820 ± 10）℃，根据试样有效尺寸计算保温时间，保温后出炉空冷。

D. T12 钢球化退火工艺。加热温度为（760 ± 10）℃，根据试样有效尺寸计算保温时间（约 30 min），保温后随炉冷却到 680 ℃保温 40 min，随后炉冷到 300 ℃出炉空冷。

E. 45 钢淬火工艺。加热温度为（860 ± 10）℃，根据试样有效尺寸计算保温时间，保温后用长柄铁钳夹出放入淬火油中冷却。

F. 45 钢淬火工艺。加热温度为（860 ± 10）℃，根据试样有效尺寸计算保温时间，保温后用长柄铁钳夹出放入水中进行冷却。

G. 45 钢淬水 + 低温回火工艺。淬火方式为加热温度为（860 ± 10）℃，根据试样有效尺寸计算保温时间，保温后出炉进行水淬。随后放入炉中加热至 200 ℃，保温 1 h 后出炉空冷。

H. 45 钢淬火 + 中温回火工艺。淬火方式为加热温度为（860 ± 10）℃，根据试样有效尺寸计算保温时间，保温后出炉进行水淬。随后放入炉中加热至 400 ℃，保温 1 h 后出炉空冷。

I. 45 钢淬火 + 高温回火工艺。加热温度为（860 ± 10）℃，根据试样有效尺寸计算保温时间，保温后出炉进行水淬。随后放入炉中加热到 600 ℃，保温 1 h 后出炉空冷。

（3）利用硬度计对所有热处理前后的试样进行硬度测试（洛氏硬度），每个试样至少取三个试验点，再取一个平均值，分析热处理工艺对其硬度的影响。热处理后的试样在进行硬度测试之前，需用砂纸将其表面的黑色氧化层磨掉。进行回火的试样需进行两组硬度测试，即淬火后回火前、回火后共两组数据（硬度测试须在金相磨制观察前完成），见表 14-2。

表 14-2　不同热处理试样的硬度值

| 材料及热处理状态 | 热处理工艺 | | | | 测得硬度数据（*HRB* 或 *HRC*） | |
	加热温度/℃	保温时间/min	冷却方式	回火温度/℃	热处理前	热处理后
45 钢 完全退火						
45 钢 正火						
T8 钢 正火						
T12 钢 球化退火						
45 钢 淬火 油淬						
45 钢 淬火 水淬						
45 钢水淬 + 低温回火				200	淬火后回火前	回火后
45 钢水淬 + 中温回火				400	淬火后回火前	回火后
45 钢水淬 + 高温回火				600	淬火后回火前	回火后

（4）将热处理后的试样进行磨制、抛光，并用 4% 的硝酸酒精进行腐蚀制得金相试样。利用金相显微镜对其进行显微组织观察，分析热处理工艺对碳钢显微组织的影响。

（5）实验结束后，汇总各小组实验数据，根据实验数据分析不同热处理工艺对碳钢性能（硬度）的影响，并阐明硬度变化的原因。

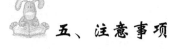

五、注意事项

（1）本实验加热为高温马弗炉，在放、取试样时一定要注意安全。

（2）高温马弗炉的温度设置好后，必须仔细检查其合理性后再开始加热。

（2）往炉中放、取试样时必须使用夹钳，夹钳必须擦干，不得沾有油和水。

（3）淬火时，试样要用钳子夹住，动作要既稳又快，并不断在水或油中搅动，

以免由于冷却不够均匀而影响热处理质量。

六、思考题

（1）退火状态的 45 钢试样分别加热到 600 ～ 900 ℃之间不同的温度后，在水中冷却，其硬度随加热温度如何变化？为什么？

（2）T12 钢经球化退火后得到的组织在本质、形态上有什么特点？

（3）45 钢淬火后硬度不足，如何用金相分析来断定是淬火加热温度不足还是冷却速度不够造成的？

参考文献

［1］崔忠圻. 金属学及热处理［M］. 北京：机械工业出版社，1998.

［2］马春阳. 热处理原理及工艺［M］，北京：中国石化出版社，2021.

［3］赵玉珍. 材料科学基础精选实验教程［M］. 北京：清华大学出版社，2020.

［4］胡赓祥，蔡珣，戎咏华. 材料科学基础［M］. 上海：上海交通大学出版社，2010.

［5］夏建元，曾大新，张红霞. 金属材料彩色金相图谱［M］. 北京：机械工业出版社，2012.

［6］王顺兴. 金属热处理原理与工艺［M］. 哈尔滨：哈尔滨工业大学出版社，2019.

实验 15 使用热流计法和平面热源法测量材料的热导率

一、实验目的

（1）了解稳态热流计法测量材料的热导率（或导热系数）和样品的热阻的原理。

（2）学会使用稳态热流计法测量不同材料的热导率和样品的热阻。

（3）了解准稳态平面热源法测量材料的热导率和比热的原理。

（4）学会用准稳态平面热源法测量材料的热导率和比热。

二、实验原理

1. 热传导理论中的一些基本概念

傅立叶热传导定律指出，通过材料的热传导速率（单位时间传递的热量）与温度的梯度和热量流经的横截面积成正比。对于均匀介质中的一维热传导，傅立叶热传导定律可以表示为：

$$q_c = -kA\frac{\mathrm{d}T}{\mathrm{d}x} \tag{15-1}$$

式中，q_c 是热流强度（单位：W），简称为热流；A 是热量流经的横截面积（单位：m^2），$\mathrm{d}T/\mathrm{d}x$ 是温度的梯度（单位：K/m），比例系数 k 是材料的热导率或导热系数 [单位：$\mathrm{W}/(\mathrm{m \cdot K})$]。负号表示热量总是从温度高的位置流向温度低的位置。需要说明的是，傅立叶定律适用于一维稳态热传导问题。根据式(15-1)，材料的热导率可写作：

$$k = \frac{q_c}{A\left|\dfrac{\mathrm{d}T}{\mathrm{d}x}\right|} \tag{15-2}$$

由式(15-2)可知，材料的热导率（或导热系数）可理解为单位温度梯度下、单位时间内通过单位横截面积的热量。热导率是表征材料热学性能的一个重要参数，不同的材料具有不同的热导率，比如 Cu 的热导率为 399 $\mathrm{W}/(\mathrm{m \cdot K})$，玻璃的热导率为 0.81 $\mathrm{W}/(\mathrm{m \cdot K})$，塑料的热导率为 0.2～0.3 $\mathrm{W}/(\mathrm{m \cdot K})$，而空气的热导率仅为

0.026 W/(m·K)。热导率越大，材料传热的速率越快，导热性能越好。热导率高的材料可用作散热材料，而热导率低的材料可用作绝热材料。

为了引入热阻的概念，考虑如图 15-1 所示的一维稳态热传导。已知一块长方体匀质材料左侧的温度为 T_1，右侧的温度为 T_2，且 $T_1 > T_2$，两个侧面相距 L，热传导的横截面积为 A，假设单位时间从左侧传递到右侧的热量（即热传导的速率）为 q_c，则材料的热阻定义为：

$$R_t = \frac{T_1 - T_2}{q_c} \qquad (15-3)$$

式中，R_t 为材料的热阻，它可理解为热流强度为 1 W 时材料两端的温差，单位为 K/W。如果把热流强度比作"电流强度"，把"温度差"比作"电压"，则"热阻"可比作"电阻"。就像电阻是用来表征材料对电子传输的阻碍能力，热阻的引入是为了表征材料对热量传导的阻碍能力。

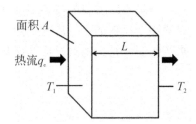

图 15-1　通过一长方体匀质材料的一维稳态热传导示意

仍然考虑图 15-1 所示的一维稳态热传导，此时，材料的热导率可表示为：

$$k = \frac{q_c \cdot L}{A \cdot (T_1 - T_2)} = \frac{L}{A \cdot \dfrac{\Delta T}{q_c}} = \frac{L}{A \cdot R_t} \qquad (15-4)$$

可以将式(15-4) 改写为：

$$R_t = \frac{1}{k} \cdot \frac{L}{A} \qquad (15-5)$$

材料热导率 k 的倒数称为热阻率，由式(15-5) 可知，热阻与热阻率、热传导的长度和热传导的截面积满足与电阻同电阻率、电导的长度和电导的截面积类似的关系。

2. 测量材料热导率的方法简介

测量材料热导率的方法有多种，这些方法大致可分为稳态法和瞬态法两类。稳态法是在样品处于稳态热传导的条件下（样品内部的温度分布不随时间变化）进行测量的方法。稳态法包括保护平板法［测量范围 0.001～2 W/(m·K)］、热流计法［测量范围 0.001～ 20 W/(m·K)］ 和保护热流计法［测量范围 0.01～ 400 W/(m·K)］。稳态法的优点是利用傅立叶热传导定律计算热导率，计算过程简单；缺点是要求材料达到稳定热传导的状态、测试时间长等。瞬态法是在样品处于非稳态热传导条件下进行测量的方法。瞬态法包括热线法［测量范围 0.01 ～ 20 W/(m·K)］、瞬态平面热源法［测量范围 0.01 ～20 W/(m·K)］和激光闪光法［测量范围 0.1 ～2000 W/(m·K)］。瞬态法的优点是测量速度快、测量范围宽，缺点是设备较为复杂和昂贵。

本实验安排了两种方法测量材料的热导率，它们分别是属于稳态方法的热流计法和属于瞬态法的平面热源法。下面简要介绍它们的测试原理。

3. 热流计法测量材料热导率的原理

图 15-2 给出了热流计法测量材料热导率的原理示意。如图 15-2 所示，加热面 A 将热量经待测样品 B 传导到散热面 C（室温）。由于加热面 A 和散热面 C 都是由热的良导体铜板制作，且与待测样品 B 紧密接触，当达到稳态时可认为其温度就是样品上、下表面的温度 T_1 和 T_2，且 $T_1 > T_2$。对于样品 B，假设其导热方向的厚度为 L，面积为 A，当达到稳态热传导时，只要准确测量出样品的厚度 L 和面积 A、上下表面的温度 T_1 和 T_2，以及流经样品的热流 q_c（单位为 W），就可以利用基于傅立叶定律的式(15-4)计算材料的热导率，再利用式(15-5) 计算样品的热阻。

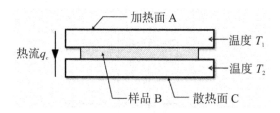

图 15-2 热流计法测量材料热导率的原理示意

需要说明的是，本实验所用的 DRPL-Ⅰ热导率测试仪使用 WPY 热流计测量通过样品的热流。该热流计使用珀耳帖元件作为热流传感器。珀耳帖效应是指当有电流通过不同的导体或半导体组成的回路时，将在不同导体或半导体的连接处产生吸热或放热的现象，且吸热端（冷端）和放热端（热端）会随着电流方向的改变而交换位置，如图 15-3 所示。珀耳帖元件作为热流传感器是反向利用了它的常见功能，即让热流通过珀耳帖元件使其两端产生温度差，由温度差产生热电压；然后利用毫伏表测量珀耳帖元件输出的热电压，来间接得到通过珀耳帖元件的热流。由于这是一种间接测量热流的方法，必须定期对热流计给出的热流值做校准才能保证测量结果的正确性。具体地说，使用热导率已知的参考样品标定热流计毫伏表显示的电压值与通过热流传感器的热流值之间的关系。例如，已知参考样品的热导率，通过它的热流 q_{ref} 可由温差 ΔT_{ref}、样品厚度 L_{ref}、面积 A 和式(15-1) 确定。假设所确定的热流 q_{ref} 是 2.5 W，而此时热流计毫伏表显示的电压为 1 V，这意味着热流计毫伏表为 1 V 的电压值对应于有 2.5 W 的热流通过热流计。假设两者满足线性关系，就可以得到其他电压值对应

的热流值。

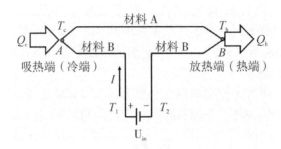

图15－3　帕尔贴效应的原理示意

4．平面热源法测量材料热导率的原理

如图15－4所示，考虑一无穷大导热平板的一维热传导问题。假设该平板的面积为无限大、厚度为$2d$，初始温度为T_0。现从平板的两侧同时向中心面施加均匀的热流密度q_f（单位时间通过单位截面积的热量，也称为热通量。单位为W/m^2），则平板上各点的温度$T(x,t)$将随加热时间t而变化。

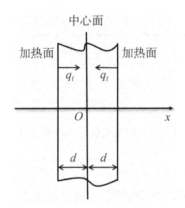

图15－4　厚度为$2d$的无穷大导热平板的一维热传导模型示意

以样品中心面上的一点为坐标原点O，以样品厚度方向为x轴方向，如图15－4所示，则平板上各处的温度$T(x,t)$随位置x和加热时间t的分布可通过求解下面的偏微分方程得到：

$$\begin{cases} \dfrac{\partial T(x,t)}{\partial t} = \alpha\, \dfrac{\partial^2 T(x,t)}{\partial x^2} \\ \dfrac{\partial T(d,t)}{\partial x} = \dfrac{q_f}{k}, \qquad \dfrac{\partial T(0,t)}{\partial x} = 0 \\ T(x,0) = T_0 \end{cases} \qquad (15-6)$$

式中，$\alpha = k/\rho c$被称为物体的热扩散率（单位为m^2/s），它是表征物体在加热或冷却的过程中升温或降温快慢的物理量，ρ 为材料的密度（单位为 kg/m³），c 为材料的比热 [J/(kg·K)]，k 为材料的热导率 [W/(m·K)]，由 α 的表达式可知，比热大、热导率低的材料热扩散率低，这意味着其温度的变化较慢。需要说明的是，方程(15-6) 中，第一行式子是描述材料内部无热源的非稳态热传导的偏微分方程；第二行的两个式子是该问题的边界条件，通过将傅立叶热传导定律分别应用于 $x=d$ 和 $x=0$ 时得到，这里的 q_f 是热流密度（或热通量），它与热流 q_c 的关系是 $q_f=q_c/A$；第三行式子是该问题的初始条件。

通过求解偏微分方程（15-6），可得到该问题的解（具体求解过程参见附录）为：

$$T(x,t) = T_0 + \frac{q_f}{k}\left[\frac{x^2}{2d} - \frac{d}{6} + \frac{2d}{\pi^2}\sum_{n=1}^{\infty}\frac{(-1)^{n+1}}{n^2}\cdot e^{-\frac{n^2\pi^2\alpha t}{d^2}}\cdot\cos\frac{n\pi}{d}x\right]$$

$$(15-7)$$

由式(15-7) 可知，级数求和项随着加热时间 t 的增加呈指数衰减，当加热时间较长时，级数求和项的影响可以忽略不计，此时式(15-7) 可简化为：

$$T(x,t) = T_0 + \frac{q_f}{k}\left(\frac{x^2}{2d} - \frac{d}{6}\right) \qquad (15-8)$$

在样品的中心面处，$x=0$，代入式(15-8) 可得：

$$T(0,t) = T_0 - \frac{q_f d}{6k} \qquad (15-9)$$

在样品的加热面处，$x=d$，代入式(15-8) 可得：

$$T(d,t) = T_0 + \frac{q_f}{k}\left(\frac{d}{2} - \frac{d}{6}\right) = T_0 + \frac{q_f d}{3k} \qquad (15-10)$$

此时加热面和中心面之间的温度差为：

$$\Delta T = T(d,t) - T(0,t) = \frac{q_f d}{2k} \qquad (15-11)$$

由式(15-11) 可知，当热流密度 q_f 恒定时，加热面和中心面之间的温度差 ΔT 保持恒定，与加热时间 t 无关，我们称这种状态为准稳态。当体系到达准稳态时，由式(15-11) 可得：

$$k = \frac{q_f d}{2\Delta T} \qquad (15-12)$$

由式(15-12) 可知，只要测出体系进入准稳态后加热面和中心面之间的温度差 ΔT，并由实验条件确定相关参量 q_f 和 d，就可以计算出待测材料的热导率 k。

另外，体系进入准稳态后，可以用比热 c、样品的密度 ρ、体积 V、面积 A、厚度 d、温度的变化、时间 t 等将 q_f 表示出来，即：

$$q_f = \frac{dQ}{A\cdot dt} = \frac{c\cdot\rho\cdot V\cdot dT}{A\cdot dt} = c\cdot\rho\cdot d\frac{\partial T}{\partial t} \qquad (15-13)$$

根据式(15-13)，样品的比热可表示为：

$$c = \frac{q_{\mathrm{f}}}{\rho d \dfrac{\partial T}{\partial t}} \qquad\qquad (15-14)$$

式中，$\dfrac{\partial T}{\partial t}$ 为准稳态条件下样品中心面的温升速率，需要说明的是，进入准稳态后各点的温升速率是相同的。由式（15-4）推导可知，只要知道恒定的热流密度 q_{f}，样品的厚度 d、样品的密度 ρ，并测出体系进入准稳态后加热面和中心面间的温度差 ΔT 和中心面的温升速率 $\dfrac{\partial T}{\partial t}$，就可利用式（15-12）和式（15-14）计算出材料的热导率和比热。

 ## 三、仪器用具和样品

DRPL-Ⅰ热导率测试仪，计算机，ZKY-BRDR型准稳态法热导率、比热测试仪，样品（石英、白橡胶、铝合金、黑橡胶、有机玻璃）。

 ## 四、实验装置介绍

1. 测试仪器介绍

（1）DRPL-Ⅰ热导率测试仪简介。本实验使用DRPL-Ⅰ热导率测试仪和基于稳态测试方法的热流计法对三种样品（白橡胶、石英和铝合金）的热导率和热阻进行测试。图15-5给出了DRPL-Ⅰ测试仪的正面照片。如图15-5所示，该测试仪由测试主机（包括机箱、前面板、防风罩，以及包含冷板、热板、测温热电偶、热板高度调节手轮的测试架等）和计算机组成。前面板有电源开关、加热开关、风扇开关、加热电流表、加热电压表、加热器温控表、热流计毫伏表、热面和冷面温度显示仪表等。由于本实验所用的DRPL-Ⅰ热导率测试仪配备了计算机以及"DRPL导热系数测试系统"控制软件，一旦在程序界面上设置好必要的参数，计算机可自动控制DR-PL-Ⅰ热导率测试仪完成样品热阻和材料热导率的测量。测量完成后，还可以自动生成样品热阻和材料热导率的检测结果报告。DRPL-Ⅰ热导率测试仪的主要技术参数如下：热导率测试范围为 $0.015 \sim 400$ W/(m·K)，精确度小于5%；热流计热流测量范围为 $0.5 \sim 2000$ W，分辨率为0.25 W；热面温度范围为室温～99.99 ℃，冷面温度为室温；冷、热板传热面积均为 150 mm×150 mm；冷、热板间距调节范围为 $0 \sim 160$ mm。

（2）ZKY-BRDR型准稳态法热导率、比热测试仪简介。本实验使用ZKY-BRDR型热导率测试仪和基于瞬态测试方法的平面热源法对两种样品（黑橡胶和有机玻璃）的热导率和比热进行测试。图15-6给出了ZKY-BRDR型准稳态法热导率、比热测试仪的正面照片。如图15-6所示，该测试仪由主机、卧式测试装置和保温杯三部分

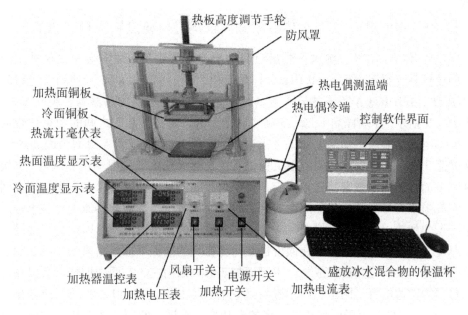

加热面铜板
冷面铜板
热流计毫伏表
热面温度显示表
冷面温度显示表

热板高度调节手轮
防风罩
热电偶测温端
热电偶冷端
控制软件界面

加热器温控表
加热电压表
风扇开关
加热开关
电源开关
加热电流表
盛放冰水混合物的保温杯

图 15 - 5　DRPL- I 导热系数测试仪的正面照片

组成。主机的前面板有电源开关、加热电压调节旋钮、加热电压/热电势切换开关、中心面/温差热电势切换开关、加热电压/热电势显示、加热计时显示、加热计时清零按钮、加热指示灯等。需要说明的是，加热开关位于主机的后面板上。一旦打开加热开关，加热指示灯就会点亮，加热计时就会显示加热时间。实验人员可通过操作主机上的相关开关或旋钮，人工完成所有实验数据的采集。卧式测试装置用来固定和压紧样品，对样品加热和测温，并将热电偶输出的温差热电势信号放大后输入到测试主机上。保温杯的作用是使两个热电偶的冷端在整个实验过程中保持温度恒定。

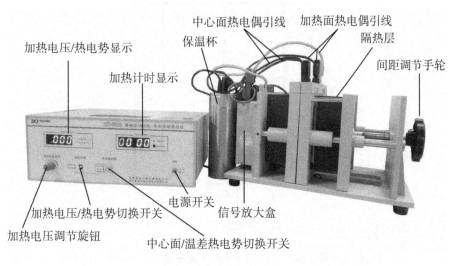

加热电压/热电势显示
加热计时显示
保温杯
中心面热电偶引线
加热面热电偶引线
隔热层
间距调节手轮

加热电压/热电势切换开关
加热电压调节旋钮
中心面/温差热电势切换开关
电源开关
信号放大盒

图 15 - 6　ZKY-BRDR 型准稳态法热导率、比热测试仪正面

169

2. ZKY-BRDR 型准稳态热导率测试仪测量材料热导率和比热的方法

要使用 ZKY-BRDR 型测试仪测量材料的热导率和比热，须准备 4 块尺寸完全相同的同质样品（样品厚度 $d = 0.01\text{m}$，样品面积 $S = $ 长 0.09 m × 宽 0.09 m）。图 15 − 7 给出了 ZKY-BRDR 型准稳态热导率测试仪所使用的样品和面加热器的安装配置方式。如图 15 − 7 所示，4 块样品 1、2、3 和 4 一字排开，样品 2 和 3 之间的中央位置放置中心面热电偶测温端；样品 1 和 2 之间为面加热器 1，样品 3 和 4 之间为面加热器 2，并在样品 3 和面加热器 2 之间的中央位置放置加热面热电偶测温端。测试时，4 块样品和两个面加热器被紧密挤压在一起，确保样品和样品之间以及样品和加热器之间不存在空气隙，且样品和加热器周围被绝热材料所包围。由于面加热器可对整个样品面积进行均匀加热，且样品的横向尺寸大于样品厚度的 6 倍以上，可以认为热传导只沿样品厚度方向进行，所以之前在假设样品为无穷大的前提下推导出来的一维非稳态热传导公式对本实验仍然近似成立。由于面加热器可以向左、右两边加热，所以在每个面加热器的两边配置了两个相同的样品（它们具有相同的热阻），这样可使样品 2 或 3 获得的热流密度约等于面加热器一半的电功率。测试仪使用的面加热器的电阻 $R = 110\ \Omega$，可使用式（15 − 15）计算样品 2 或 3 获得的热流密度：

$$q_{\text{f}} = \frac{V^2}{2A \cdot R} = \frac{V^2}{2 \times 0.85 \times 0.09 \times 0.09 \times 110}\ (\text{W/m}^2) \qquad (15-15)$$

式中，V 为面加热器的加热电压（本实验取 18 V 或 19 V），A 是有效传热面积，0.85 是考虑了边缘效应对加热面积（$S = $ 长 0.09 m × 宽 0.09 m）的修正因子。

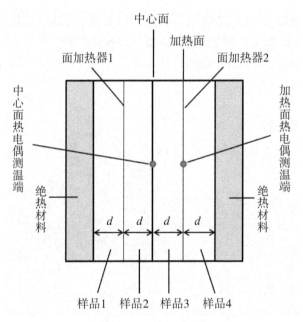

图 15 − 7　四块样品和两个薄膜加热器在 ZKY-BRDR 型准稳态热导率测试仪中的安装配置方式

一旦确定了样品 2 和 3 从面加热器获得的热流密度 q_f，只需测出体系进入准稳态后加热面和中心面之间的温度差 ΔT（或样品 3 两侧的温度差），就可以利用之前针对图 15-4 推导出的式（15-12）计算材料的热导率。由于我们在样品 3 的两侧分别放置了中心面热电偶的测温端和加热面热电偶的测温端，且两个热电偶的冷端被放置在同一个保温杯中，在整个实验过程中两个热电偶的冷端温度保持恒定，所以测试过程中任意时刻样品 3 两侧的温差热电势 V_t（即两个热电偶的测温端温差热电势）可以由仪器测出。根据测试仪所用的铜—康铜热电偶的塞贝克系数（0.04 mV/K），可以利用式（15-16）将样品 3 两侧的温差热电势 V_t（单位为 mV）转换为温度差：

$$\Delta T = \frac{V_t}{0.04} \; (K) \qquad (15-16)$$

至此，可以将样品 3 的厚度 d、样品 3 从加热器获得的热流密度 q_f、样品 3 两侧的温度差 ΔT 代入式（15-12）来计算材料的热导率。

由式（15-14）可知，要计算材料的比热，除了要知道样品 3 从加热器获得的热流密度 q_f 以外，还需知道样品 3 的温升速率。本实验测量样品 3 另一侧（即中心面）的温升速率，并把它近似看作样品 3 的温升速率。在实际测量中，仪器以每分钟为间隔测量中心面热电偶输出的温差热电势，根据该数据可得到中心面热电偶测温端每分钟的热电势改变量 ΔV（单位是 mV），由此可利用式（15-17）计算中心面的温升速率：

$$\frac{dT}{dt} = \frac{\Delta V}{60 \times 0.04} \; (K/s) \qquad (15-17)$$

式中，60 s 对应于 1 min 的测试间隔，0.04 对应于铜—康铜热电偶的塞贝克系数（0.04 mV/K）。一旦确定了 dT/dt，q_f，d 和材料的密度 ρ（已知有机玻璃的密度为 1196 kg/m³，黑橡胶的密度为 1374 kg/m³），就可以利用式（15-14）计算材料的比热。

五、实验内容

1. 使用稳态法（热流计法）测量样品的热阻和材料的热导率

（1）测量方块状白橡胶样品的热阻和白橡胶的热导率。

A. 测量样品尺寸，安装样品。接触样品时需佩戴丁腈手套。确认样品表面是否洁净，如果样品表面有沾污，应使用医用纱布将样品表面清理干净。使用游标卡尺测量橡胶块样品的长、宽和厚，为了评估测量结果的不确定度，每个量都需要测量 5 次，并将结果记录在实验记录纸上。取下 DRPL-Ⅰ热导率测试仪实验主机上的有机玻璃防风罩，旋转手轮，升起上面板。使用医用纱布将上、下铜面板表面清理干净。将橡胶块样品置于面积为 150 mm × 150 mm 的上、下铜面板的正中央。旋转手轮，降下上面板，直到四个支撑杆露出 10 mm 左右以确保样品被上、下铜板夹紧。罩上有

机玻璃防风罩。在作为热电偶冷端（参考端）的保温杯里加入冰水混合物（冰块占90%），使其占保温杯体积的约90%。

B. 设定加热温度，等到系统进入稳态后用鼠标点击"开始测量"按钮进行自动测量。打开 DRPL-Ⅰ测试仪主机的电源开关、加热开关和风扇开关。打开电脑，启动"DRPL 导热系数测试系统"控制软件。此时，实验主机温控表上的数据应能够在程序界面上相应的显示框中显示；否则通信不正常，请检查通信线和接口是否连接正常，或根据计算机提示查找故障。把样品的厚度和面积输入到程序界面上相应的输入框。然后，设置加热板的温度。打开主机时，主机前面板上的加热器温控表显示的是环境温度，通常把加热板的温度设置为比环境温度高 20 ~30 ℃。设置完加热温度，用鼠标点击程序界面上的"启动"按钮，就开始对上面板（加热板）进行加热。等到系统进入稳态后，观察主机前面板上的热流计毫伏表的示数，如果示数小于 10，用鼠标点击程序界面上的"停止"按钮停止加热，然后在加热温度设置框内设置更高的温度并点击"启动"按钮重新进行加热，直至体系进入稳态后热流计毫伏表的示数大于或等于 10 为止。之后，用鼠标点击"开始测量"按钮进行自动测量，测量过程通常需要 0.5 ~2.5 h。

C. 测量完成后，保存数据，关机。测量完成后，程序会自动弹出对话框，要求输入"样品名称""操作者姓名"和"检测日期"等信息。填完以上信息，点击"确认"按钮，就可以自动生成样品热导率和热阻的检测报告。检测报告有两种格式可供选择，一种是 PDF 格式，另一种是 Excel 表格。此外，还可以点击程序主界面上的"显示曲线"，在新打开的页面上点击"输出数据"，同样可以两种文件格式（PDF 和 Excel）保存"曲线数据"。一旦测试完成并保存好检测报告和曲线数据，就可以点击"停止"按钮停止对上面板加热，点击"停止测试"按钮停止测试，点击"退出程序"按钮退出程序。然后关闭加热开关、风扇开关，最后关闭仪器电源开关。取下有机玻璃防风罩，旋转手轮，升起上面板，取走样品。

（2）测量圆柱形石英样品的热阻和石英的热导率。石英样品的测量过程与橡胶块样品的测量过程类似，所不同的是，石英样品不像橡胶样品那样富有弹性，为了确保石英样品与上、下铜板有良好的热接触，需要在石英样品的上、下底面涂抹适量的导热硅脂，然后，将样品置于面积为 150 mm×150 mm 的上、下铜板的正中央。旋转手轮，降下上面板，直到四个支撑杆露出 10 mm 左右以确保样品被上、下铜板夹紧。以下测量过程与橡胶块样品的测量过程相同。

（3）测量圆柱形铝合金样品的热阻和铝合金的热导率。与橡胶和石英不同，铝合金是热的良导体，要想利用热流计法准确测量铝合金样品的热阻和热导率，必须对铝合金样品进行特殊的设计和制备。为了增加冷、热面的温差，在减小铝合金样品横截面积的同时增加样品的高度；为了避免热量从铝合金样品的侧壁散失，使用绝热材料将铝合金样品的侧壁完全包裹；为了彻底消除铝合金样品与冷、热铜板接触热阻对测量结果的影响，在铝合金样品上、下底面附近的侧壁上打两个测温孔，把测量热、冷铜板温度的热电偶分别插进这两个测温孔内测温。图 15-8 给出了夹在上、下铜板之间的铝合金样品的断面示意。由图 15 - 8 可知，铝合金样品由铝合金柱芯、绝热包层和两个测温孔组成。

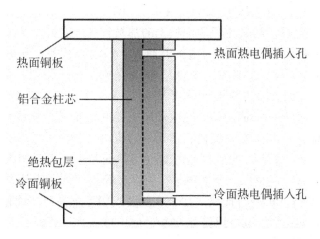

热面铜板
铝合金柱芯
绝热包层
冷面铜板

热面热电偶插入孔

冷面热电偶插入孔

图 15 - 8 由铝合金柱芯、绝热包层和两个测温孔组成的铝合金样品的断面示意

使用游标卡尺测量铝合金样品的直径时，要注意铝合金棒的直径不包含绝热层。使用游标卡尺测量上、下两个测温孔的距离作为铝合金样品的厚度。同样地，每个量都需要测量 5 次，并将结果记录在实验记录纸上。在铝合金样品的上、下底面涂抹少量导热硅脂，然后，将样品置于铜下面板的正中央。旋转手轮，降下铜上面板使之与样品接触。用手旋转样品使导热硅脂尽可能均匀分布于两个接触面。将原来插入上、下铜板测温孔的热电偶测温端拔出，蘸一些导热硅脂，分别插入到样品侧面上、下两个测温孔中，而且要将热电偶的测温端插到底（插到样品中心）。旋转手轮，直到 4 个支撑杆露出 10 mm 左右，以确保样品被上、下铜板夹紧。之后的测量过程与橡胶块样品的测量过程相同。

对热导率测量结果进行不确定度分析：已知温度测量范围为：室温 ~ 99.99 ℃，温度测量精度为 ± 0.05 ℃。热流计热流测量范围：0.5 ~ 2000 W，分辨率为 0.25 W。游标卡尺的测量精度为 0.02 mm。假定用矩形分布来评估仪器精度引入的不确定度；计算样品热导率测量结果的相对不确定度；假设包含因子 $k = 2$，给出扩展不确定度。

2. 使用准稳态法（平面热源法）测量有机玻璃和黑橡胶的热导率和比热

（1）测量有机玻璃的热导率和比热。

A. 安装样品。旋松测试装置上的间距调节手轮，拉出样品架。轻轻拔出左横梁及与之相连的中心面热电偶，拔出右横梁及与之相连的加热面热电偶，将它们放置在不易触碰的地方。戴上手套，按照图 15 - 7 所示的样品位置安装样品。首先，将有机玻璃样品 1 和 2 放进样品架中，将右横梁放入样品架并确认加热面热电偶测温端紧贴

面加热器 2 且位于其中部；然后，将有机玻璃样品 3 和 4 放进样品架中，将左横梁放入样品架并确认中心面热电偶测温端位于样品 2 和 3 之间的中央位置；最后，旋紧手轮压紧样品。注意左、右横梁的安装位置不能颠倒。

B. 设定加热电压。检查主机后面板上的加热开关是否处于关闭状态。如果处于打开状态，应关闭加热开关。打开主机前面板上的电源开关。开机后先让仪器预热10 min。设定加热电压，步骤为：先将"电压切换"按钮调到"加热电压"档位，再将"加热电压"调节旋钮调节到 18 V 或者 19 V。

C. 测量加热面和中心面间的温差电动势 V_t 和中心面每分钟温升热电势。将"电压切换"开关调到"热电势"档位；然后将"热电势切换"开关调到"温差"档位，如果"测量电压显示"的温差热电势（加热面和中心面间的温差电动势）的绝对值小于 0.004 mV，就可以开始加热了，否则应等到"测量电压显示"的温差热电势降到 0.004 mV 以下再进行加热。如果实验要求精度不高，"测量电压显示"的温差热电势在 0.01 mV 左右也可以开始实验，但不能太大，否则严重影响实验结果的准确性。

在满足上述条件之后，打开主机后面板上的加热开关，与此同时，按下前面板上的"加热计时清零"按钮将"加热计时显示"的示数清零，然后，每隔 1 min 分别记录一次温差热电势 V_t 和中心面热电势 V，并将测得的数据记入表 15-1。可以选择在加热 0.5 min 时读取和记录温差热电势 V_t，过 0.5 min 读取和记录中心面热电势，再过 0.5 min 读取和记录温差热电势 V_t，这样可保证温差热电势 V_t 和中心面热电势 V 的读数间隔均为 1 min。需要注意的是，一旦打开"加热"开关，就要开始计时。一次实验最好在 25 min 内完成。

表 15-1 有机玻璃样品的实验数据记录

记录次数	V_t/mV	中心面热电势 V/mV	每分钟温升热电势 ΔV/(mV/min)
1			
2			
3			
4			
5			
6			
7			
8			
9			
10			
11			

续上表

记录次数	V_t/mV	中心面热电势 V/mV	每分钟温升热电势 ΔV/(mV/min)
12			
13			
14			
15			
16			
17			
18			
19			
20			

（2）测量黑橡胶的热导率和比热。取下有机玻璃样品，然后按如下步骤操作：关闭加热开关→关闭电源开关→旋松手轮→拉出样品架→将左横梁及与之相连的中心面热电偶取出→取出实验样品 3→将右横梁及与之相连的加热面热电偶取出→取出其余样品→等待两个面加热器冷却至室温。

安装和测量黑橡胶样品的热导率和比热的操作步骤与安装和测量有机玻璃的热导率和比热的实验步骤类似，以下不再赘述。将黑橡胶的实验数据记入表 15-2。

表 15-2　黑橡胶样品的实验数据记录

记录次数	V_t/mV	中心面热电势 V/mV	每分钟温升热电势 ΔV/(mV/min)
1			
2			
3			
4			
5			
6			
7			
8			
9			
10			
11			
12			

续上表

记录次数	V_t/mV	中心面热电势 V/mV	每分钟温升热电势 ΔV/(mV/min)
13			
14			
15			
16			
17			
18			
19			
20			

 六、思考题

(1) 已知橡胶的热导率 $k = 0.426$ W/(m·K),石英玻璃的热导率 $k = 1.46$ W/(m·K),纯铝的热导率 $k = 220$ W/(m·K),而铝合金的热导率因成分不同而不同,其热导率分布在 $121 \sim 180$ 之间。根据实测值和参考值估算橡胶、石英玻璃、铝合金这三种材料的热导率的相对误差,并分析误差的来源。

(2) 平板热流法实验使用铜—康铜热电偶测温。为什么冷端要放到冰水混合物中?

(3) 比较稳态法和准稳态法测量材料热导率的优缺点。

(4) 已知有机玻璃的热导率 $\lambda = 0.17$ W/(m·K),比热 $c = 1.31 \times 10^3$ J/(kg·k);橡胶的热导率 $\lambda = 0.426$ W/(m·K),比热 $c = 1.19 \times 10^3$ J/(kg·k)。根据实测值和参考值估算两种材料的热导率和比热的相对误差,并分析误差的来源。

$$\left(提示:相对误差计算公式 \Delta A = \left| \frac{A_{measure} - A_{theoretical}}{A_{theoretical}} \right| \right)$$

(5) 判定系统达到准稳态导热的依据是什么?

参考文献

[1] DRPL-I 热导率动态测量仪(热流计法)使用说明书[Z].

[2] ZKY-BRDR 准稳态法比热·热导率测定仪实验指导说明书[Z].

[3] 图文解析!一文解读热导率的测量方法(aisoutu.com)[EB/OL]. (2021 – 11 – 30) [2023 – 03 – 06]. https://aisoutu.com/a/1157281#.

[4] BLUMM J. 导热系数测量方法及仪器 [EB/OL]. 曾智强,编译. [2023 – 03 – 06]. https://max.book118.com/html/2018/0216/153391104.shtm.

［5］ KREITH F，MANGLIK R M. Principles of heat transfer［M］. 8th ed.　Boston：Cengage Learning，2016.

［6］ 姚端正. 数学物理方法学习指导［M］. 北京：科学出版社，2001.

［7］ 李惜雯. 数学物理方法典型题（解法·技巧·注释)［M］. 西安：西安交通大学出版社，2001.

［8］ 同济大学数学系. 高等数学·上册［M］. 7 版. 北京：高等教育出版社，2014.

［9］ 同济大学数学系. 高等数学·下册［M］. 7 版. 北京：高等教育出版社，2014.

附 录

下面给出与图 15 – 4 对应的非稳态热传导偏微分方程的求解过程。

$$\begin{cases} \dfrac{\partial T(x,t)}{\partial t} = \alpha\,\dfrac{\partial^2 T(x,t)}{\partial x^2} \\[2mm] \dfrac{\partial T(d,t)}{\partial x} = \dfrac{q_{\mathrm{f}}}{k}, \qquad \dfrac{\partial T(0,t)}{\partial x} = 0 \\[2mm] T(x,0) = T_0 \end{cases} \tag{15 – 6}$$

解：因为非齐次边界条件的值与时间无关，令：

$$T(x,t) = u(x,t) + v(x) \tag{15 – 18}$$

代入方程组（15 – 16）中的偏微分方程及边界条件，可得：

$$\begin{cases} u_t(x,t) = \alpha u_{xx}(x,t) + \alpha v_{xx}(x) \\[2mm] u_x(d,t) + v_x(d) = \dfrac{q_{\mathrm{f}}}{k} \\[2mm] u_x(0,t) + v_x(0) = 0 \end{cases} \tag{15 – 19}$$

因此，该问题可以转换为对以下两个方程组的求解：

$$\begin{cases} u_t(x,t) = \alpha u_{xx}(x,t) \\ u_x(d,t) = 0 \\ u_x(0,t) = 0 \\ u(x,0) = T_0 - v(x) \end{cases} \tag{15 – 20}$$

$$\begin{cases} v_{xx}(x) = 0 \\[2mm] v_x(d) = \dfrac{q_{\mathrm{f}}}{k} \\[2mm] v_x(0) = 0 \end{cases} \tag{15 – 21}$$

方程组（15 – 5）是常微分方程组，容易解得：

$$v(x) = \frac{q_{\mathrm{f}}\,x^2}{2kd} \tag{15 – 22}$$

将式(15 – 22)代入方程组（15 – 20）可得：

$$\begin{cases} u_t(x,t) = \alpha u_{xx}(x,t) \\ u_x(d,t) = 0 \\ u_x(0,t) = 0 \\ u(x,0) = T_0 - \dfrac{q_f x^2}{2kd} \end{cases} \tag{15-23}$$

下面使用分离变量法求解该方程组。

令

$$u(x,t) = X(x) \cdot T(t) \tag{15-24}$$

将它代入方程组（15-23）的第一个式子：

$$X(x) \cdot T'(t) = \alpha X''(x) \cdot T(t) \Rightarrow \frac{X''(x)}{X(x)} = \frac{T'(t)}{\alpha T(t)} \tag{15-25}$$

令：

$$\frac{X''(x)}{X(x)} = \frac{T'(t)}{\alpha T(t)} = \mu \tag{15-26}$$

则：

$$X''(x) - \mu X(x) = 0 \tag{15-27}$$

$$T'(t) - \mu \alpha T(t) = 0 \tag{15-28}$$

将式（15-24）代入方程组（15-23）的边界条件（第二个式子和第三个式子）可得：

$$X'(d) = 0, \quad X'(0) = 0 \tag{15-29}$$

由此得到 $X(x)$ 满足的偏微分方程组：

$$\begin{cases} X''(x) - \mu X(x) = 0 \\ X'(d) = 0 \\ X'(0) = 0 \end{cases} \tag{15-30}$$

对于偏微分方程组（15-30），其本征值为：

$$\mu_n = -\frac{n^2 \pi^2}{d^2} \tag{15-31}$$

其本征函数为：

$$X_n(x) = A_n \cdot \cos \frac{n\pi}{d} x, \quad n = 0,1,2,\cdots \tag{15-32}$$

将式（15-31）代入（15-28）可得：

$$T_n'(t) - \mu_n \alpha T(t) = 0 \Rightarrow \frac{T_n'(t)}{T(t)} = \mu_n \alpha = -\frac{n^2 \pi^2 \alpha}{d^2} \Rightarrow T_n(t) = B_n \cdot \mathrm{e}^{-\frac{n^2 \pi^2 \alpha t}{d^2}}$$

$$\tag{15-33}$$

所以，

$$u(x,t) = X(x) \cdot T(t) = \frac{C_0}{2} + \sum_{n=1}^{\infty} C_n \cdot \mathrm{e}^{-\frac{n^2 \pi^2 \alpha t}{d^2}} \cdot \cos \frac{n\pi}{d} x \tag{15-34}$$

将式（15 – 34）代入方程组（15 – 23）中的初始条件（第四个式子）可得：

$$u(x,0) = T_0 - \frac{q_f x^2}{2kd} = \frac{C_0}{2} + \sum_{n=1}^{\infty} C_n \cdot \cos \frac{n\pi}{d} x \qquad (15 - 35)$$

其中，

$$C_n = \frac{2}{d} \int_0^d \left(T_0 - \frac{q_f x^2}{2kd} \right) \cdot \cos \frac{n\pi}{d} x \, \mathrm{d}x, \quad n = 0,1,2,\cdots \qquad (15 - 36)$$

$$C_n = \frac{2}{d} \int_0^d \left(T_0 - \frac{q_f x^2}{2kd} \right) \cdot \cos \frac{n\pi}{d} x \, \mathrm{d}x$$

$$= \frac{2}{d} \left[\left(\frac{\mathrm{d}T_0}{n\pi} \cdot \sin \frac{n\pi}{d} x \right) \Big|_{x=0}^{d} - \frac{q_f}{2kn\pi} \int_0^d x^2 \, \mathrm{d}\left(\sin \frac{n\pi}{d} x \right) \right]$$

$$= -\frac{q_f}{kn\pi d} \left[\left(x^2 \cdot \sin \frac{n\pi}{d} x \right) \Big|_{x=0}^{d} - \int_0^d 2x \cdot \sin \frac{n\pi}{d} x \, \mathrm{d}x \right] = \frac{2q_f}{kn\pi d} \int_0^d x \cdot \sin \frac{n\pi}{d} x \, \mathrm{d}x$$

$$- \frac{2q_f}{kn^2 \pi^2} \int_0^d x \, \mathrm{d}\left(\cos \frac{n\pi}{d} x \right) = -\frac{2q_f}{kn^2 \pi^2} \left[\left(x \cdot \cos \frac{n\pi}{d} x \right) \Big|_{x=0}^{d} - \int_0^d \cos \frac{n\pi}{d} x \, \mathrm{d}x \right]$$

$$= -\frac{2q_f}{kn^2 \pi^2} \left[d \cdot \cos n\pi - \left(\frac{d}{n\pi} \cdot \sin \frac{n\pi}{d} x \right) \Big|_{x=0}^{d} \right]$$

$$= -\frac{2q_f d}{kn^2 \pi^2} \cdot \cos n\pi = -\frac{2q_f d}{kn^2 \pi^2} \cdot (-1)^n = \frac{2q_f d}{kn^2 \pi^2} \cdot (-1)^{n+1} \qquad (15 - 37)$$

接下来，由式（15 – 36）计算 C_0：

$$C_0 = \frac{2}{d} \int_0^d \left(T_0 - \frac{q_f x^2}{2kd} \right) \mathrm{d}x = \frac{2}{d} \left[T_0 d - \left(\frac{q_f x^3}{6kd} \right) \Big|_{x=0}^{d} \right]$$

$$= \frac{2}{d} \left[T_0 d - \frac{q_f d^2}{6k} \right] = 2T_0 - \frac{q_f d}{3k} \qquad (15 - 38)$$

将式（15 – 37）和式（15 – 38）代入式（15 – 34）可得：

$$u(x,t) = X(x) \cdot T(t) = \frac{C_0}{2} + \sum_{n=1}^{\infty} C_n \cdot \mathrm{e}^{-\frac{n^2 \pi^2 \alpha t}{d^2}} \cdot \cos \frac{n\pi}{d} x$$

$$= T_0 - \frac{q_f d}{6k} + \sum_{n=1}^{\infty} \frac{2q_f d}{kn^2 \pi^2} \cdot (-1)^{n+1} \cdot \mathrm{e}^{-\frac{n^2 \pi^2 \alpha t}{d^2}} \cdot \cos \frac{n\pi}{d} x$$

$$= T_0 - \frac{q_f d}{6k} + \frac{2q_f d}{k\pi^2} \sum_{n=1}^{\infty} \frac{(-1)^{n+1}}{n^2} \cdot \mathrm{e}^{-\frac{n^2 \pi^2 \alpha t}{d^2}} \cdot \cos \frac{n\pi}{d} x \qquad (15 - 39)$$

将式（15 – 22）和式（15 – 39）代入式（15 – 18），可得到最终的解为：

$$T(x,t) = u(x,t) + v(x)$$

$$= T_0 - \frac{q_f d}{6k} + \frac{q_f x^2}{2kd} + \frac{2q_f d}{k\pi^2} \sum_{n=1}^{\infty} \frac{(-1)^{n+1}}{n^2} \cdot \mathrm{e}^{-\frac{n^2 \pi^2 \alpha t}{d^2}} \cdot \cos \frac{n\pi}{d} x$$

$$= T_0 + \frac{q_f}{k} \left[\frac{x^2}{2d} - \frac{d}{6} + \frac{2d}{\pi^2} \sum_{n=1}^{\infty} \frac{(-1)^{n+1}}{n^2} \cdot \mathrm{e}^{-\frac{n^2 \pi^2 \alpha t}{d^2}} \cdot \cos \frac{n\pi}{d} x \right] \quad (15 - 40)$$

实验 16 四探针法测量半导体电阻率和薄层电阻

一、实验目的

（1）了解四探针法测量半导体材料电阻率和薄层电阻的原理。

（2）学会用四探针法测量半导体材料的电阻率和薄层电阻。

（3）针对不同几何尺寸的样品，了解其修正方法。

（4）了解影响测量结果准确性的因素及避免方法。

二、实验原理

1. 半导体材料体电阻率的测量

（1）半无穷大样品的情形。将电流 I 以点接触的形式注入电阻率分布均匀的半无穷大半导体样品，电流密度在材料内部将以接触点为球心沿径向分布，如图 16 – 1 所示。与距离接触点 r 处的电流密度可表示为：

$$J = \frac{I}{2\pi r^2} \tag{16 – 1}$$

根据欧姆定律，有：

$$J = \sigma E = \frac{E}{\rho} \tag{16 – 2}$$

式中，σ 和 ρ 分别是材料的电导率和电阻率，E 是 r 处的电场强度。

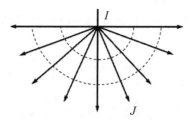

图 16 – 1 电流 I 以点接触的形式注入半无穷大样品内部的电流密度分布

根据电场分布的球对称性以及电场强度 E 与电势 V 的关系，有：

$$E = -\frac{dV}{dr} \qquad (16-3)$$

取距离点电源无穷远处的电势为零，则距离点电源 r 处的电势可表示为：

$$\int_0^{V(r)} dV = -\int_\infty^r E dr \Rightarrow V(r) = -\int_\infty^r \frac{\rho I}{2\pi r^2} dr = \frac{\rho I}{2\pi r} \qquad (16-4)$$

式（16-4）给出了半无穷大样品上距离点电源 r 处的电势 $V(r)$ 与探针电流 I 和样品电阻率 ρ 的关系式。

四探针法测量半导体材料的电阻率是将等间距一字排开的 4 根金属探针压在样品表面，如图 16-2 所示，1、4 探针通电流（探针 1 为正极，探针 4 为负极），2、3 探针测电压。根据式（16-4）和电势叠加原理，2、3 探针上测得的电压 V_{23} 可表示为：

$$V_{23} = V_2 - V_3 = \frac{I\rho}{2\pi}\left(\frac{1}{r_{12}} - \frac{1}{r_{42}}\right) - \frac{I\rho}{2\pi}\left(\frac{1}{r_{13}} - \frac{1}{r_{43}}\right)$$

$$= \frac{I\rho}{2\pi}\left(\frac{1}{S} - \frac{1}{2S} - \frac{1}{2S} + \frac{1}{S}\right) = \frac{I\rho}{2\pi S} \qquad (16-5)$$

式中，I 是流过 1、4 探针的电流强度，S 是探针间距。因此，半无穷大样品的体电阻率 ρ 可写作：

$$\rho = 2\pi S \cdot \frac{V_{23}}{I} \qquad (16-6)$$

式中，ρ 以 $\Omega \cdot cm$ 为单位，S 以 cm 为单位，而 V_{23} 和 I 分别以 mV 和 mA 为单位。式（16-6）表明，只要测出流过 1、4 探针的电流强度和 2、3 探针之间的电压，就可以计算出半无穷大半导体样品的体电阻率。需要说明的是，虽然式（16-6）是在假设样品为半无穷大的基础上推导出来的，但是，当样品厚度和探针到样品边缘的最短距离均大于 4 倍探针间距（$4S$）时，该式仍然成立。对于本实验，所使用的 KDB-1 型四探针电阻率/方块电阻测试仪的探针间距 $S = 0.1\ cm$，所测的硅棒样品及测试点的位置均满足式（16-6）成立的条件，因此，可以根据实测的 I 和 V_{23} 利用式（16-6）

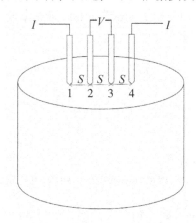

图 16-2　四探针法测量半无穷大样品电阻率示意

计算硅棒样品的电阻率。此外，还可以把测试电流选取为 $I = 2\pi S = 0.628$ mA，这样电压表上显示的数值（单位为 mV）就是样品的电阻率值（单位为 $\Omega \cdot$ cm），这种方法也称为直读法。显然，直读法的关键在于选取并使用正确的测试电流。

需要强调的是，半导体材料的电阻率对温度比较灵敏，因此，测试半导体材料的电阻率时不但要记录测试的环境温度，还要将该温度下的实测电阻率修正到 23 ℃下的电阻率。电阻率的温度修正公式如下：

$$\rho_{23} = \frac{\rho_T}{F_T} \tag{16-7}$$

式中，ρ_{23} 是样品在 23 ℃时的电阻率，ρ_T 是样品在温度 T 时的电阻率，F_T 是样品的温度修正系数，可通过查附录中"1. 单晶硅电阻率的温度修正系数"表格得到。如果表格中没有包含实测温度，则可通过线性插值法得到与该温度对应的修正系数。

（2）无穷大薄样品的情形。无穷大薄样品是指厚度 d 小于探针间距 S 而横向尺寸无穷大的样品。与点电源注入半无穷大样品时电流密度呈球对称分布不同，点电源注入无穷大薄样品时电流密度呈柱对称分布，如图 16-3 所示。类似于前面的分析，距离接触点 r 处的电场强度可表示为：

$$E = \frac{J}{\sigma} = \rho \cdot J = \frac{\rho I}{2\pi r d} \tag{16-8}$$

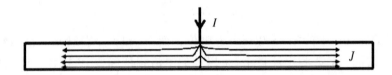

图 16-3　电流 I 以点接触的形式注入无穷大薄样品内部的电流密度分布

取距离点电源 1 m 处的电势为零，则距离点电源 r 处的电势可写作：

$$\int_0^{V(r)} dV = -\int_1^r E dr \Rightarrow V(r) = -\int_1^r \frac{\rho I}{2\pi r d} dr = -\frac{\rho I}{2\pi d} \ln r \tag{16-9}$$

式（16-9）给出了厚度为 d 的无穷大薄样品上距离点电源 r 处的电势 $V(r)$ 与探针电流 I 和样品电阻率 ρ 的关系。

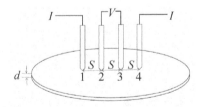

图 16-4　四探针法测量无穷大薄样品电阻率示意

与测试厚样品电阻率的方法类似，等间距一字排开的 4 根金属探针压在薄样品表面，如图16-4所示，1、4探针通电流（探针1为正极，探针4为负极），2、3探针测电压。根据式（16-9）和电势叠加原理，2、3探针上的电压V_{23}可表示为：

$$V_{23} = V_2 - V_3 = \frac{I\rho}{2\pi d}(\ln r_{42} - \ln r_{12}) - \frac{I\rho}{2\pi d}(\ln r_{43} - \ln r_{13})$$

$$= \frac{I\rho}{2\pi d}\left(\ln \frac{r_{42} \cdot r_{13}}{r_{12} \cdot r_{43}}\right) = \frac{I\rho}{2\pi d}\ln 4 \qquad (16-10)$$

因此，无穷大薄样品的体电阻率ρ可写作：

$$\rho = \frac{2\pi d V_{23}}{I \ln 4} = \frac{\pi d}{\ln 2} \cdot \frac{V_{23}}{I} \qquad (16-11)$$

由式（16-11）可知，只要测出1、4探针流过的电流强度I，2、3探针上的电压V_{23}，以及样品的厚度d，就可以利用式（16-11）计算出无穷大薄样品的体电阻率ρ。我们注意到，无穷大薄样品的电阻率与探针间距S无关，这是与厚样品电阻率计算公式不一样的地方。需要说明的是，虽然式（16-11）是在假设样品为无穷大的基础上推导出来的，但是，当探针到样品边缘的最短距离大于四倍探针间距（4S）时，该式仍然成立。此时的计算公式可写为：

$$\rho = \frac{\pi d}{\ln 2} \cdot \frac{V_{23}}{I} \approx 4.5324 \cdot \frac{V_{23}}{I} \cdot d \qquad (16-12)$$

式中，d是样品厚度，以cm为单位，而V_{23}和I分别以mV和mA为单位。

当样品的厚度不满足薄样品范围（比如样品的厚度在$0.4S \sim 4S$之间）或者探针到样品边缘的最短距离小于4S时，就需要引入一个厚度修正因子$F(d/S)$和一个直径修正因子$F(S/D)$。此外，由于加工精度的问题，4根金属探针的间距也不可能完全相等，还需引入一个探针间距的修正因子F_{sp}。显然，每一台四探针测试仪都有一个特定的F_{sp}与之对应。考虑到以上修正因子，《硅单晶电阻率的测定——直排四探针法和直流两探针法》（GB/T 1551—2021）给出的某一温度下薄样品（单晶硅片）电阻率的计算公式为：

$$\rho(T) = \frac{V_{23}}{I} \cdot d \cdot F_{sp} \cdot F(d/S) \cdot F(S/D) \qquad (16-13)$$

式中，T是温度，$\rho(T)$是温度T下的电阻率，F_{sp}是由厂家提供的探针间距修正因子，$F(d/S)$和$F(S/D)$分别是厚度修正因子和直径修正因子，可通过先计算d/S和S/D的值再分别查附录"2."和"3."的表格得到。对于不在表格内的d/S或S/D值，可通过线性插值的方法计算与之对应的修正系数。如果薄样品很薄（$d < 0.4S$），则厚度修正系数$F(d/S) \approx 1$（见附录"2."）。如果样品的横向尺寸很大，可看作是无穷大薄样品，此时的直径修正因子$F(S/D) \approx F(0) = \pi/\ln 2 = 4.5324$（见附录"3."）。

对于本实验，需要根据待测单晶硅片的厚度和直径（或边长），通过查附录中的表16-9和表16-10得到厚度修正因子和直径修正因子，然后利用式（16-13）计算硅片样品的电阻率。此外，还需要使用直读法给出硅片样品的电阻率。如果探针到硅

片边缘的最短距离大于 $4S$，硅片的厚度 $d \leqslant 4S$，则可以通过查附录中的表 16 – 11 得到直读电流的值，然后将它设置为测试电流，就可以从电压表上直接读出样品的电阻率。需要说明的是，表 16 – 11 给出的直读电流不含小数点，其默认位置在从左到右第一位数字后面。如"00453"默认为 0. 0453 mA，"04172"默认为 0. 4172 mA。

2. 半导体薄层电阻（或方块电阻）的测量

四探针法除了可以测量硅片、硅锭等体材料的电阻率外，还可用来测量扩散层、绝缘衬底上的半导体薄膜的薄层电阻。薄层电阻又称为方块电阻，是指平行于电流方向的正方形表面下的半导体薄层在电流方向上的电阻，如图 16 – 5 所示。对于扩散片（P 型衬底上的 N 型薄层或者 N 型衬底上的 P 型薄层）而言，由于 PN 结起着隔离的作用，顶部扩散层的厚度对应于 PN 结的结深 X_j。根据定义，扩散层的薄层电阻（或方块电阻）可表示为：

$$R_{sq} = \rho \frac{L}{L \cdot X_j} = \frac{\rho}{X_j} \qquad (16 – 14)$$

式中，结深 X_j 的单位为 cm，方块电阻 R_{sq} 的单位为 Ω/□。如果绝缘衬底上的半导体薄层的厚度为 d（以 cm 为单位），根据式（16 – 14），方块电阻可表示为：

$$R_{sq} = \frac{\rho}{d} \qquad (16 – 15)$$

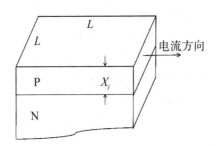

图 16 – 5　薄层电阻（或方块电阻）示意

如果半导体薄层的厚度很薄（$d < 0.4S$），而且探针到样品边缘的最短距离大于 $4S$，就可以把它看作是无穷大薄样品，把计算无穷大薄样品电阻率的式（16 – 12）代入式（16 – 15）可得半导体薄层的方块电阻：

$$R_{sq} = \frac{\rho}{d} = \frac{\pi}{\ln 2} \cdot \frac{V_{23}}{I} \approx 4.5324 \cdot \frac{V_{23}}{I} \qquad (16 – 16)$$

由式（16 – 16）可知，如果半导体薄层可以视作无穷大薄样品，那么可以把测试电流设为 4. 5324 mA，然后从电压表上直接读出样品的方块电阻 R_{sq}。

如果半导体薄层的厚度不满足薄样品（比如样品的厚度在 $0.4S \sim 4S$ 之间）或者探针到样品边缘的最短距离小于 $4S$，此时就需要将式（16 – 13）代入式（16 – 15）来计算半导体薄层的方块电阻，即：

$$R_{sq} = \frac{\rho}{d} = \frac{V_{23}}{I} \cdot F_{sp} \cdot F(d/S) \cdot F(S/D) \qquad (16-17)$$

$F(d/S)$ 和 $F(S/D)$ 的取值同样需要查附录"2."和"3."。

三、仪器用具和样品

KDB-1 型四探针电阻率/方块电阻测试仪、电阻率样品（P 型单晶硅棒、P 型单晶硅片）、薄层电阻样品（P 型单晶硅衬底上的 N 型扩散片、ITO 玻璃、FTO 玻璃）。

四、实验装置介绍

1. 测试仪器介绍

本实验使用 KDB-1 型四探针电阻率/方块电阻测试仪（以下简称四探针测试仪）进行两种样品（P 型单晶硅棒、P 型单晶硅片）的体电阻率测试和三种样品（P 型单晶硅衬底上的 N 型扩散片、ITO 玻璃、FTO 玻璃）的薄层电阻（或方块电阻）测试。图 16-6 为 KDB-1 型四探针测试仪的正面照片。如图 16-6 所示，该测试仪主要由测试主机（包括机箱、前面板和后面板）、测试架（含样品台、探头高度调节手轮）及四探针探头组成。前面板有电流表、电压表、电流粗调和细调旋钮、电流选档开关、恒流源开关、恒流源电压表、琴键选择开关、恒流源电压调节旋钮等，后面板有电源开关、电阻率/方块电阻测试切换开关、四探针探头接口等。

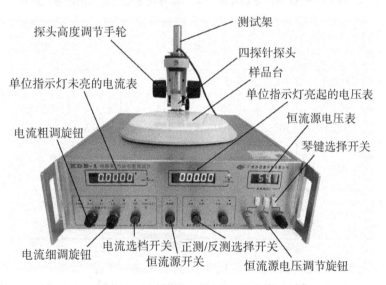

图 16-6 KDB-1 型四探针电阻率/方块电阻测试仪正面

2. 四探针测试仪的使用方法

（1）测试电流档位的选择以及测试电流 I 的读数。该测试仪提供了 1 μA、10 μA、100 μA、1 mA、10 mA、100 mA 和 1000 mA 共计 7 个电流档位，每个电流档位输出的电流强度的范围分别为 0.2 ～ 1 μA、2 ～ 10 μA、20 ～ 100 μA、0.2 ～ 1 mA、2 ～ 10 mA、20 ～ 100 mA、200 ～ 1000 mA。仪器开机后，电流档自动设置在 1 mA 档。可通过"电流选档"开关选择不同的电流档位，每按一次"电流选档"开关，电流档将切换到下一个档位，从小到大，循环进行。需要说明的是，当探头与样品接触时，电流档只能在 1 mA、10 mA、100 mA 和 1000 mA 之间循环。若想在 7 个电流档之间循环，需要探头与样品脱离接触或关掉恒流源，然后再按下"电流选档"开关选择合适的电流档。针对不同电阻率或者方块电阻的样品，表 16 – 1 给出了厂家推荐使用的电流档位。由表 16 – 1 可知，该四探针测试仪的，电阻率测量范围为 $1 \times 10^{-5} \sim 1 \times 10^{5}$ Ω·cm，方块电阻测量范围为 $1 \times 10^{-4} \sim 1 \times 10^{6}$ Ω/□。此外，电阻率或方块电阻大的样品应选择小的测试电流，而电阻率或方块电阻小的样品应选择大的测试电流。如果样品的电阻率或方块电阻未知，应从最小电流档开始测量，然后逐渐增加测试电流，直到所选电流档可以获得稳定的电流和电压读数。切勿从大电流档开始测量，以免损坏设备。

读取电流表的方法如下：电流表示数 × 电流档位 = 电流读数。例如，在 0.01 mA 档显示 1.0000 时，表示电流为 0.01 mA × 1.0000 = 0.01 mA；在 0.01 mA 档显示 0.6282 时，表示电流为 0.01 mA × 0.6282 = 0.006282 mA。

表 16 – 1　测试不同方块电阻或电阻率样品建议选择的测试电流档位

与测试电流对应的琴键开关	≤10 mA					100 mA	1000 mA
电流档位/mA	0.001	0.01	0.1	1	10	100	1000
恒流源输出电流范围	0.2 ～ 1 μA	2 ～ 10 μA	20 ～ 100 μA	0.2 ～ 1 mA	2 ～ 10 mA	20 ～ 100 mA	200 ～ 1000 mA
方块电阻测量范围/Ω	$10^{5} \sim 10^{6}$	$10^{3} \sim 10^{4}$	200 ～ 2500	20 ～ 250	2 ～ 25	0.01 ～ 0.1	0.0001 ～ 0.001
电阻率测量范围/（Ω·cm）	$10^{4} \sim 10^{5}$	$10^{2} \sim 10^{3}$	20 ～ 250	2.0 ～ 25	0.2 ～ 2.5	0.001 ～ 0.01	0.00001 ～ 0.0001

（2）恒流源电压档位的选择。由于前面板上的"电流粗调"旋钮和"电流细调"旋钮（图 16 –6）对恒流源输出电流的调节范围有限，测试仪还配备了"恒流源电压"调节旋钮。只有通过电流调节旋钮和"恒流源电压"调节旋钮配合使用，才能让恒流源输出所需的任意大小的电流。前面板右上方是"恒流源电压表"，其下

方有 3 个恒流源电压档位选择开关（即琴键开关Ⅰ、Ⅱ和Ⅲ），分别与≤10 mA、100 mA 和 1000 mA 三个测试电流对应。当选择了 1 ～ 10 mA 五个电流档位中的任意一个时，应按下琴键开关Ⅰ；当选择了 100 mA 电流档时，应按下琴键开关Ⅱ；当选择了 1000 mA 电流档时，应按下琴键开关Ⅲ。通过调节琴键开关下方的"恒流源电压调节旋钮"，可调节与琴键开关及测试电流对应的恒流源电压。表 16 - 2 给出了厂家推荐的与不同测试电流对应的恒流源电压范围。

表 16 - 2　厂家推荐的与不同测试电流对应的恒流源电压范围

电流	≤10 mA	100 mA	1000 mA
电压	12 ～ 80 V	8 ～ 36 V	8 ～ 15 V

（3）测试电压 V_{23} 的读取。利用四探针测试仪测量半导体材料的电阻率或方块电阻时，最常用的方法是根据表 16 - 1 选择合适的测试电流，根据表 16 - 2 选择合适的恒流源电压，通过调节电流调节旋钮和恒流源电压调节旋钮使恒流源输出大小合适的测试电流 I；然后读取电压表上 V_{23} 的值；最后利用相关公式计算样品的电阻率或方块电阻。

需要说明的是，由于仪器设计的原因，前面板左侧的两块数字电表在不同电流档位下所起的作用不同。当使用 0.001 mA、0.01 mA、0.1 mA、1 mA、10 mA 这五个电流档位中的任意一个时，从左边数起第一块电表为电流表，第二块为电压表。此时，真实的电压值有两位小数，即小数点后有两位数字。读取 V_{23} 时首先要忽略电压表上示数的小数点，然后把小数点放在两位小数之前。例如，假设电压表上显示 01.000，忽略小数点的读数为"01000"，真实的电压值读数应为 10.00 mV。当使用 100 mA 或 1000 mA 的电流档时，从左边数起第一块电表为电压表，第二块为电流表。此时，真实的电压值有三位小数。读取 V_{23} 时同样需要忽略电压表上示数的小数点，然后把小数点放在三位小数之前。例如，假设电压表上显示 100.00，忽略小数点的读数为"10000"，真实的电压值读数应为 10.000 mV。此外，还有一种区分左侧两块电表功能的简单方法：下压探针与样品接触，在选定的测试电流下，单位指示灯不亮的为电流表，而单位指示灯亮起的为电压表。

（4）正测、反测。通过改变测试电流的方向，可对样品上同一个测试点分别进行正向和反向测量。如果两次测量得到的电压 V_{23} 的绝对值非常接近，说明所选的测试电流大小合适，测量结果也很准确。如果测试时使用了正向和反向测量，V_{23} 应取两次测量结果绝对值的平均值。

（5）电阻率或方块电阻的直接读取。除了由测试电流 I 和测得的 V_{23} 利用相关公式计算样品的电阻率和方块电阻以外，对于某些符合特定条件的样品，可以将测试电流设定为特定的值，然后直接从电压表上读出样品的电阻率和方块电阻，这种方法也称为直读法。当然，测量样品的电阻率时，首先应将后面板上的"电阻率/方块电阻（ρ/R）测试切换开关"拨到"ρ"一侧。如果是测量样品的方块电阻，首先应将

"电阻率/方块电阻（ρ/R）测试切换开关"拨到"R"一侧。直读法给出的测量结果虽然没有经过严格修正，但仍适用于对测量精度要求不高的场合。

采用直读法测量样品的电阻率或方块电阻，关键在于选择正确的测试电流。选择了正确的测试电流之后，就可以直接读取电压表上测得的 V_{23}（单位为 mV）作为样品的电阻率（单位为 $\Omega \cdot cm$）或方块电阻（单位为 $\Omega/\square$）。下面对直读法选取的测试电流做一个总结：①测量可近似看作是半无穷大样品（样品厚度和探针到样品边缘的最短距离均大于 $4S$）的电阻率时，可将测试电流设为 $I = 2\pi S = 0.628$ mA。②测试可近似看作是无穷大薄样品（探针到硅片边缘的最短距离大于 $4S$，并且硅片的厚度 $d \leq 4S$）的电阻率时，可通过查附录中的表 16-11 得到直读电流的值。附录中的表 16-11 给出的直读电流不含小数点，其默认位置在从左数起第一位数字后面。③测量可近似看作是无穷大的导电薄层（薄层厚度 $d < 0.4S$，探针到样品边缘的最短距离大于 $4S$）的方块电阻时，可将测试电流设置为 $I = 3.14/\ln 2 = 4.5324$ mA。

五、实验内容

1. 测量样品电阻率或方块电阻的操作步骤

打开 KDB-1 四探针测试仪后面板上的电源开关，此时恒流源已开启，测试电流自动处于 1 mA 档。根据测试目的，将测试仪后面板上的"电阻率/方块电阻（ρ/R）"测试切换开关拨到相应位置。将样品置于样品台上，旋转测试架上的手轮使探针下降，同时调整样品位置，使 4 根探针正好落在样品的测试点。当探针快要接触样品时，应缓慢旋转手轮，使探针缓慢轻压在样品上。当听到主机传来"咔嗒"一声且前面板左侧的两块绿字电表有数值显示，即表示探针与样品已接触到位，应立即停止旋转手轮。根据表 16-1 和表 16-2 给出的推荐值，并通过选择合适的测试电流档位和恒流源电压档位，调节测试电流和恒流源电压旋钮，使测试电流达到合适的值，此时，电压表显示的 V_{23} 应出现尽可能多的有效数字，且电压值在测试电流不变的前提下能长时间保持稳定，同时正测和反测得到的 V_{23} 的绝对值差别也不大。记录此时的测试电流 I 和电压 V_{23} 的值，由相应公式计算样品的电阻率或方块电阻。测量完毕，升起探针，取走样品。

2. 测量 P 型硅棒的电阻率

P 型硅棒是厂家提供的标准样品，而且附带硅棒直径、硅棒厚度、导电类型、硅棒电阻率和推荐使用的测试电流等数据。使用厂家推荐的测试电流对硅棒横截面上五个不同位置处（中心点和距离圆心 1/3 半径处的 4 个等距点）的电阻率进行测量，如图 16-7 所示。为了减小测量误差，对同一点分别进行正向和反向测量。将实验结果记录到表 16-3 中，使用式（16-6）计算电阻率 $\rho(T)$。利用附录"1."将测得的电阻率修正到 23 ℃的相应值。此外，利用下面的公式计算电阻率分布的不均匀度：

$$E = \frac{\rho_{\max} - \rho_{\min}}{\frac{1}{2}(\rho_{\max} + \rho_{\min})} \times 100\% \qquad (16-18)$$

式中，ρ_{max} 和 ρ_{min} 分别为所测电阻率的最大值和最小值。

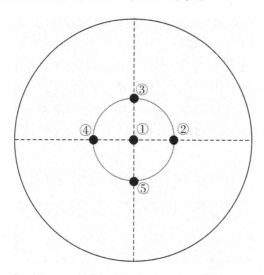

图 16-7　硅棒横截面上的五个测试点的取法

表 16-3　硅棒横截面上五个位置处的电阻率测试实验数据记录

温度：		样品厚度：		样品直径：		
	测试电流/ mA	正向电压/ mV	反向电压/ mV	电压平均值/ V	电阻率 ρ_T/ $(\Omega \cdot m)$	电阻率 ρ_{23}/ $(\Omega \cdot m)$
位置①						
位置②						
位置③						
位置④						
位置⑤						
电阻率平均值：				电阻率不均匀度：		

3. 测量 P 型单晶硅片（薄样品）的电阻率

单晶硅片的厚度 d 和尺寸由老师现场提供。由于待测硅片近似正方形，故取最短的边长作为硅片的直径 D。将探针压在硅片的中心位置处进行电阻率的测量。

方法一：直读法，根据样品厚度和附录中的表 16-11 得到直读电流的值，并将其设置为测试电流，直接从电压表上读取样品的电阻率。

方法二：选择合适的测试电流 I 和测得的电压 V_{23}，采用式(16-13)计算硅片的电阻率。对硅片中心位置处的电阻率测量 5 次。每次测量完毕后，升起探针，将硅片逆时针旋转 $30° \sim 35°$ 进行下一次测量。同一位置正向和反向各测量一次，并将测量结果修正到 23 ℃。填写表 16-4。

对测量结果进行不确定度分析：已知数字电压表的测试量程为 $0.2 \sim 50$ mV，分辨率优于 $\pm 0.05\%$。在 1 mA 电流档，恒流源最大允许误差为 ± 0.02 mA；在 10 mA 电流档，恒流源最大允许误差为 ± 0.1 mA。硅片厚度测量结果的相对不确定为 $\pm 0.2\%$。探针间距修正因子 F_{sp}、样品厚度修正因子 $F(d/S)$ 和直径修正因子 $F(S/D)$ 引入的不确定度可以忽略。假定用矩形分布来评估仪器精度引入的不确定度。计算硅片电阻率测量结果的相对不确定度。假设包含因子 $k=2$，给出扩展不确定度。

表 16-4 硅片电阻率测试实验数据记录

温度：		样品厚度 d：		样品直径 D：		
探针间距 S：	$d/S =$		$F(d/S) =$	$S/D =$	$F(S/D) =$	
方法一：直读法	测试电流：			直读电阻率：		
方法二	测试电流/mA	正向电压/mV	反向电压/mV	电压平均值/mV	电阻率 ρ_T/($\Omega \cdot$ m)	电阻率 ρ_{23}/($\Omega \cdot$ m)
测量 1						
测量 2						
测量 3						
测量 4						
测量 5						
电阻率平均值：						

4. 测量 P 型单晶硅衬底上的 N 型扩散片的方块电阻

扩散片的结深 X_j 和尺寸由老师现场提供。由于待测扩散片近似正方形，故取最短的边长作为扩散片的直径 D。将探针压在扩散片的中心位置进行方块电阻的测量。

方法一：直读法，设置合适的测试电流，从电压表上直接读出样品的方块电阻。

方法二：根据测试电流、电压 V_{23} 以及扩散片的尺寸，利用式(16-17)计算扩散片的方块电阻。

需要测量两个位置的方块电阻，即在第一次测量完成之后将样品旋转 90°再测量一次。同一位置正向和反向各测量一次。将测量和计算结果记录到表 16-5 中。

表 16 – 5　扩散片方块电阻测试实验数据记录

温度：		样品结深：		样品直径 D：	
探针间距 $S = 0.1$ cm	$d/S = 0$	$F(d/S) = 1$	$S/D =$	$F(S/D) =$	
方法一：直读法		测试电流：		直读方块电阻：	
方法二	测试电流/mA	正向电压/mV	反向电压/mV	电压平均值/mV	方块电阻 $\Omega/\square$
测量 1					
测量 2					
方块电阻平均值：					

5. 测量两种透明导电玻璃的方块电阻

本实验提供两种透明导电玻璃（FTO 导电玻璃和 ITO 玻璃）供大家进行方块电阻测试。样品的尺寸及透明导电薄膜的厚度见表 16 – 6 和表 16 – 7。测试方法及要求与测试扩散片一致，此处不再赘述。

表 16 – 6　FTO 玻璃方块电阻测试实验数据记录

温度：		薄膜厚度：$d = 0.185$ μm		样品直径 D：6 cm	
探针间距 $S = 0.1$ cm	$d/S = 0$	$F(d/S) = 1$	$S/D =$	$F(S/D) =$	
方法一：直读法		测试电流：		直读方块电阻：	
方法二	测试电流/mA	正向电压/mV	反向电压/mV	电压平均值/mV	方块电阻 $\Omega/\square$
测量 1					
测量 2					
方块电阻平均值：					

表 16 – 7　ITO 玻璃方块电阻测试实验数据记录

温度：		薄膜厚度：$d = 1.2$ μm		样品直径 D：6 cm	
探针间距 $S = 0.1$ cm	$d/S = 0$	$F(d/S) = 1$	$S/D =$	$F(S/D) =$	
方法一：直读法		测试电流：		直读方块电阻：	
方法二	测试电流/mA	正向电压/mV	反向电压/mV	电压平均值/mV	方块电阻 $\Omega/\square$
测量 1					
测量 2					
方块电阻平均值：					

六、注意事项

①应佩戴丁腈手套并使用塑料镊子取放样品，避免用手直接接触样品导致样品沾污；②对于高阻材料，光电导效应和探针与半导体接触形成的肖特基结的光生伏特效应可能会严重影响测量结果，因此测试应该在暗室中进行；③为了避免外在电磁信号对测量结果的影响，应在有电磁屏蔽的环境中进行测试；④半导体材料的电阻率对温度敏感，因此测试电流不宜过大也不宜长时间通电，以防样品升温影响测量结果。

七、思考题

（1）电阻率和方块电阻的测量结果的误差来源有哪些？应如何避免？
（2）影响测量结果准确性的外界因素有哪些？应如何避免？

参考文献

［1］孙恒慧，包宗明. 半导体物理实验［M］. 北京：高等教育出版社，1985.
［2］广州市昆德科技有限公司. KDY－1型四探针电阻率/方阻测试仪使用说明书［Z］. 2017.
［3］国家市场监督管理总局/国家标准化管理委员会. 硅单晶电阻率的测定——直排四探针法和直流两探针法：GB/T 1551—2021［S］. 2021－05－21.
［4］广州市昆德科技有限公司. 硅单晶电阻率测定方法（直流四探针法）培训［Z］.

附录

1. 单晶硅电阻率的温度修正系数

$$\rho_{23} = \frac{\rho_T}{F_T}$$

单晶硅电阻率的温度修正系数见表16－8。

表 16-8　单晶硅电阻率的温度修正系数

温度/℃ ＼ 电阻率 ρ_T/（Ω·cm）	0.005	0.01	0.1	1	5～180	250～1000
10	0.9768	0.9969	0.9550	0.9097	≈0.9010	≈0.8921
12	0.9803	0.9970	0.9617	0.9232	≈0.9157	≈0.9087
14	0.9838	0.9972	0.9680	0.9370	≈0.9302	≈0.9253
16	0.9873	0.9975	0.9747	0.9502	≈0.9450	≈0.9419
18	0.9908	0.9984	0.9815	0.9635	≈0.9600	≈0.9585
20	0.9943	0.9986	0.9890	0.9785	≈0.9760	≈0.9751
22	0.9982	0.9999	0.9962	0.9927	≈0.9920	≈0.9919
23	1.0000	1.0000	1.0000	1.0000	≈1.0000	≈1.0000
24	1.0016	1.0003	1.0037	1.0075	≈1.0080	≈1.0083
26	1.0045	1.0009	1.0107	1.0222	≈1.0240	≈1.0249
28	1.0086	1.0016	1.0187	1.0365	≈1.0400	≈1.0415
30	1.0121	1.0028	1.0252	1.0524	≈1.0570	≈1.0581

2.《硅、锗单晶电阻率测定直排四探针法》（GB/T 1552—1995）给出的中心点测量厚度修正系数

$$\rho = \frac{V_{23}}{I} \cdot d \cdot F_{SP} \cdot F(d/S) \cdot F(S/D)$$

中心点测量厚度修正系数 $F(d/S)$ 为圆片厚度 d 与探针间距 S 之比的函数见表 16-9。

表 16-9　中心点测量厚度修正系数 $F(d/S)$ 为圆片厚度 d 与探针间距 S 之比的函数

d/S	$F(d/S)$	d/S	$F(d/S)$	d/S	$F(d/S)$	d/S	$F(d/S)$
0.40	0.9993	0.60	0.9920	0.80	0.9664	1.0	0.921
0.41	0.9992	0.61	0.9912	0.81	0.9645	1.2	0.864
0.42	0.9990	0.62	0.9903	0.82	0.9627	1.4	0.803
0.43	0.9989	0.63	0.9894	0.83	0.9608	1.6	0.742
0.44	0.9987	0.64	0.9885	0.84	0.9588	1.8	0.685
0.45	0.9986	0.65	0.9875	0.85	0.9566	2.0	0.634

续上表

d/S	F(d/S)	d/S	F(d/S)	d/S	F(d/S)	d/S	F(d/S)
0.46	0.9984	0.66	0.9865	0.86	0.9547	2.2	0.587
0.47	0.9981	0.67	0.9853	0.87	0.9526	2.4	0.546
0.48	0.9978	0.68	0.9842	0.88	0.9505	2.6	0.510
0.49	0.9976	0.69	0.9830	0.89	0.9483	2.8	0.477
0.50	0.9975	0.70	0.9818	0.90	0.9460	3.0	0.448
0.51	0.9971	0.71	0.9804	0.91	0.9438	3.2	0.442
0.52	0.9967	0.72	0.9791	0.92	0.9414	3.4	0.399
0.53	0.9962	0.73	0.9777	0.93	0.9391	3.6	0.378
0.54	0.9958	0.74	0.9762	0.94	0.9367	3.8	0.359
0.55	0.9953	0.75	0.9747	0.95	0.9343	4.0	0.342
0.56	0.9947	0.76	0.9731	0.96	0.9318		
0.57	0.9941	0.77	0.9715	0.97	0.9293		
0.58	0.9934	0.78	0.9699	0.98	0.9263		
0.59	0.9927	0.79	0.9681	0.99	0.9242		

注：①适用条件：硅片厚度 $d \leqslant 4S$ 的情况，中心点测量。②计算样品厚度 d 与探针间距 S 的比值，查出厚度修正系数 $F(d/S)$。如果计算出的 d/S 值不在表格中，应使用线性插值法计算与之对应的 $F(d/S)$。

3.《硅、锗单晶电阻率测定直排四探针法》（GB/T 1552—1995）给出的直径修正系数

$$\rho = \frac{V_{23}}{I} \cdot d \cdot F_{SP} \cdot F(d/S) \cdot F(S/D)$$

直径修正系数 $F(S/D)$ 为探针间距 S 与硅片直径 D 之比的函数见表 16 - 10。

表 16 - 10　直径修正系数 $F(S/D)$ 为探针间距 S 与硅片直径 D 之比的函数

S/D	F(S/D)	S/D	F(S/D)	S/D	F(S/D)
0	4.5324	0.095	4.2039	0.19	3.45
0.005	4.5314	0.100	4.1712	0.195	3.4063
0.010	4.5284	0.105	4.1374	0.2	3.3625
0.015	4.5235	0.11	4.1025	0.21	3.2749
0.020	4.5167	0.115	4.0666	0.22	3.1874

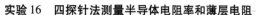

续上表

S/D	F(S/D)	S/D	F(S/D)	S/D	F(S/D)
0.025	4.508	0.12	4.0297	0.23	3.1005
0.030	4.4973	0.125	3.992	0.24	3.0142
0.035	4.4848	0.13	3.9535	0.25	2.9289
0.040	4.4704	0.135	3.9142	0.26	2.8445
0.045	4.4543	0.14	3.8743	0.27	2.7613
0.050	4.4364	0.145	3.8337	0.28	2.6793
0.055	4.4167	0.15	3.7926	0.29	2.5988
0.060	4.3954	0.155	3.7509	0.3	2.5196
0.065	4.3724	0.16	3.7089	0.31	2.4418
0.070	4.3479	0.165	3.6664	0.32	2.3656
0.075	4.3219	0.17	3.6236	0.33	2.2908
0.080	4.2944	0.175	3.5805	1/3	2.2662
0.085	4.2655	0.18	3.5372		
0.090	4.2353	0.185	3.4937		

注：①适用条件：硅片直径 $D \geqslant 3S$ 的情况，中心点测量。②当 $S/D = 0$ 时，意味着样品横向面积很大，对于薄样品，厚度修正因子 $F(d/S) = F(0) = 1$（见表 16 – 19），由计算无穷大薄样品电阻率的公式［即 $\rho = \pi d V_{23}/(I \cdot \ln2)$］可知，此时直径修正因子为 $F(S/D) = 3.14/\ln2 = 4.5324$（见本表）。③当 $S/D = 1/3$ 时，最外侧的两个探针（即 1、4 探针）的间距正好等于硅片直径，这是四探针测试仪能够测试的最小硅片直径。

4. 单晶硅片中心点测量电阻率 ρ 直读电流选择（探针间距 0.1 cm）

单晶硅片中心点测量电阻率 ρ 直读电流选择（探针间距 0.1 cm）见表 16 – 11。

表 16 – 11　单晶硅片中心点测量电阻率 ρ 直读电流选择（探针间距 0.1 cm）

d＼I ＼d	0.00	0.01	0.02	0.03	0.04	0.05	0.06	0.07	0.08	0.09
0.1	00453	00498	00544	00589	00634	00680	00725	00770	00815	00861
0.2	00906	00951	00997	01042	01087	01133	01178	01223	01268	01314
0.3	01359	01404	01450	01495	01540	01586	01631	01676	01721	01767
0.4	01811	01857	01901	01947	01991	02036	02081	02126	02170	02215

材料科学基础实验

续上表

d ／ I ／ d	0.00	0.01	0.02	0.03	0.04	0.05	0.06	0.07	0.08	0.09
0.5	02259	02304	02348	02392	02436	02479	02523	02567	02610	02653
0.6	02696	02739	02781	02824	02866	02907	02949	02990	03031	03072
0.7	03113	03153	03193	03233	03272	03311	03350	03388	03427	03464
0.8	03502	03539	03572	03612	03648	03684	03719	03754	03789	03823
0.9	03856	03890	03923	03956	03988	04020	04052	04083	04112	04144
1.00	04172	04697	05093	05378	05585					
2.00	05744	05850	05936	06007	06050					
3.00	06088	06117	06145	06164	06180					
4.00	06197									

注：适用条件：探针与硅片边缘的最短距离大于 4 倍探针间距，即 $d \leqslant 4S$，中心点测量。表中硅片厚度 d 的单位为 mm。

实验 17　绝缘材料的相对介电常数 和介质损耗因数测量

 一、实验目的

(1) 了解 Q 表法和变电纳法测量绝缘材料相对介电常数和介质损耗因数的原理。

(2) 学会用 Q 表法和变电纳法测量绝缘材料的相对介电常数和介质损耗因数。

(3) 了解影响测量结果准确性的因素及避免方法。

 二、实验原理

1. 一些基本概念

(1) 相对介电常数和绝对介电常数。当电容器的两个极板之间充以绝缘材料时，其电容 C_x 与两个极板之间充以真空时的电容 C_0 之比就定义为该绝缘材料的相对介电常数 ε_r，用公式可表示为：

$$\varepsilon_r = \frac{C_x}{C_0} \tag{17-1}$$

在标准大气压下，干燥空气的相对介电常数为 1.00053，因此，人们在实际测量绝缘材料的相对介电常数时，常常使用两极板充以空气时的电容 C_a 来代替 C_0，这种替代所引入的误差常常是可以忽略的。

绝缘材料的介电常数（或绝对介电常数）ε 定义为该材料的相对介电常数 ε_r 与真空介电常数 ε_0 的乘积。在国际单位制中，真空介电常数 ε_0 为：

$$\varepsilon_0 = 8.854 \times 10^{-12} \text{（F/m）} \approx \frac{1}{36\pi} \times 10^{-9} \text{（F/m）} \tag{17-2}$$

如果不考虑边缘效应，以相对介电常数为 ε_r 的绝缘材料为介质的平行板电容器的电容为：

$$C_x = \frac{\varepsilon_0 \varepsilon_r S}{d} \tag{17-3}$$

式中，S 和 d 分别为平行板电容器的极板面积和间距，各物理量的单位均使用国际单位制。将式(17-2) 代入式(17-3) 可得：

$$C_x = \frac{\varepsilon_r S}{36\pi d} \times 10^{-9} \ (\text{F}) = \frac{\varepsilon_r S}{36\pi d} \ (\text{nF}) = \frac{100\varepsilon_r S}{3.6\pi d} \ (\text{pF}) \qquad (17-4)$$

由式(17-4)可得：

$$\varepsilon_r = \frac{3.6\pi d C_x}{100 S} \qquad (17-5)$$

式中，电容 C_x 以 pF 为单位，电容器的极板面积 S 和间距 d 分别以 m^2 和 m 为单位。

如果平板电极为圆形，且其直径为 D_0，相对介电常数的表达式可进一步写作：

$$\varepsilon_r = \frac{3.6\pi d C_x}{100 S} = \frac{14.4 d C_x}{100 D_0^2} \qquad (17-6)$$

式中，极板直径 D_0 和间距 d 均以 m 为单位，电容 C_x 以 pF 为单位。

（2）介质损耗角和介质损耗因数。在交流电路中，由于理想电容的电流始终超前电压90°相位，所以理想电容在充放电过程中不会消耗能量。作为对比，由绝缘材料作为介质的实际电容器在充放电过程中会消耗能量，其原因是：一方面，电介质内部的电荷在外加交变电场的作用下被反复极化，电荷的频繁极化运动（取向极化或位移极化）须克服材料内部的摩擦力做功；另一方面，还有一部分能量以漏电电流产生焦耳热的形式消耗。这两种能量消耗都以热能的形式释放并造成电容器温度升高。

如果把一块圆柱状薄片电介质的两个底面镀上电极，则它构成了一个平行板电容器，可以用一个理想电容和一个电阻的并联来描述它在交流电路中的性能，如图17-1所示，介质损耗角 δ 被定义为由电介质材料组成的实际电容器上的电压 U 与电流 I 之间的相位角 φ 的余角 δ，即 $\delta = 90° - \varphi$，而介质损耗因数 D 被定义为介质损耗角 δ 的正切值，即：

$$D = \tan\delta = \frac{1}{\omega C_p R_p} \qquad (17-7)$$

式中，C_p 为并联电路中的电容；R_p 为并联电路中的电阻。

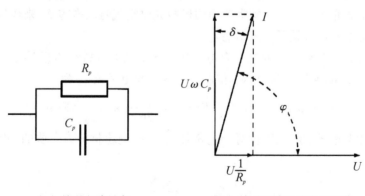

（a）并联电路示意　　　　（b）并联电路电流电压相位

图17-1　有损耗的电容器的并联等效电路及相应的电流和电压相位

之所以使用介质损耗因数 D 来描述电介质消耗的功率，原因在于，如果我们以角频率为 ω、有效值为 U 的正弦交流电加在电容 C_p 和电阻 R_p 组成的并联电路的两端，消耗在电阻上的功率可表示为 $P = UI_R = UI_C \tan \delta = U^2 \omega C_p \tan \delta$。由上式可知，在电源电压、角频率和电容 C_p 一定的前提下，消耗在电阻 R_p 上的功率与介质损耗因数 D 成正比。

（3）描述有损耗的电容器的两种等效电路。除了可以用图 17-1 所示的并联电路来表示一个有损耗的电容器之外，还可以用电容 C_s 和电阻 R_s 组成的串联电路来表示它，如图 17-2 所示，在串联等效电路中，介质损耗因数 D 可以表示为：

$$D = \tan \delta = \omega C_s R_s \qquad (17-8)$$

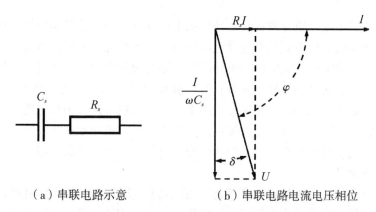

（a）串联电路示意　　　　　（b）串联电路电流电压相位

图 17-2　有损耗的电容器的串联等效电路及相应的电流和电压相位

由于并联电路和串联电路对同一个有损耗的电容器的表示是等价的，因此，它们应具有相同的阻抗和介质损耗因数，即：

$$
\begin{cases}
R_s + \dfrac{1}{j\omega C_s} = \dfrac{1}{\dfrac{1}{R_p} + j\omega C_p} = \dfrac{R_p}{1 + j\omega R_p C_p} = \dfrac{R_p - j\omega R_p^2 C_p}{1 + \omega^2 R_p^2 C_p^2} \\[4mm]
D = \tan \delta = \omega C_s R_s = \dfrac{1}{\omega C_p R_p}
\end{cases}
$$

解之得：

$$C_p = \frac{C_s}{1 + \tan^2 \delta} \qquad (17-9)$$

$$R_p = \left(1 + \frac{1}{\tan^2 \delta}\right) R_s \qquad (17-10)$$

式（17-9）和式（17-10）给出了两种等效电路中串联元件参数（C_s，R_s）和并联元件参数（C_p，R_p）须满足的关系。

（4）品质因子 Q。品质因子 Q 表示储能器件（电容或者电感）在谐振电路中每一个周期所储存的能量与每一个周期因介质损耗损失的能量之比，它在数值上等于介质损耗因数（$\tan\delta$）的倒数，即：

$$Q = \frac{1}{\tan \delta} \qquad\qquad (17-11)$$

（5）复相对介电常数。在交变电场的作用下，电介质的相对介电常数为复数，称为复相对介电常数。复相对介电常数 ε^* 定义为：

$$\varepsilon^* = \varepsilon' - j\varepsilon'' = \varepsilon_r - j\varepsilon_r \cdot \tan \delta \qquad\qquad (17-12)$$

由式（17-12）可知，复相对介电常数的实部 ε' 就是我们通常所指的相对介电常数 ε_r，而复相对介电常数的虚部 ε'' 表示介质损耗，它在数值上等于该绝缘材料的相对介电常数 ε_r 与介质损耗因数 $\tan \delta$ 的乘积。

2. 测试方法及原理

介质损耗是指电介质材料在外电场作用下因发热而引起的功率损耗。在直流电场作用下，电介质的损耗主要是由电导电流造成的电导损耗。在交流电场作用下，电介质的损耗除了电导电流造成的电导损耗以外，还有极化损耗。由于电场频繁转向，电介质的极化损耗要比电导损耗大得多，有时甚至大几千倍，因此，在某种意义上说，介质损耗通常是指交流损耗。在实际应用中，介质损耗不但会消耗电能，使元件发热而影响其正常工作，还可能因介质损耗过大造成元件热击穿而失效。因此，介质损耗是应用于交流电场特别是高频电场中的电介质材料的一个重要品质指标，对其进行测试具有重要的意义。

根据电介质材料应用领域（频率域）的不同，测量电介质材料相对介电常数和介质损耗因数的方法可分为以下五种：电桥法（小于 MHz 级）、谐振法（M1 Hz 级至 100 MHz 级）、同轴探针法（MHz 级至 GHz 级）、传输线法（MHz 级至 100 GHz 级）和自由空间法（GHz 级至 100 GHz 级）。

本实验利用 WY2851 Q 表、WY915 介质损耗测试装置（测试架）和标准电感组成的实验装置测量电介质材料的相对介电常数和介质损耗因数。图 17-3(a) 为整个实验装置的实物照片，图 17-3(b) 为测试架的实物照片。该实验装置可提供两种方法（Q 表法和变电纳法）测量材料的相对介电常数和介质损耗因数。

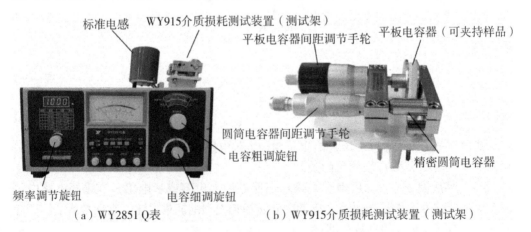

（a）WY2851 Q表　　　　　（b）WY915介质损耗测试装置（测试架）

图 17-3　整个实验装置的实物和测试架的实物

（1）Q 表法（谐振法）测量绝缘材料相对介电常数和介质损耗因数的原理。WY2851 Q 表由一个频率可调的信号发生器、可变电容 C 和连接在电容器两端的电压表 V 组成。当接入标准电感 L 时，就形成了 LC 串联振荡电路，LC 串联电路中的介质损耗使用与可变电容并联的电导 G_0 表示（注：电导为电阻 R_0 的倒数），如图 17 - 4 所示。由电路基础知识可知，当该 RLC 电路谐振时，电路的品质因子 Q 等于谐振时感抗（ωL）或容抗（$1/\omega C$）与电阻（$1/G_0$）之比，即 $Q = \omega L G_0 = G_0/\omega C$，且 L 和 C 上的电压的绝对值都等于电源电压 U_0 的 Q 倍，即 $Q = U_c/U_0$。由于 L 和 C 上的电压方向正好相反，两者的和为零。因为电路谐振时回路的品质因子 Q 等于电压表测得的电容器两端的电压 U_c 与电源（信号发生器）电压 U_0 的比值，所以当信号发生器输出的电压 U_0 保持恒定时，电压表上的读数 U_c 可以用谐振回路的品质因子 Q 来标定，这样就能直接从电压表上读出谐振回路的品质因子 Q，这就是 Q 表的工作原理。

图 17 - 4 给出了 Q 表法（谐振法）测量电介质材料相对介电常数和介质损耗因数的原理简图。如图 17 - 4 所示，该测试线路由电源（信号发生器）U_0、标准电感 L、可变电容 C、测试线路总有效电导（不含样品）G_0、电压表 V、电键 S 和电介质样品的电容 C_x 和电导 G_x 组成。当电键 S 闭合时，意味着夹持了电介质样品的 WY915 测试架接入了 WY2851 Q 表，形成了完整的测量电介质样品相对介电常数和介质损耗因数的电路。

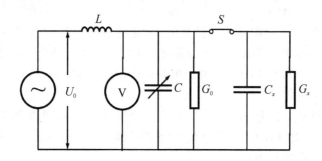

图 17 - 4　谐振法（Q 表法）测量电介质材料相对介电常数和介质损耗因数的原理

Q 表法（谐振法）测试分为两步：

A. 将 Q 表上的信号发生器的频率调到指定频率，在 Q 表的电感接线端接入电感值适当的标准电感，在 Q 表的电容接线端接入夹持有电介质样品的 WY915 测试架。假设夹持了电介质样品的平行板电容器的电容为 C_x，代表电介质样品介质损耗的并联电导为 G_x。调节 Q 表上的可变电容 C 到 C_1 使电路谐振，此时，Q 表的读数为 Q_1，根据式(17 - 7) 和式(17 - 11)，可得（参见图 17 - 1 和图 17 - 4）：

$$\frac{1}{Q_1} = \tan \delta_1 = \frac{G_0 + G_x}{\omega(C_x + C_1)} \qquad (17 - 13)$$

且

$$\omega L = \frac{1}{\omega(C_x + C_1)} \qquad (17-14)$$

式中，$G_0 + G_x$ 表示在 LC 串联谐振电路中接入电介质样品后电路中总的有效电导。

  B. 松开平行板电容器两极板，取出电介质样品。调节平行板电容器两极板的间距使之与样品厚度 d 相同。假设以空气作为介质的平行板电容器的电容为 C_p。调节 Q 表上的可变电容 C 到 C_2 使电路重新谐振，由此可得：

$$\frac{1}{Q_2} = \tan\delta_2 = \frac{G_0}{\omega(C_p + C_2)} \qquad (17-15)$$

且

$$\omega L = \frac{1}{\omega(C_p + C_2)} \qquad (17-16)$$

由式（17-14）和式（17-16），可得：

$$C_x + C_1 = C_p + C_2 \Rightarrow C_x = C_p + (C_2 - C_1) \qquad (17-17)$$

  根据电介质材料相对介电常数的定义，我们有：

$$\varepsilon_r = \frac{C_x}{C_p} = \frac{(C_2 - C_1) + C_p}{C_p} \qquad (17-18)$$

  利用式（17-4），可得到极板半径为 r（单位为 cm）、极板间距为 d（单位为 cm）的以空气为介质的平行板电容器的电容为：

$$C_p = \frac{100\varepsilon_a S}{3.6\pi d} = \frac{100 \times 1.00053 \times \pi r^2 \times 10^{-4}}{3.6\pi d \times 10^{-2}} \approx \frac{r^2}{3.6d} \text{ (pF)} \qquad (17-19)$$

式中，ε_a 是空气的相对介电常数；这里的 C_p 通常也称为结构电容。由式（17-19）可知，它仅与样品厚度 d 和极板半径 r 有关。对于本实验，WY915 测试架上的平行板电容器的极板半径为 1.9 cm。至此，可利用式（17-18）和式（17-19）计算电介质样品的相对介电常数。

  由图 17-4 可知，在 Q 表中接入夹持有电介质样品的 WY915 测试架，相当于给 LC 电路接入了一个由电容 C_x 和电导 G_x 组成的并联支路。利用式（17-7），电介质样品的介质损耗因数可表示为：

$$\tan\delta_x = \frac{G_x}{\omega C_x} \qquad (17-20)$$

由式（17-14）和式（17-16），我们有 $\omega(C_x + C_1) = \omega(C_p + C_2)$，所以，式（17-13）减去式（17-15）可得：

$$\frac{1}{Q_1} - \frac{1}{Q_2} = \frac{G_0 + G_x}{\omega(C_x + C_1)} - \frac{G_0}{\omega(C_p + C_2)} = \frac{G_x}{\omega(C_p + C_2)} \qquad (17-21)$$

将式（17-21）代入式（17-20），我们有：

$$\tan\delta_x = \frac{G_x}{\omega C_x} = \frac{C_p + C_2}{C_x}\left(\frac{1}{Q_1} - \frac{1}{Q_2}\right) = \frac{C_p + C_2}{C_p + C_2 - C_1}\left(\frac{1}{Q_1} - \frac{1}{Q_2}\right)$$

$$(17-22)$$

  至此，可利用式（17-22）计算电介质样品的介质损耗因数。对于 Q 表法测量绝缘材料相对介电常数和介质损耗因数所涉及的公式，附录"1."给出了更详细的推导过程。

（2）变电纳法测量绝缘材料相对介电常数和介质损耗因数的原理。WY915 测试架除了配备有平行板电容器之外，还配备了一个电容线性变化率为 0.33 pF/mm、长度调节范围为 0 ～ 25 mm、分辨率为 0.0033 pF 的圆筒电容器，如图 17 - 3 所示。该圆筒电容器为我们提供了另外一种测量电介质材料相对介电常数和介质损耗因数的方法，即变电纳法。与谐振法相比，变电纳法通常具有更高的测量精度。

变电纳法的测试方法如下：

A. 将 Q 表调到指定频率，将电感值适当的标准电感接入 Q 表，将 WY915 测试架接入 Q 表；将样品插入到 WY915 测试架上的平行板电容器中，并调节螺旋测微器使极板夹紧样品，同时记录螺旋测微器测得的样品厚度 D_2。调节圆筒电容器的螺旋测微器到中央位置附近（如 12 mm 处）。调节 Q 表上的调谐电容使电路谐振，读取 Q_s 值（其对应的电压为 U_{rs}）；调节测试架上圆筒电容器的螺旋测微器使电路偏离谐振点（此时 Q 表起电压表的作用），使电压值降到 $U_{rs}/\sqrt{2}$，而对应于同一个电压值（$U_{rs}/\sqrt{2}$）有两个电容值，且位于最大谐振点 Q_s 对应的电容值 C_r 的两端，如图 17 - 5 所示，由此可确定与 $U_{rs}/\sqrt{2}$ 对应的两个电容的差值 ΔC_s。

B. 调节圆筒电容器的螺旋测微器使刻度重新回到 12 mm 处，此时电路再次谐振。调节平行板电容器螺旋测微器松开两极板，取出电介质样品，此时电路再次偏离谐振。调节平行板电容器螺旋测微器改变空气隙的宽度，使电路再次谐振，读取 Q_a 值（其对应的电压为 U_{ra}），并记录螺旋测微器测得的空气隙的宽度 D_4。调节测试架上圆筒电容器的螺旋测微器使电路偏离谐振点（此时 Q 表起电压表的作用），使电压值降到 $U_{ra}/\sqrt{2}$，而对应于同一个电压值（$U_{ra}/\sqrt{2}$）有两个电容值，且位于最大谐振点 Q_a 对应的电容值 C_r 的两端，如图 17 - 5 所示，由此可确定出与 $U_{ra}/\sqrt{2}$ 对应的两个电容的差值 ΔC_a。

根据以上测量结果，可利用下面的公式计算被测样品的相对介电常数和介质损耗因数：

$$\varepsilon_r = \frac{D_2}{D_4} \qquad (17 - 23)$$

$$\tan \delta = \frac{\Delta C_s - \Delta C_a}{2C_x} = \frac{D_4(\Delta C_s - \Delta C_a)}{2D_2 C_p} = \frac{D_4 K(M_1 - M_2)}{2D_2 C_p} \quad (17 - 24)$$

式中，K 为圆筒电容器的线性变化率，其值为 0.33 pF/mm。M_1 和 M_2 是圆筒电容器螺旋测微器测得的极板间距的改变量，分别对应于 ΔC_s 和 ΔC_a 的电容变化量。C_p 是结构电容，其计算公式由式(17 - 19) 给出。对于变电纳法测量绝缘材料相对介电常数和介质损耗因数所涉及的公式，附录"2."给出了详细的推导过程。

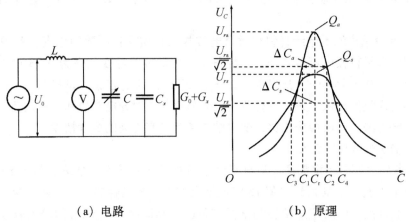

（a）电路　　　　　　　　　　（b）原理

图 17 - 5　变电纳法测量绝缘材料相对介电常数和介质损耗因数的电路和原理

 三、仪器用具和样品

WY2851 Q 表、WY915 介质损耗因数测试架、1 μH 标准电感、100 μH 标准电感、被测样品（印刷电路板、聚四氟乙烯和石英玻璃）。

 四、实验内容

1. 利用 Q 表法（或谐振法）测量 1 MHz 下三种样品（印刷电路板、聚四氟乙烯和石英玻璃）的相对介电常数和介质损耗因数

（1）在 Q 表没有接入标准电感和电容的状态下，检查 Q 表的指针是否指零。如果不为零，应调节 Q 表调零旋钮，使 Q 表的指针指向零。

（2）检查 Q 表是否正常，具体做法是将频率调至 1 MHz；将 "30 - 100 - 300" 三个量程按钮全部按下。将 100 μH 的标准电感接入 Q 表的电感接线端（即 L_x）上；将微调谐电容置于 0 pF 处，调节主调谐电容使电路谐振，此时 Q 值应该在 190 左右，调谐电容的值在 249 pF 左右。如果调节主调谐电容，电路确实发生谐振且示数相仿，则说明 Q 表工作正常。

（3）检查 WY915 介质损耗测试装置（测试架）上的平行板电容器的螺旋测微器的零点。具体做法是，调节平行板电容器的螺旋测微器使两极板接触，这时螺旋测微器的读数应该为 0 mm。如果螺旋测微器的读数不为 0 mm，读取两极板接触时的刻度值，记为 D_0（注意：调节螺旋测微器时，一定要转动调节手轮，不能直接转动测微杆，以免损坏螺旋测微器的精密螺纹，听到调节手轮发出"吱吱"的声音即可）。

（4）将 WY915 测试架接入 Q 表的电容接线端（即 C_x）。调节螺旋测微器手轮松

开 WY915 测试架上的平行板电容器两极板，将样品插入两极板，调节测微器手轮直到两极板夹紧样品，读取刻度值，记为 D_1，则样品厚度 $d = D_1 - D_0$。把圆筒电容器螺旋测微器置于 12 mm 处（圆筒电容器螺旋测微器的调节范围为 0 ～ 25 mm）。检查 Q 表频率是否为 1 MHz，如果不是，将 Q 表频率调节到 1 MHz。调节 Q 表主调谐电容使电路谐振，进一步调节 Q 表，微调谐电容使 Q 表指针指到最大，记下此时的 Q_1 值。与此同时，记下主调谐电容和微调谐电容之和，记为 C_1。

（5）调节螺旋测微器手轮，松开 WY915 测试架上的平行板电容器的两极板，取出样品。重新将两极板间距调到样品厚度处，即平行板电容器螺旋测微器处于刻度 D_1 处。圆筒电容器螺旋测微器处于 12 mm 处不变，Q 表频率处于 1 MHz 不变。调节 Q 表主调谐电容使电路再次谐振，进一步调节 Q 表微调谐电容使 Q 表指针指到最大，记下此时的 Q_2 值。与此同时，记下主调谐电容和微调谐电容之和，记为 C_2。

根据以上实验记录数据及式(17 - 18)、式(17 - 19) 和式(17 - 22) 计算材料的相对介电常数和介质损耗因数，并填写表 17 - 1。需要说明的是，WY915 测试架上的平行板电容器的极板半径为 1.9 cm。

表17 - 1　1 MHz 下三种样品的相对介电常数和介质损耗因数测试结果（Q 表法或谐振法）

样品名称	Q_1	C_1/pF	Q_2	C_2/pF	d/cm	$r^2/\mathrm{cm^2}$	C_p/pF	相对介电常数 ε_r	介质损耗因数 $\tan\delta$
印刷电路板									
聚四氟乙烯									
石英玻璃									

注：d 为样品厚度，r 为极板半径，C_p 为以空气为介质、极板间距为 d 的结构电容。

2. 利用 Q 表法（或谐振法）测量 10 MHz 下三种样品（印刷电路板、聚四氟乙烯和石英玻璃）的相对介电常数和介质损耗因数

与测试频率为 1 MHz 时选用 100 μH 的标准电感不同，测试频率为 10 MHz 时应选用 1 μH 的标准电感。除此以外，10 MHz 下相对介电常数和介质损耗因数的测试方法和步骤与 1 MHz 下的类似，此处不再赘述。结果填入表 17 - 2 中。

表17 - 2　10 MHz 下三种样品的相对介电常数和介质损耗因数测试结果（Q 表法或谐振法）

样品名称	Q_1	C_1/pF	Q_2	C_2/pF	d/cm	$r^2/\mathrm{cm^2}$	C_p/pF	相对介电常数 ε_r	介质损耗因数 $\tan\delta$
印刷电路板									
聚四氟乙烯									

续表1

样品名称	Q_1	C_1/pF	Q_2	C_2/pF	d/cm	r^2/cm^2	C_p/pF	相对介电常数 ε_r	介质损耗因数 $\tan\delta$
石英玻璃									

注：d 为样品厚度，r 为极板半径，C_p 为以空气为介质、极板间距为 d 的结构电容。

3. 利用变电纳法测量 1 MHz 下三种样品（印刷电路板、聚四氟乙烯和石英玻璃）的相对介电常数和介质损耗因数

（1）调节 Q 表的频率至 1 MHz，将 100 μH 的标准电感接到 Q 表的电感接线端。将 WY915 测试架接入 Q 表的电容接线端。

（2）调节 WY915 测试架上的平行板电容器螺旋测微器的调节手轮，使两极板接触，读取刻度值，记为 D_0，这时测微杆应处于 0 mm 附近。松开两极板，把被测样品插入两极板。调节测微器直到两极板夹紧样品（注意：转动调节手轮，听到手轮发出"吱吱"的声音即可），读取刻度值，记为 D_1，这时样品厚度 $D_2 = D_1 - D_0$。把圆筒电容器螺旋测微器置于 12 mm 处，调节 Q 表主调谐电容和微调谐电容使电路谐振，读取 Q_s 值（对应的电压为 U_{rs}）。调节圆筒电容器将电路调离谐振点，使电压值降到 $U_{rs}/\sqrt{2}$，而对应于同一个电压值（$U_{rs}/\sqrt{2}$）有两个电容值，且位于最大谐振点 Q_s 对应的电容值 C_r 的两边，取这两个电容的差值 ΔC_s。举个例子，假设谐振时 U_{rs} 的值为 200 V，先顺时针方向调节圆筒电容器螺旋测微器，使电压值下降到 141.4 V 时测微器刻度为 4 mm，再逆时针方向调节圆筒电容器螺旋测微器直至电压值再次降为 141.4 V，此时测微器刻度为 20 mm，两者的差值为 $M_1 = 16$ mm。再次将圆筒电容器螺旋测微器调回到 12 mm 处，此时电路再次谐振。取出平行板电容器中的样品，此时电路再次偏离谐振。调节平行板电容器的极板间距，使电路再次谐振，读取谐振电压 U_{ra} 和螺旋测微器的刻度 D_3，并计算使电路发生谐振的空气隙的厚度，$D_4 = D_3 - D_0$。再次调节圆筒电容器螺旋测微器使电路偏离谐振，用类似的方法确定与以空气为介质的平行板电容器相对应的 $U_{ra}/\sqrt{2}$ 和 ΔC_a。假定圆筒电容器螺旋测微器两次刻度的差值为 M_2。M_2 总比 M_1 小。

根据以上测量结果、式(17−23) 和式(17−24)，计算材料的相对介电常数和介质损耗因数，并填写表 17−3。

表17−3　1 MHz 下三种样品的相对介电常数和介质损耗因数测量结果（变电纳法）

样品名称	D_0/mm	D_1/mm	D_2/mm	D_3/mm	D_4/mm	$M_1\,\text{mm}$	M_2/mm	C_p/pF	相对介电常数 ε_r	介质损耗因数 $\tan\delta$
印刷电路板										

续表1

样品名称	D_0/mm	D_1/mm	D_2/mm	D_3/mm	D_4/mm	M_1 mm	M_2/mm	C_p/pF	相对介电常数 ε_r	介质损耗因数 $\tan\delta$
聚四氟乙烯										
石英玻璃										

注：C_p 为以空气为介质、极板间距为样品厚度 d 的结构电容。

 五、注意事项

测量材料的相对介电常数和介质损耗因数时，须注意以下事项：①平行板电容器极板与样品的接触情况是影响测试结果精度的关键。为了减小空气隙的干扰，在用极板夹持样品时，应旋转样品，使平行板电容器螺旋测微器上的示数取最小值。此外，要使样品表面尽可能平整，以使样品与极板无缝接触。②应保证样品表面清洁、无灰尘和无油脂。应使用镊子取放样品，避免用手直接接触样品表面造成沾污。③测试之前，要注意将 Q 表调零。④测试之前，要注意检查平行板电容器螺旋测微器的零点。如果不为零，应记下此时的读数 D_0。⑤环境温度和湿度对相对介电常数和介质损耗因数测试结果有较大的影响。当温度较低时，相对介电常数随温度的增加而增大；但是，当温度很高时，相对介电常数又会随温度的增加而减小。当温度较低时，介质损耗因数随温度的增加先增大后减小；当温度很高时，介质损耗因数和电导一样与温度呈指数关系（或随温度指数增加）。一般来说，相对介电常数和介质损耗因数都随着湿度的增加而增大。

 六、思考题

（1）介质损耗的根源是什么？
（2）影响测量结果准确性的因素有哪些？应如何做才能保证测试结果的精度？

参考文献

［1］ ASTM International. Standard Test Methods for AC Loss Characteristics and Permittivity（Dielectric Constant）of Solid Electrical Insulation［Z］. 2004.
［2］ 中国国家标准化管理委员会. 测量电气绝缘材料在工频、音频、高频（包括米波波长在内）下电容率和介质损耗因素的推荐方法：GB/T 1409—2006［S］.
［3］ 中国国家标准化管理委员会. 硫化橡胶介电常数和介质损耗角正切值的测定方法：GB/T 1693—2007［S］.

［4］Cook L O. A versatile instrument—the Q meter［Z］. The Notebook from Booton radio corporation, US, 1955.

［5］Nelson S O. Fundamentals of dielectric properties measurements and agricultural applications［J］. Journal of Microwave Power and Electromagnetic Energy, 2010, 44 (2): 98 –113.

［6］查尔斯·亚历山大. 电路基础（精编版）［M］. 6 版. 段哲民，周巍，尹熙鹏 译. 北京：机械工业出版社，2019.

附 录

1. Q 表法测量绝缘材料相对介电常数和介质损耗因数所涉及的公式的推导

（1）当插入样品谐振时，如图 17 –6(a) 所示，整个电路的阻抗为

$$Z = j\omega L + \frac{1}{(G_0 + G_x) + j\omega(C_1 + C_x)} = j\omega L + \frac{(G_0 + G_x) - j\omega(C_1 + C_x)}{(G_0 + G_x)^2 + \omega^2(C_1 + C_x)^2}$$

$$= \frac{G_0 + G_x}{(G_0 + G_x)^2 + \omega^2(C_1 + C_x)^2} + j\omega\left[L - \frac{C_1 + C_x}{(G_0 + G_x)^2 + \omega^2(C_1 + C_x)^2}\right]$$

$$(17 – 25)$$

当电路谐振时，阻抗的虚部为零，所以，

$$L = \frac{C_1 + C_x}{(G_0 + G_x)^2 + \omega^2(C_1 + C_x)^2} \Rightarrow \omega^2 = \frac{1}{(C_1 + C_x)L} - \left(\frac{G_0 + G_x}{C_1 + C_x}\right)^2$$

$$(17 – 26)$$

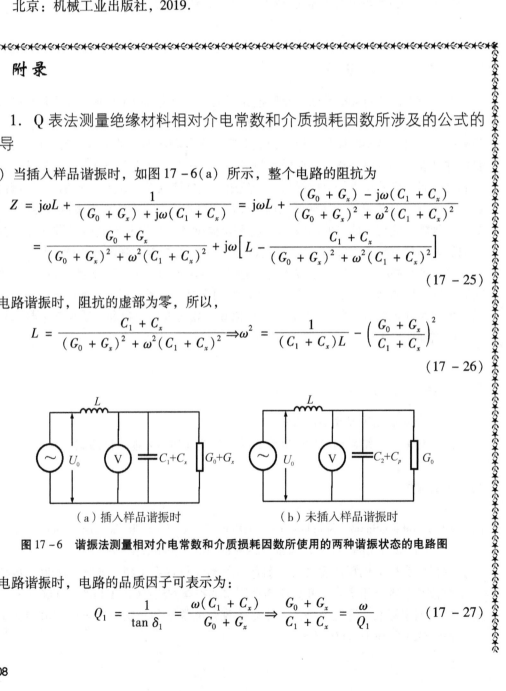

（a）插入样品谐振时　　　　　　　　（b）未插入样品谐振时

图 17 –6　谐振法测量相对介电常数和介质损耗因数所使用的两种谐振状态的电路图

当电路谐振时，电路的品质因子可表示为：

$$Q_1 = \frac{1}{\tan \delta_1} = \frac{\omega(C_1 + C_x)}{G_0 + G_x} \Rightarrow \frac{G_0 + G_x}{C_1 + C_x} = \frac{\omega}{Q_1} \qquad (17 – 27)$$

将式（17 - 27）代入式（17 - 26）可得：

$$\omega^2 = \frac{1}{(C_1 + C_x)L} - \left(\frac{\omega}{Q_1}\right)^2 \Rightarrow \left(1 + \frac{1}{Q_1^2}\right)\omega^2 = \frac{1}{(C_1 + C_x)L} \quad (17 - 28)$$

由于谐振时电路的品质因子 $Q_1 \gg 1$，所以，

$$\omega^2 = \frac{1}{\left(1 + \frac{1}{Q_1^2}\right)} \frac{1}{(C_1 + C_x)L} \approx \frac{1}{(C_1 + C_x)L} \Rightarrow \omega \approx \sqrt{\frac{1}{(C_1 + C_x)L}}$$

$$(17 - 29)$$

（2）当取出样品谐振时，平行板电容器的电容为结构电容 C_p，且不会引入附加电导，此时的电路图如图 17 - 6(b) 所示，整个电路的阻抗为：

$$Z = j\omega L + \frac{1}{G_0 + j\omega(C_2 + C_p)} = j\omega L + \frac{G_0 - j\omega(C_2 + C_p)}{G_0^2 + \omega^2(C_2 + C_p)^2}$$

$$= \frac{G_0}{G_0^2 + \omega^2(C_2 + C_p)^2} + j\omega\left[L - \frac{C_2 + C_p}{G_0^2 + \omega^2(C_2 + C_p)^2}\right] \quad (17 - 30)$$

当电路谐振时，阻抗的虚部为零，有：

$$L = \frac{C_2 + C_p}{G_0^2 + \omega^2(C_2 + C_p)^2} \Rightarrow \omega^2 = \frac{1}{(C_2 + C_p)L} - \left(\frac{G_0}{C_2 + C_p}\right)^2 \quad (17 - 31)$$

当电路谐振时，电路的品质因子可表示为：

$$Q_2 = \frac{1}{\tan\delta_2} = \frac{\omega(C_2 + C_p)}{G_0} \Rightarrow \frac{G_0}{C_2 + C_p} = \frac{\omega}{Q_2} \quad (17 - 32)$$

将式（17 - 32）代入式（17 - 31）可得：

$$\omega^2 = \frac{1}{(C_2 + C_p)L} - \left(\frac{\omega}{Q_2}\right)^2 \Rightarrow \left(1 + \frac{1}{Q_2^2}\right)\omega^2 = \frac{1}{(C_2 + C_p)L} \quad (17 - 33)$$

由于谐振时电路的品质因子 $Q_2 \gg 1$，因此，

$$\omega^2 = \frac{1}{\left(1 + \frac{1}{Q_2^2}\right)} \frac{1}{(C_2 + C_p)L} \approx \frac{1}{(C_2 + C_p)L} \Rightarrow \omega \approx \sqrt{\frac{1}{(C_2 + C_p)L}}$$

$$(17 - 34)$$

由于两次谐振的频率相等，所使用的电感也相等，根据式（17 - 29）和式（17 - 34）式，有：

$$C_1 + C_x \approx C_2 + C_p \quad (17 - 35)$$

根据相对介电常数的定义，我们有：

$$\varepsilon_r = \frac{C_x}{C_p} = \frac{(C_2 - C_1) + C_p}{C_p} \quad (17 - 36)$$

联立式（17 - 27）、式（17 - 28）和式（17 - 35），我们有：

$$\frac{\omega}{Q_1} - \frac{\omega}{Q_2} = \frac{G_0 + G_x}{C_1 + C_x} - \frac{G_0}{C_2 + C_p} = \frac{G_x}{C_2 + C_p} \Rightarrow \frac{1}{Q_1} - \frac{1}{Q_2} = \frac{G_x}{\omega(C_2 + C_p)}$$

$$(17 - 37)$$

根据定义，电介质样品的介质损耗因数可表示为：

$$\tan \delta_x = \frac{G_x}{\omega C_x} = \frac{G_x(C_2 + C_p)}{\omega(C_2 + C_p)C_x} = \frac{(C_2 + C_p)}{C_x}\left(\frac{1}{Q_1} - \frac{1}{Q_2}\right)$$

$$= \frac{C_2 + C_p}{C_2 + C_p - C_1}\left(\frac{1}{Q_1} - \frac{1}{Q_2}\right) \tag{17-38}$$

2. 变电纳法测量绝缘材料相对介电常数和介质损耗因数所涉及的公式的推导

先证明式（17-23）：$\varepsilon_r = \dfrac{D_2}{D_4}$。

接入样品后，调节 Q 表上的可调谐电容到 C_r 使电路谐振，样品插入给电路引入的电容为 $C_x = \dfrac{\varepsilon_0 \varepsilon_r S}{D_2}$，式中，$S$ 为极板面积，D_2 为样品厚度。由于可调谐电容 C_x 和圆筒电容器的电容 C_c 是并联关系，所以回路中的总电容为 $C_r + C_x + C_c$。去掉样品后，调节空气隙的宽度使电路谐振，空气隙给电路引入的电容为 $C_a \approx \dfrac{\varepsilon_0 S}{D_4}$，此时回路中的总电容为 $C_r + C_a + C_c$。由于两次共振的频率相同，所使用的电感 L 相同，根据上面给出的 Q 表法计算公式的推导过程，我们有：

$$C_x \approx C_a \Rightarrow \frac{\varepsilon_0 \varepsilon_r S}{D_2} \approx \frac{\varepsilon_0 S}{D_4} \Rightarrow \varepsilon_r = \frac{D_2}{D_4} \tag{17-39}$$

接下来，再证明式（17-24）：$\tan \delta = \dfrac{\Delta C_s - \Delta C_a}{2C_x} = \dfrac{D_4(\Delta C_s - \Delta C_a)}{2D_2 C_p} = \dfrac{D_4 K(M_1 - M_2)}{2D_2 C_p}$。

为了简单起见，我们先考虑未接入样品时的情况，如图 17-7 所示。

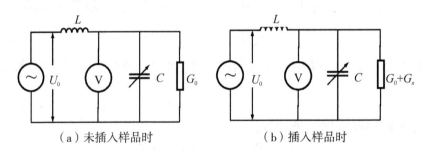

（a）未插入样品时　　　　　　　（b）插入样品时

图 17-7　变电纳法测量介质损耗因数时未接入样品和接入样品时的电路

（1）当未插入样品时 [图 17-7（a）]，回路上的电流（流经电感的电流）可表示为：

$$\dot{I} = \frac{\dot{U}_0}{j\omega L + \dfrac{1}{G_0 + j\omega C}} \tag{17-40}$$

所以, 电容两端的电压为:

$$\dot{U}_{ca} = \frac{\dot{I}}{G_0 + j\omega C} = \frac{\dot{U}_0}{j\omega L + \dfrac{1}{G_0 + j\omega C}} \cdot \frac{1}{G_0 + j\omega C} = \frac{\dot{U}_0}{1 - \omega^2 LC + j\omega L G_0}$$

$$\tag{17-41}$$

电容两端的电压值为:

$$U_{ca} = \frac{U_0}{\sqrt{(1 - \omega^2 LC)^2 + \omega^2 L^2 G_0^2}} \tag{17-42}$$

当电路谐振时, 电路的总有效电容用 C_{ra} 表示, 电路的总阻抗为:

$$Z_a = j\omega L + \frac{1}{G_0 + j\omega C_r} = j\omega L + \frac{G_0 - j\omega C_{ra}}{G_0^2 + \omega^2 C_{ra}^2}$$

$$= \frac{G_0}{G_0^2 + \omega^2 C_{ra}^2} + j\omega\left(L - \frac{C_{ra}}{G_0^2 + \omega^2 C_{ra}^2}\right) \tag{17-43}$$

当电路谐振时, 电路的总阻抗的虚部为零, 有:

$$L - \frac{C_{ra}}{G_0^2 + \omega^2 C_{ra}^2} = 0 \Rightarrow G_0^2 + \omega^2 C_{ra}^2 = \frac{C_{ra}}{L} \tag{17-44}$$

及

$$G_0^2 + \omega^2 C_{ra}^2 = \frac{C_{ra}}{L} \Rightarrow \omega^2 = \frac{1}{LC_{ra}} - \frac{G_0^2}{C_{ra}^2} \Rightarrow \omega = \sqrt{\frac{1}{LC_{ra}} - \frac{G_0^2}{C_{ra}^2}} \tag{17-45}$$

当电路谐振时, 电路的总阻抗为:

$$\frac{G_0}{G_0^2 + \omega^2 C_{ra}^2} \tag{17-46}$$

谐振时, 电容两端的电压为:

$$\dot{U}_{cra} = \frac{\dot{U}_0}{\dfrac{G_0}{G_0^2 + \omega^2 C_{ra}^2}} \cdot \frac{1}{G_0 + j\omega C_{ra}} = \frac{\dot{U}_0(G_0^2 + \omega^2 C_{ra}^2)}{G_0} \cdot \frac{1}{G_0 + j\omega C_{ra}}$$

$$\tag{17-47}$$

谐振时, 电容两端的电压值为:

$$U_{cra} = \frac{U_0(G_0^2 + \omega^2 C_{ra}^2)}{G_0} \cdot \frac{1}{\sqrt{G_0^2 + \omega^2 C_{ra}^2}} = \frac{U_0}{G_0} \cdot \sqrt{G_0^2 + \omega^2 C_{ra}^2} \tag{17-48}$$

将式(17-44) 代入式(17-48) 可得:

$$U_{cra} = \frac{U_0}{G_0} \cdot \sqrt{G_0^2 + \omega^2 C_{ra}^2} = \frac{U_0}{G_0} \cdot \sqrt{\frac{C_{ra}}{L}} \tag{17-49}$$

另外, RLC 串联电路 (可以把 R 和 C 的并联支路转换为等效的串联支路, 两等效支路具有相等的阻抗和损耗因数）谐振时，电容两端的电压 U_{cra} 是电源电压 U_0 的 Q 倍，即：

$$U_{cra} = QU_0 = \frac{U_0}{\tan\delta} = \frac{U_0}{\dfrac{G_0}{\omega C_{ra}}} = \left(\frac{\omega C_{ra}}{G_0}\right)U_0 \qquad (17-50)$$

联立式(17-49) 和式(17-50) 式，可得谐振频率为：

$$\omega = \frac{1}{C_{ra}}\sqrt{\frac{C_{ra}}{L}} = \sqrt{\frac{1}{L \cdot C_{ra}}} \qquad (17-51)$$

将式(17-51) 代入式(17-50)，可得：

$$U_{cra} = \left(\frac{\omega C_{ra}}{G_0}\right)U_0 = \left(\frac{\omega}{G_0\,\omega^2\,L}\right)U_0 = \frac{U_0}{\omega G_0 L} \qquad (17-52)$$

下面求对应于两端的值等于 $U_{cra}/\sqrt{2}$ 的两个电容值。利用式(17-42) 和式(17-52)，可得：

$$2 = \frac{U_{cra}^2}{U_{ca}^2} = \frac{\left(\dfrac{U_0}{\omega G_0 L}\right)^2}{\left(\dfrac{U_0}{\sqrt{(1-\omega^2\,LC)^2 + \omega^2\,L^2\,G_0^2}}\right)^2} = \frac{(1-\omega^2\,LC)^2 + \omega^2\,L^2\,G_0^2}{\omega^2\,G_0^2\,L^2}$$

$$\Rightarrow (1-\omega^2\,LC)^2 = \omega^2\,L^2\,G_0^2$$

$$\Rightarrow C_{1,2} = \frac{1 \pm \omega G_0\,L}{\omega^2\,L} \qquad (17-53)$$

所以，对应于两端的电压值等于 $U_{cra}/\sqrt{2}$ 的两个电容的差值为：

$$\Delta C_a = C_2 - C_1 = \frac{2\omega G_0\,L}{\omega^2\,L} = \frac{2G_0}{\omega} \qquad (17-54)$$

由式(17-54) 可给出 G_0 的表达式为：

$$G_0 = \frac{\omega \cdot \Delta C_a}{2} \qquad (17-55)$$

此外，由图 17-5 可知，C_1 和 C_2 应该对称分布在 C_{ra} 的两边，则：

$$C_{ra} = \frac{C_1 + C_2}{2} = \frac{1}{\omega^2\,L} \Rightarrow \omega = \sqrt{\frac{1}{L \cdot C_{ra}}}$$

上式与式(17-51) 给出的谐振频率是一致。

(2) 当插入样品后 [参见图 17-7(b)]，可使用类似的方法得到。

未谐振时，电容两端的电压值为：

$$U_{cs} = \frac{U_0}{\sqrt{(1-\omega^2\,LC)^2 + \omega^2\,L^2\,(G_0 + G_x)^2}} \qquad (17-56)$$

用 C_{rs} 表示谐振时的电容值，谐振的频率可写为：

$$\omega = \sqrt{\frac{1}{L \cdot C_{rs}}} \qquad (17-57)$$

谐振时，电容两端的电压值为：

$$U_{crs} = \frac{U_0}{G_0 + G_x} \sqrt{\frac{C_{rs}}{L}} = \left(\frac{\omega C_{rs}}{G_0 + G_x} \right) U_0 = \frac{U_0}{\omega L (G_0 + G_x)} \qquad (17-58)$$

下面求电容两端的电压值等于 $U_{crs}/\sqrt{2}$ 时对应的两个电容值。利用式（17 - 56）和式（17 - 58），有：

$$U_{crs} = \sqrt{2} U_{cs} \Rightarrow$$

$$2 = \frac{U_{crs}^2}{U_{cs}^2} = \frac{\left[\dfrac{U_0}{\omega L (G_0 + G_x)} \right]^2}{\left[\dfrac{U_0}{\sqrt{(1 - \omega^2 LC)^2 + \omega^2 L^2 (G_0 + G_x)^2}} \right]^2}$$

$$= \frac{(1 - \omega^2 LC)^2 + \omega^2 L^2 (G_0 + G_x)^2}{\omega^2 L^2 (G_0 + G_x)^2} \Rightarrow$$

$$(1 - \omega^2 LC)^2 = \omega^2 L^2 (G_0 + G_x)^2 \Rightarrow C_{3,4} = \frac{1 \pm \omega L (G_0 + G_x)}{\omega^2 L} \qquad (17-59)$$

$$\Rightarrow C_{3,4} = \frac{1 \pm \omega G_0 L}{\omega^2 L}$$

所以，电容两端的电压值等于 $U_{crs}/\sqrt{2}$ 时对应的两个电容的差值为：

$$\Delta C_s = C_4 - C_3 = \frac{2 \omega L (G_0 + G_x)}{\omega^2 L} = \frac{2 (G_0 + G_x)}{\omega} \qquad (17-60)$$

由式（17 - 60）可给出 $G_0 + G_x$ 的表达式为：

$$G_0 + G_x = \frac{\omega \cdot \Delta C_s}{2} \qquad (17-61)$$

联立式（17 - 55）和式（17 - 61），我们有：

$$G_x = \frac{\omega \cdot \Delta C_s}{2} - \frac{\omega \cdot \Delta C_a}{2} = \frac{\omega \cdot (\Delta C_s - \Delta C_a)}{2} \qquad (17-62)$$

所以，被测样品的介质损耗因数为：

$$\tan \delta_x = \frac{G_x}{\omega \cdot C_x} = \frac{\Delta C_s - \Delta C_a}{2 C_x} \qquad (17-63)$$

又因为

$$\varepsilon_r = \frac{C_x}{C_p} = \frac{D_2}{D_4} \Rightarrow C_x = \frac{D_2}{D_4} C_p$$

将上式代入式（17 - 63），可得：

$$\tan \delta_x = \frac{G_x}{\omega \cdot C_x} = \frac{(\Delta C_s - \Delta C_a)}{2 C_x} = \frac{D_4 \cdot (\Delta C_s - \Delta C_a)}{2 D_2 \cdot C_p} \qquad (17-64)$$